U0188178

参数振动与特殊三角级数逼近

黄迪山 著

上海科学技术出版社

图书在版编目（CIP）数据

参数振动与特殊三角级数逼近 / 黄迪山著. -- 上海：
上海科学技术出版社，2023.6
ISBN 978-7-5478-6149-3

Ⅰ. ①参… Ⅱ. ①黄… Ⅲ. ①参数振动－三角级数－
逼近 Ⅳ. ①O323

中国国家版本馆CIP数据核字(2023)第063279号

参数振动与特殊三角级数逼近
黄迪山　著

上海世纪出版(集团)有限公司
上海 科 学 技 术 出 版 社　出版、发行
(上海市闵行区号景路 159 弄 A 座 9F - 10F)
邮政编码 201101　　www.sstp.cn
上海盛通时代印刷有限公司印刷
开本 787×1092　1/16　印张 11.75
字数 280 千字
2023 年 6 月第 1 版　2023 年 6 月第 1 次印刷
ISBN 978 - 7 - 5478 - 6149 - 3/O·114
定价：108.00 元

内容提要

　　本书介绍参数振动解的特殊三角级数逼近法及其应用,内容主要涉及工程中周期性时变刚度参数系统的振动响应和稳定性求解问题。全书以振动响应封闭解数学推导、配合工程问题计算为特色,反映了参数系统振动最新研究成果。

　　本书内容分为 8 章,第 1 章叙述参数振动概况,第 2、3 章讨论单自由度参数系统自由振动、受迫振动、单位脉冲振动及稳定性,第 4～6 章讨论两自由度和多自由度参数系统振动及一些基础理论问题,第 7 章讨论以斜拉索为对象的连续体参数系统振动,第 8 章讨论以谐波传动为对象的双周期参数系统振动及稳定性。

　　本书可作为高等院校机械工程、土木工程、光电工程、航天工程、工程力学和应用数学等专业高年级本科生和研究生的学习用书,以及力学、光电、机械设计类教师参考用书,也可作为机电领域工程师包括设备监控工程师的技术参考书。

前　言

惯量、阻尼和刚度具有周期时变性的机械系统，在工程上被称为参数振动系统，其动力学模型可以用含时间周期系数的二阶微分方程组或偏微分方程加以描述。参数振动系统广泛应用于机械工程、土木工程、光电工程、航天工程等领域。

响应分析与稳定性是参数振动研究中的重要内容。本书将介绍单自由度、多自由度、连续体系统及双周期参数振动问题，基于参数振动的调制反馈控制等效动力学模型，从参数系统中存在频率裂解和组合的物理现象，提出一种特殊三角级数振动逼近解，即基于组合频率的三角级数振动逼近解，并系统叙述了参数振动求解的数学方法以及振动响应谱特征。除此以外，利用特殊三角级数逼近，对参数振动理论做了一些探索性研究，研究内容主要包括以下几个方面：

参数振动主振荡频率和共振频率随调制指数变化而迁移。在单自由度系统中，刚度调制指数使主振荡频率下降；惯量调制指数使主振荡频率上升。在多自由度系统中，主振荡频率和共振频率迁移则与刚度系数矩阵和参数频率相关。

在时域和频域上，给出单自由度参数系统单位脉冲振动响应的解析表达，为研究参数系统在外界随机激励下振动响应过程的统计特征提供了基础。

在多自由度参数系统中，描述主振动振型和谐振振型，从理论角度论述了主振动模态和谐振模态的正交性问题，给出参数振动方程在模态坐标下的解耦条件。

利用参数振动方程的特征根在复平面上的分布位置，分析参数系统的稳定性；在一般形式参数振动中，除了调制指数以外，参数波动之间的相位差还将影响系统稳定性；对于双周期参数振动问题，给出了组合频率稳定性条件。上述研究丰富了参数系统的稳定性内容。

本书内容偏重于参数振动响应逼近理论推导，同时引入典型的周期性时变刚度系统、直升机旋翼的耦合倒立双摆模型、端部位移激励下的桥梁斜拉索以及用于机器人关节的谐波减速器作为算例，采用不同形式的组合频率三角级数对振动响应进行逼近，阐明它们对参数振动响应分析和稳定性分析的有效性。尤其是振动响应分析，它可应用于工程监测，在大型建筑的健康监测、旋转设备以及精密机械的故障诊断中，为故障特征识别提供关键信息。

对参数振动进行特殊三角级数逼近，不仅有助于深入了解系统的振动特性，在参数振动分析上存在一定的理论价值，而且对参数振动系统的试验模态分析技术、系统参数识别等工程实践具有重要的理论指导意义。本书是作者对自己近 10 年来参数振动逼近理论研究和计算的总结,希望对参数振动研究与应用能起到抛砖引玉作用,并且期待更多学者特别是年轻人参与到这个领域,推动参数振动的深入研究。

《参数振动与特殊三角级数逼近》一书内容分为理论分析、数值计算和试验验证几部分,相关研究工作得到了国内外诸多专家、学者的首肯和支持。在此,衷心感谢研究团队中刘成、邵何锡、洪丽、傅晨宸、张月月、王松等参与参数振动逼近计算中的部分理论分析与编程工作,顾京君、谭晶、童彤、李迎雪等对各种应用领域中出现的参数振动频谱特征进行了试验验证。特别感谢振动工程专家、浙江大学陈章位教授和机械工程专家、南通振康机械有限公司汤子康总经理对参数振动试验与分析的一贯支持,感谢非线性动力学专家天津大学王世宇教授、美国韦恩州立大学 C. Tan 教授对参数振动理论分析所做的交流和指导,感谢著名动力学与控制专家、美国奥本大学 S. C. Sinha 教授生前对参数振动研究的热情支持和关心。感谢挚友康荅在本书写作过程中的热情帮助。感谢国家自然科学基金对本书出版的支持。

黄迪山

2023 年 3 月于上海大学

目　录

第 1 章
绪　论

参数振动现象最早在 1831 年被迈克尔·法拉第(Michael Faraday)注意到,他第一次观测到振动稳定性问题,即参数系统在激励频率处于双倍的固有频率时,振动响应出现谐振现象。

在许多工程领域中,质量、阻尼和刚度物理参数具有时变周期性,动力学模型可以用含有时变周期系数的二阶微分方程组进行描述,这样的动力系统在力学上又被称为参数系统。

当外力激励存在时,参数系统的一般数学形式如式(1-1)所示,因此,对多自由度参数振动的研究,可以归结为对时变周期系数常微分方程组的研究:

$$[\mathbf{M}+\mathbf{M}^*(t)]\ddot{\mathbf{Y}}(t)+[\mathbf{C}+\mathbf{C}^*(t)]\dot{\mathbf{Y}}(t)+[\mathbf{K}+\mathbf{K}^*(t)]\mathbf{Y}(t)=\mathbf{P}(t) \qquad (1-1)$$

式中,$\mathbf{M}$ 为 $n \times n$ 常系数惯量矩阵;$\mathbf{C}$ 为 $n \times n$ 常系数阻尼矩阵;$\mathbf{K}$ 为 $n \times n$ 常系数刚度矩阵;$\mathbf{M}^*(t)$、$\mathbf{C}^*(t)$ 和 $\mathbf{K}^*(t)$ 为周期时变系数矩阵;$\mathbf{P}(t)$ 为外部激励力向量;$\mathbf{Y}(t)$ 为参数振动响应向量。

参数振动是由内部参数激励引发的一种非线性振动,其振动形式有着特殊的规律。当外激励频率与参数激励频率的线性组合等于共振频率时,系统会发生参数共振。不同于线性系统,对于参数系统来说,即使避免激励频率与系统固有频率接近,也并不能真正解决参数系统的谐共振问题。

因此,只有在稳定分析、响应预测、控制策略理论方面做深入研究、揭示其内在本质,才能抑制参数振动或控制参数振动问题。

1.1　参数振动问题分类

在实际工程中,普遍存在着参数振动问题。以激励机理划分,参数系统的激励可分为时变刚度激励、时变阻尼激励、时变惯量激励和位移激励等。

1) 时变刚度激励

参数系统受时变刚度激励,是工程中最常见的一种情况,也是本书讨论的主要对象。

转子是汽轮机、燃气轮机的关键部件,转子在形成横向裂纹以后,由于转子自重的作用,当转子以某一转速旋转时,裂纹会出现周期性的闭合,从而产生周期性时变刚度问题。如图 1-1 所示,用两个自由度时变刚度的参数系统,描述 Jeffcott 裂纹转子动力学。在转子的振动响应中,如何识别转子的裂纹故障特征、辨识转子的健康状态,是工程师们关心的问题。

在齿轮传动中,由于齿轮啮合重叠系数不够大,轮齿弹性变形导致其综合啮合刚度具有周期时变性,引起时变刚度激励,啮合刚度变化与啮合频率相关。齿轮啮合参数振动如

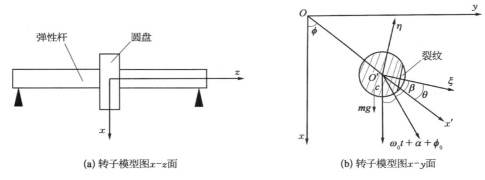

(a) 转子模型图 x-z 面　　　　**(b) 转子模型图 x-y 面**

图 1-1　裂纹转子振动系统

图 1-2 所示。

在轨道交通中，轮对与轨道耦合，由于机械制造误差，轮对产生周期性的角度偏斜，摇头重力角刚度将是一个周期变量。轮对与轨道耦合振动是一个二自由度参数振动问题。轮对轨道耦合动力学模型如图 1-3 所示。

2) 时变阻尼激励

单自由度阻尼激励隔振机械装置结构如图 1-4

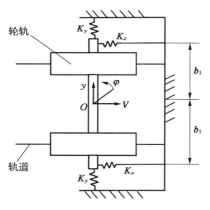

图 1-2　齿轮啮合参数振动

所示，由于其具有周期性时变阻尼激励性质，故应用于车辆的悬挂系统隔振。通常单自由度黏滞时变阻尼激励隔振机械结构应用于振动传递抑制。

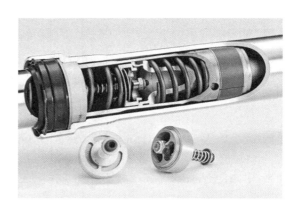

图 1-3　轮对轨道耦合动力学模型　　　　**图 1-4　单自由度阻尼激励隔振机械装置结构**

在电路和光学领域中，参数振荡谐振子（parametric oscillator）是一种时变阻尼激励光电器件。与大多数机械结构设计目标不同，对于参数振荡谐振子，人们关心的是如何获得一个稳定的谐振输出。这种参数振荡器用数学描述为

$$\frac{\mathrm{d}^2 x}{\mathrm{d}t^2} + \alpha(t)\frac{\mathrm{d}x}{\mathrm{d}t} + \omega^2(t)x = 0 \tag{1-2}$$

式中，$\alpha(t)$ 和 $\omega^2(t)$ 具有相同的周期 T。

3）时变惯量激励

并联机器人在快速执行重复动作时，自身将出现周期性时变惯量，产生时变惯量激励，形成机器人系统的参数振动。对于一些高精度交流伺服机械系统，在运行时常受到负载惯量变化带来的周期性扰动，这种情况常见于数控机构、工业机器人等运动（图 1-5）。

4）位移激励

斜拉索是斜拉桥结构中重要的受力构件，它承担了结构的绝大部分载荷。随着斜拉桥跨度的增大，较长的斜拉索在受到风雨激励以及塔或桥面的振动时，容易发生较大的振幅，同时可能呈现出强烈的非线性行为。桥

图 1-5　具有时变惯量的并联机器人蜘蛛手

面的周期性位移激励作为变参数出现在振动系统中，斜拉索由此产生参数振动。考虑斜拉索自重情况，斜拉索振动用含非线性项的二阶偏微分参数方程加以描述。斜拉索-桥耦合参数振动模型如图 1-6 所示。

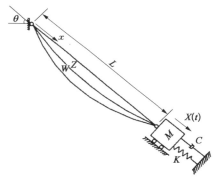

图 1-6　斜拉索-桥耦合参数振动模型

5）多自由度时变参数激励

多自由度振动系统可能同时受到多种参数激励。在减-变速集成齿轮装置中，主动齿轮为小圆柱齿轮，从动齿轮为非圆面齿轮，由非圆面齿轮确定变速比，在传动过程中实现转速增减功能。圆柱齿轮以及非圆面齿轮除了存在扭转振动的角位移，还存在横向线位移和轴向线位移，构成一个四自由度耦合振动系统。但是，在多自由度振动系统中，并非每个自由度都呈现周期性时变刚度激励。减-变速集成齿轮传动系统的横向-扭转-轴向耦合振动模型如图 1-7 所示。

1.2　参数振动国内外研究进展概况

1.2.1　参数振动基本问题

从单自由度参数振动、多自由度参数振动至连续体参数振动，无论是简单的还是复杂的，其中稳定性分析、响应预测和控制策略是研究参数系统的基本问题。

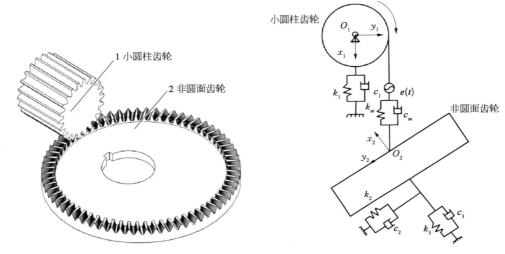

图 1-7   减-变速集成齿轮传动系统的横向-扭转-轴向耦合振动模型

确定参数系统的动力稳定性是首要任务,最重要的具有时变系数模型是 Mathieu 方程,对于参数振动的稳定性问题,可以基于 Mathieu 方程的动力稳定性分析理论进行研究。其中,研究周期系数微分方程稳定性的最常用方法主要有两类:第一类是 Bolotin 提出的基于 Hill 无穷行列式的研究方法,通过寻找系统方程的周期解,得到无穷行列式,解无穷行列式则可以得到不稳定区域的边界;第二类是基于 Floquet-Liapunov 理论的分析方法,通过检验系统的单值状态传递矩阵的特征值,分析系统的稳定性。

求解参数系统的振动瞬态和稳态响应,是参数振动问题研究的重要内容。由于参数系统响应的非线性特性,其稳态响应的求解目前主要是采用非线性振动问题的近似解析方法。

对于复杂的参数系统,数值方法往往是唯一可行的办法。数值方法不仅可以验证解析解的正确性,还可以补充理论分析结果,使结论定量化,但是不能给出具体的解析式。

参数振动控制是指利用控制技术使参数系统改善稳定性、降低振动量级以及消除混沌现象。与一般的振动控制方法相同,按有无外部能量输入作为区分,参数振动控制可以分为被动控制、半主动控制和主动控制。同时,在一些电路和光学系统中,参数振荡混沌控制技术也得到了广泛的应用。

1.2.2   研究基本方法及应用概述

参数振动属于非线性振动范畴,目前研究分为定性分析和定量分析。

定性分析法虽然能够直观地分析非线性振动特性,但是不能得到定量的结果,而且目前研究对象局限于低维的、较为简单的非线性系统。非线性系统振动的定量分析法有数值法和解析法两种。

数值法是指通过数值近似方法来求解非线性微分方程。数值法的基础是常微分方程组初值问题的数值解法,该方法虽然可以准确给出某一时刻的位移数值,但是不能给出具体的解析式,对于复杂参数振动响应的混沌现象研究,不失为一种有效的数值工具。其中典型的数值法就是四阶 Runge Kutta 算法,Felhberg 对传统 Runge Kutta 做了改进,提出了四阶五级 FRK 算法,可以保证更高的计算精度和数值稳定性。

解析法是指通过精确或近似解析非线性微分方程,得到非线性系统的运动规律。最常用的近似解析方法,包括 Hill 法、Floquet 理论、摄动法、Sinha 的 Chebyshe 多项式法、谐波平衡法、渐进法、平均法和多尺度法等。另外对参数受迫振动响应的计算方法,还包括 J. W. David 的传递矩阵法、Floquet 特征向量的线性组合、改进的直接谱分析法、增量谐波平衡法(IHB 法)进行非线性振动求解,多尺度法求振动响应等。解析法不仅能确定非线性系统随时间变化的规律,而且能得到运动特性与系统参数的关系。下面对参数振动近似解析一些有效方法的国内外进展做简要介绍。

1) Lindstedt 法

对于许多实际问题的单自由度参数振动的微分方程,通过代数变换,可以表达为 Mathieu 方程:

$$\ddot{x} + (\delta + 2\varepsilon \cos 2t) x = 0 \tag{1-3}$$

应用摄动法或小参数法,将解的形式按最小参数 ε 的幂次展开,δ 也写成 ε 的幂级数:

$$\left.\begin{array}{l} x(t, \varepsilon) = x_0(t) + \varepsilon x_1(t) + \varepsilon^2 x_2(t) + \cdots \\ \delta = \delta_0 + \varepsilon \delta_1 + \varepsilon^2 \delta_2 + \cdots \end{array}\right\} \tag{1-4}$$

由于该方程对任意的小参数 ε 均成立,而且要求两边 ε 的同次幂系数相等,则可推导出各阶近似解的线性递推微分方程组。从解方程组的第一阶方程解,代入第二阶方程的右侧,依次继续求解,消除永年项,获得稳定区域的近似边界方程,确定主不稳定以及高阶不稳定区域。此方法不适用于强非线性振动的分析,其应用具有很大的局限性。

2) 谐波平衡法

该方法的基本思想是认为在参数系统中尽管存在非线性因素的影响,但在一定条件下其定常解仍然是近似于简谐的周期解。将周期解代入微分方程,然后令左右两边的各阶谐波系数相等,可以得到无穷阶的代数方程组。从有限个方程组中解出待定系数,进而确定各谐波系数。

利用谐波平衡法求解参数振动问题时,必须事先知道解中所含的谐波成分,并且在计算过程中应当包含足够多的谐波项,同时检查所忽略的谐波项系数的量级,否则得到的近似解可能很不精确。谐波平衡法的求解精度,取决于谐波项数。若谐波项数过多,则利用谐波平衡会得到高阶的代数方程组,使求解过程变得烦琐;若谐波项数太少(如只取一个谐波项),则会引起比较大的误差。

IHB 法采用谐波平衡法思想,它包含了谐波平衡法的优点,即它不但适用于弱非线性系统,而且适用于强非线性系统。但 IHB 法同谐波平衡法一样,要获得高精度的解必须取较多的谐波项、计算量仍然很大,没有从根本上解决谐波平衡法的缺陷。

3) 多尺度法

许多学者应用多尺度法于参数振动分析。周期时变系数微分方程的解用两个不同尺度来描述,这是一种非常有效的近似解。它将参数振动响应表示为不同尺度时间变量的函数:

$$x(t, \varepsilon) = x_0(T_0, T_1, T_2, \cdots) + \varepsilon x_1(T_0, T_1, T_2, \cdots) + \\ \varepsilon^2 x_2(T_0, T_1, T_2, \cdots) + \cdots \tag{1-5}$$

将变量 x 按以上形式代入参数振动方程中,其中,对时间的导数变成对时间 T_n 的多阶偏导；按 ε 的各阶次归并同类项；对于任意 ε 系统的振动方程均成立，因此 ε 各阶次项的系数必定为零，得到线性递推微分方程组。然后利用消除永年项的附加条件以及初始条件，即可推导得出各阶近似解的表达式。

相比摄动法，该方法不仅能计算周期解，亦可应用于耗散系统的衰减振动；既能计算系统的稳态响应，又能求解非稳态过程。多尺度法还可应用于多自由度参数振动的稳定性分析；结合 Galekin 法，可分析参数偏微分方程的响应和稳定性，如斜拉索参数振动问题。因此，多尺度法在很多工程领域中都得到了广泛的应用，但是其有明显的缺点，即计算过程十分烦琐。

4）Chebyshev 多项式逼近

S. C. Sinha 提出了改进的一类及二类 Chebyshev 多项式表达式，利用时间连续函数 $f(t)$ 可以展开为 Chebyshev 级数，用 Chebyshev 多项式逼近参数系统中的时变系数以及非线性项，这样构成参数系数振动响应解析解

$$\mathbf{Y}(t) = \mathbf{S}^*(t)^T [\mathbf{I} - \mathbf{Z}]^{-1} \mathbf{Y}(0) \tag{1-6}$$

式中，$\mathbf{S}^*(t)^T$ 为一类或者二类 Chebyshev 多项式向量；$\mathbf{I}$ 为单位阵；$\mathbf{Z}$ 为常数矩阵与 Chebyshev 多项式逼近系数矩阵的 Kronecker 积。

Sinha 等对这种方法的应用进行了推广，给出了耦合倒立双摆、工业机器手臂等多自由度参数系统的振动响应计算。其他学者也将这种方法应用于光电领域，使参数振荡分析和混沌控制技术得到迅速发展，并成为工程研究中非常活跃的领域之一。

Sinha 的 Chebyshev 多项式逼近是一种参数振动响应的解析法，理论上表达完美，分析振动响应非常有效。但工程师在工程中难以把 Chebyshev 多项式与振动响应谱特征进行对照，因此，Chebyshev 多项式在一些应用场合受到局限，无法在设备振动状态监测、故障诊断的领域中得到广泛应用。

5）主动控制技术

S. C. Sinha 在状态空间对振动方程进行 Lyapunov-Floquet 变换，将参数周期系统转化为不含时间变量的系统，然后，引入状态反馈，采用极点重新配置策略，得到稳定的闭环控制系统，实现参数系统主动控制技术。在机翼与航空发动机转子耦合的参数系统研究中，应用主动控制技术，除了降低发动机转子耦合系统振动水平，优化系统的控制品质，还有效地抑制了振动的混沌现象。

6）矩阵谱分解

在矩阵谱分解中，王建军采用 Sylvester 理论和 Fourier 级数展开方法，推导单自由度参数振动系统的频响函数，得到了系统外激励共振条件。并以直齿轮副参数振动系统为例，进行系统频响特性的仿真。

7）Floquet 理论应用

应用 Floquet 定理，研究周期变系数线性常微分方程。从参数振动的状态方程，构建状态传递矩阵，然后通过检验状态传递矩阵的特征值，逐点判断各特定参数下的稳定性状态，确定参数振动稳定域边界。近几年来，国内多位学者利用 Floquet 理论，成功分析了许多工程中的振动稳定性问题，如旋转环状、周期性机械构件的稳定性、旋翼响应及稳定性等。

8）基于组合频率的三角级数逼近

本书作者针对线性参数振动响应解问题，根据等效动力学模型即调制反馈系统，提出基

于组合频率的三角级数逼近,由谐波平衡得到不含时间变量的谐波系数递推关系,构成无限阶线性方程。然后利用振动响应能量分布特性,将它简化成有限阶线性方程,由此得振动特征方程,从而解得特征值和谐波系数,给出参数系统的自由、受迫振动解析解以及稳定性分析。响应逼近解的数学表达简单直观,计算精度高。

1.3 参数振动响应的若干特征

对于参数系统的自由振动响应,其主谱峰为系统主振荡频率 ω_s。 其他谱峰则以主谱峰为起点,参数激励频率 ω_o 为间隔,分别沿频率轴两边进行分布,它们表达为 $\omega_s \pm k\omega_o$。 向左分布的谱峰,在穿越零频轴线时,成为负频轴上谱峰,频率间隔保持不变。

例如一个单自由度周期性时变刚度参数系统,设其固有频率 $\omega_n = 25$、参数频率 $\omega_o = 5$、阻尼率 $\zeta = 0.0005$ 以及刚度调制指数 $\beta = 0.3$,在初始条件为 $x\,|_{t=0} = 1$ 和 $\frac{\mathrm{d}x}{\mathrm{d}t}\,|_{t=0} = 0$ 时,振动响应谱如图 1-8 所示。 显然,自由振动谱的峰点分布在组合频率 $\omega_s \pm k\omega_o$ 上,在对数坐标下形成梳状谱图。

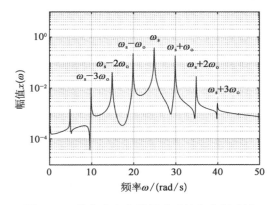

图 1-8 单自由度参数振动系统自由振动谱

对于受迫稳态响应,其中心频率为外激励频率 ω_p。 其余频谱则以中心频率为起点,参数激励频率 ω_o 为间隔,分别沿频率轴两边进行分布,它们表达为 $\omega_p \pm k\omega_o$。 当外激励频率等于参数激励频率即 $\omega_p = \omega_o$,或外激励为恒力即 $\omega_p = 0$ 时,振动响应则以参数激励频率的倍频分量 $k\omega_o$ 出现。

除了谐共振以外,当外激励频率 ω_p 与参数频率 ω_o 组合处于共振区时,还会发生组合谐波共振。

在工程中,利用信号处理技术,提取参数振动响应的各种特征,被广泛应用于结构故障识别,可为重型机械装备、桥梁等的健康监测、安全运行提供关键信息。

1.4 本书主要内容

(1) 针对线性参数振动问题,基于参数振动的等效动力学模型,引入特殊三角级数逼近,即基于组合频率的三角级数逼近法。从振动响应的能量有限性和分布规律,得出三角级数逼近中高阶项组合谐波系数趋于零的特性。由此,在振动响应计算中,用有限阶线性代数方程组替代无限阶线性代数方程组,从而计算主特征值和谐波系数;结合初始条件,确定了自由振动、单位脉冲响应的三角级数逼近封闭解、受迫振动三角级数逼近封闭解,以及在白噪声激励下随机振动响应过程统计特征。除此以外,在受迫振动响应逼近计算中,除了复频法以外,还介绍了系数解析法,有利于单个谐波系数的特性分析。

(2) 将参数振动的三角级数逼近法从单自由度系统拓宽至多自由度系统;结合 Galerkin 离散方法,将逼近方法推广至简单连续弹性系统;对于双周期时变刚度参数振动,利用矩阵降维算法,进行二重三角级数逼近。

(3) 对于三角级数逼近法,除了采用四阶龙格-库塔法数值验证以外,还引入了振动试验例子。介绍了端部位移的斜拉索参数振动测试与分析,通过对平稳试验和瞬态试验数据进行频域分析,验证基于组合频率的三角级数逼近对参数系统振动响应分析的有效性。

(4) 定义参数振动响应逼近解的误差函数,给出基于组合频率的三角级数逼近计算的误差估计,以考核响应三角级数逼近的精度。在参数振动响应的三角级数逼近解中,其计算精度远高于四阶龙格-库塔法数值分析结果。

(5) 三角级数逼近法不仅为参数振动响应计算提供了数学工具,而且延伸了动力学研究的空间。因此,在本书内容中,除了介绍逼近解析以外,还将同时引入有关参数振动中若干动力学问题的新概念、新进展,概述如下:

在参数系统中,自由振动响应中的主振荡频率和受迫振动响应中的共振频率受调制指数影响而迁移,而单位脉冲振动响应的解析表达,为进一步研究参数系统在随机激励下振动响应过程的统计特征打下了基础。

提出参数振动测量模型,在动力学方程中引入了均匀随机分布的初相角。对于旋转机械中的参数振动问题,从谐波系数变化的角度,解释了参数系统实测的瞬态振动响应谱具有循环随机性。

指出参数系统受迫振动响应谱的周期性特征,在振动响应信号处理中,为其应用倒谱分析和庞加莱映射分析提供了物理依据。

对于多自由度参数系统,除了主振动模态以外,还存在组合频率对应的谐振模态问题。根据主振动模态矩阵和谐波系数矩阵,描述了参数振动的主振型和谐振振型,分析了参数振动模态正交性及方程解耦变换条件。

针对多自由度参数振动的高次频率方程问题,根据特征根序列在复平面上的分布规律,解决了主特征根的识别算法,从诸多振动特征根解中,确定主特征根;同时,根据特征根在复平面上的分布位置,判定参数系统的稳定性。

对于双周期参数振动问题,除了实现响应求解,还给出了组合频率稳定性条件,丰富了参数系统的稳定性判据。

(6) 基于组合频率的三角级数,对参数系统振动响应进行求解和稳定性分析。由于参数振动涉及的领域十分广袤,内涵极为丰富,目前仍存在许多有兴趣的动力学问题,有待广大读者一起做进一步探究。

第 2 章
单自由度参数系统自由振动

对于单自由度周期性变刚度、变阻尼、变惯量参数方程的自由振动解问题，人们一直在追求响应的解析解，因为它可以描述参数振动响应变化规律，揭示振动响应非线性特性，在工程中可应用于参数振动控制、振动特征识别等领域。

在探索参数系统自由振动解析解过程中，首先想到的是去掉周期性系数中的时间变量，由于时间变量存在，使微分方程难以获得响应解析表达。其次，理想的自由振动解析解在工程中应具有观察性。参数振动响应具有周期性或准周期性，以傅里叶变换为基础的谱分析仪器，可以直接观测到振动响应的频谱分布。如果自由振动解的表达也能与仪器中的谱分析模式相匹配，则有利于人们对参数振动特性的深刻认识。

本章根据参数系统振动响应的物理内在本性，引入以复指数形式的特殊三角级数逼近，即基于组合频率的三角级数，讨论参数系统自由振动的解析解及稳定性。基于组合频率的三角级数虽然不能保证公共周期存在，但它是由无穷个三角函数线性叠加组成的，能应用成熟的谐波平衡数学工具，除去周期性系数中的时间变量，同时得到振动特征方程（频率方程）。这样的解析解既实现了理论分析上的完美性，又满足了工程中对振动响应谱的可观察性。

为了评价特殊的三角级数对自由振动逼近的精度，本章引入四阶龙格-库塔算法，对解析解得到的自由振动响应时间历程和相轨迹结果加以验证。同时定义自由振动逼近计算误差，对具体算例做出定量的误差估计，用于逼近计算的精度考核。

在工程测量中，参数系统自由振动存在初相角问题，它将干扰人们对参数振动测量结果的认识。为此，本章引入在 $[0, 2\pi]$ 之间的均匀分布随机变量，讨论脉冲振动响应特性的循环随机性，为工程测量分析提供技术参考。

2.1 特殊三角级数逼近的物理基础

对于单自由度参数系统自由和受迫振动响应解问题，建立等效动力学模型即调制反馈控制系统，通过观测等效动力学模型中响应频率裂解与组合的物理现象，提出基于特殊三角级数逼近，即基于组合频率的三角级数逼近。

2.1.1 参数系统等效动力学模型

单自由度周期性时变刚度的参数振动方程为

$$\frac{d^2 x}{dt^2} + 2\zeta \omega_n \frac{dx}{dt} + \omega_n^2 (1 + \beta \cos \omega_o t) x = P(t) \tag{2-1}$$

式中，ζ 为阻尼率；ω_n 为固有频率；β 为调制指数；ω_o 为参数频率；$P(t)$ 为外部激励力；x 为振动响应。

将方程(2-1)改写成以下形式：

$$\frac{\mathrm{d}^2 x}{\mathrm{d}t^2} + 2\zeta\omega_{\mathrm{n}}\frac{\mathrm{d}x}{\mathrm{d}t} + \omega_{\mathrm{n}}^2 x = P(t) - x\omega_{\mathrm{n}}^2\beta\cos\omega_{\mathrm{o}}t \tag{2-2}$$

由式(2-2)，将参数振动响应问题转换为图2-1所示的一个等效动力学系统的输出问题。该系统由一个二阶线性系统单元和一个调制环节组成，其中，系统输入为激励力 $P(t)$，系统输出则为参数系统振动响应 $x(t)$。

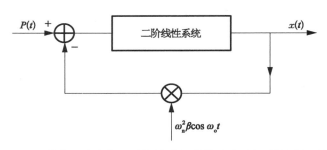

图 2-1　单自由度参数系统等效动力学模型(调制反馈控制系统)

在等效动力学模型中，由于输出 $x(t)$ 被调制，通过负反馈送至输入端，因此，在系统响应中，频率 ω 不断地被参数频率 ω_{o} 裂解与组合。

如图2-2所示，在起始点 0 至 $\Delta t(\Delta t \rightarrow 0)$ 时刻，响应 $x(t)$ 由调制环节作用，频率产生裂解，组合为 $\omega - \omega_{\mathrm{o}}$ 和 $\omega + \omega_{\mathrm{o}}$，经反馈回路，在二阶线性系统单元放大以后，在响应中，频率成分有 $\omega - \omega_{\mathrm{o}}$、$\omega + \omega_{\mathrm{o}}$ 和 ω；在 Δt 至 $2\Delta t$ 时刻，频率裂解和组合为 $\omega - 2\omega_{\mathrm{o}}$、$\omega - \omega_{\mathrm{o}}$、$\omega$、$\omega + \omega_{\mathrm{o}}$、$\omega + 2\omega_{\mathrm{o}}$。上述频率裂解和组合过程在系统中持续进行，结果使振荡频率 ω 和参数频率 ω_{o} 不断地线性组合，最终，在参数系统输出 $x(t)$ 中出现诸多的组合频率 $\omega \pm k\omega_{\mathrm{o}}(k = 0, 1, 2, \cdots, \infty)$ 谐波分量。

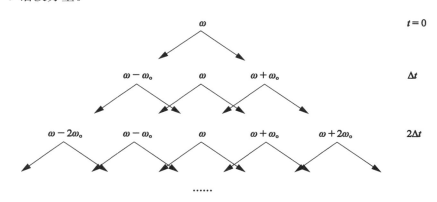

图 2-2　参数系统中频率裂解和组合过程示意图($\Delta t \rightarrow 0$)

2.1.2　振动响应三角级数逼近

参数振动响应的基本物理性质如下：

（1）在等效动力学模型中，由于存在负反馈闭环，则自由振动响应的主振荡频率 ω_s 有别于对应的线性系统自然频率 ω_d。

当激励力 $P(t)=0$ 时，参数系统输出 $x(t)$ 即自由振动响应，响应频率成分为 $\omega \pm k\omega_o$。（$k=0, 1, 2, \cdots, \infty$），其中 ω 为主复根 $\pm\omega_s+\mathrm{j}\delta$。因此，单自由度参数系统的自由振动响应 $x(t)$ 可以用基于组合频率的三角级数逼近表达：

$$x(t) = \sum_{k=-\infty}^{\infty} A_k \mathrm{e}^{\mathrm{j}(\omega+k\omega_o)t} \qquad (2-3)$$

式中，A_k 为自由振动响应的谐波系数。

当外部力激励 $P(t)=p\cos\omega_p t$ 时，其中，p 为力幅、ω_p 为激励力频率，则参数系统响应的频率成分为组合频率 $\omega_p \pm k\omega_o(k=0, 1, 2, \cdots, \infty)$。因此，单自由度参数系统受迫振动响应的组合频率三角级数逼近表达为

$$x(t) = \sum_{k=-\infty}^{\infty} C_k \mathrm{e}^{\mathrm{j}(\omega_p+k\omega_o)t} + D_k \mathrm{e}^{-\mathrm{j}(\omega_p+k\omega_o)t} \qquad (2-4)$$

当激励力频率 ω_p 等于参数频率 ω_o，或激励力为恒力时，参数系统受迫响应中的组合频率可以简化为 ω_o 的倍频 $\pm k\omega_o$。

（2）稳定的自由振动响应 $x(t)$ 能量是有限的，而且能量分布集中在主振荡频率 ω_s 附近区域，即能量分布具有局部性。因此，当级数项足够多，即 $k \to \infty$ 时，谐波系数 $A_k \to 0$。在自由振动响应即式(2-3)逼近中，可以用有限项组合频率 $\omega \pm k\omega_o(k=0, 1, 2, \cdots, m)$ 三角级数计算替代无限项级数逼近。

同理，当级数项 $k \to \infty$ 时，式(2-4)中的谐波系数 $C_k \to 0$，$D_k \to 0$。因此，参数系统受迫振动响应同样可以用有限项组合频率三角级数加以逼近。

应用幂级数和三角级数，可以解决微分方程解的逼近问题。基于组合频率的三角级数，是针对参数系统存在着频率裂解和组合的物理机理，以某一个频率 ω 或 ω_p 为起点，参数频率 ω_o 为间隔向左右扩展，构造一个组合频率的三角级数解；利用谐波平衡，求解主振荡频率以及组合频率对应的谐波系数，实现参数振动响应的三角级数逼近。而经典的傅里叶级数则是以零频为基础、基频 ω_o 为间隔，对振动响应进行三角级数逼近。

2.2　三角级数逼近直接法

对于最常见的参数振动方程，即单自由度周期性时变刚度参数系统，本节引入三角级数逼近直接法，采用指数衰减项与组合频率的三角级数结合，对其自由振动进行逼近。首先将指数衰减项与组合频率的三角级数之积代入微分方程，然后令左右两边的各阶谐波系数相等，去掉时间变量，得到谐波系数线性递推式，从而形成振动频率方程。

为了验证逼近计算，本节列举了算例，给出在初始条件下的自由振动、单位脉冲响应，并采用四阶龙格-库塔算法，对解析解得到响应波形和相轨迹结果加以验证；定义逼近计算误差，对组合频率的三角级数逼近进行误差评估。

2.2.1　主振荡频率和谐波系数

设单自由度周期性时变刚度参数系统的自由振动方程

$$\frac{\mathrm{d}^2 x}{\mathrm{d}t^2} + 2\zeta\omega_\mathrm{n}\frac{\mathrm{d}x}{\mathrm{d}t} + \omega_\mathrm{n}^2(1 + \beta\cos\omega_\mathrm{o}t)x = 0 \tag{2-5}$$

如果振动响应 $x(t)$ 稳定,考虑自由振动响应中的衰减率为 $\zeta\omega_\mathrm{n}$,则用直接法逼近振动响应可以写为

$$x(t) = \mathrm{e}^{-\zeta\omega_\mathrm{n}t}\sum_{k=-\infty}^{\infty}A_k\mathrm{e}^{\mathrm{j}(\omega_\mathrm{s}+k\omega_\mathrm{o})t} \tag{2-6}$$

式中,自由振动响应的主振荡频率 ω_s 和谐波系数 A_k 为待求的基本物理量。

欧拉方程为

$$\cos\omega_\mathrm{o}t = \frac{\mathrm{e}^{\mathrm{j}\omega_\mathrm{o}t} + \mathrm{e}^{-\mathrm{j}\omega_\mathrm{o}t}}{2} \tag{2-7}$$

将其代入式(2-5),得到

$$\frac{\mathrm{d}^2 x}{\mathrm{d}t^2} + 2\zeta\omega_\mathrm{n}\frac{\mathrm{d}x}{\mathrm{d}t} + \omega_\mathrm{n}^2 x + \omega_\mathrm{n}^2\beta\frac{\mathrm{e}^{\mathrm{j}\omega_\mathrm{o}t} + \mathrm{e}^{-\mathrm{j}\omega_\mathrm{o}t}}{2}x = 0 \tag{2-8}$$

将振动解形式(2-6)代入式(2-8),通过谐波平衡,得到不含时间变量的谐波系数 A_k 的递推式

$$\frac{\omega_\mathrm{n}^2\beta}{2}A_{k-1} + \left[\omega_\mathrm{n}^2(1-\zeta^2) - (\omega_\mathrm{s}+k\omega_\mathrm{o})^2\right]A_k + \frac{\omega_\mathrm{n}^2\beta}{2}A_{k+1} = 0$$

$$(k = -\infty, \cdots, -2, -1, 0, 1, 2, \cdots, \infty) \tag{2-9}$$

记

$$\left.\begin{array}{l}\gamma = \dfrac{\omega_\mathrm{n}^2\beta}{2} \\[2mm] \omega_k = \omega_\mathrm{n}^2(1-\zeta^2) - (\omega_\mathrm{s}+k\omega_\mathrm{o})^2\end{array}\right\} \tag{2-10}$$

集合以上 $2m+1$ 个关于谐波系数 A_k 的递推式,形成线性方程(2-11):

$$\begin{bmatrix}\omega_{-m} & \gamma & & & & & & & & & & \\ \gamma & \omega_{-m+1} & \gamma & & & & & & & & & \\ & \cdots & \cdots & \cdots & & & & & & & & \\ & & \gamma & \omega_{-3} & \gamma & & & & & & & \\ & & & \gamma & \omega_{-2} & \gamma & & & & & & \\ & & & & \gamma & \omega_{-1} & \gamma & & & & & \\ & & & & & \gamma & \omega_0 & \gamma & & & & \\ & & & & & & \gamma & \omega_1 & \gamma & & & \\ & & & & & & & \gamma & \omega_2 & \gamma & & \\ & & & & & & & & \gamma & \omega_3 & \gamma & \\ & & & & & & & & & \cdots & \cdots & \cdots \\ & & & & & & & & & & \gamma & \omega_{m+1} & \gamma \\ & & & & & & & & & & & \gamma & \omega_m\end{bmatrix}\begin{bmatrix}A_{-m} \\ A_{-m+1} \\ \vdots \\ A_{-3} \\ A_{-2} \\ A_{-1} \\ A_0 \\ A_1 \\ A_2 \\ A_3 \\ \vdots \\ A_{m-1} \\ A_m\end{bmatrix} = \begin{bmatrix}-\gamma A_{-(m+1)} \\ 0 \\ \vdots \\ 0 \\ 0 \\ 0 \\ 0 \\ 0 \\ 0 \\ 0 \\ \vdots \\ 0 \\ -\gamma A_{m+1}\end{bmatrix}$$

$$\tag{2-11}$$

　　根据振动响应能量的有限性及分布局部性,当级数项足够多,即方程(2-11)的阶数足够高时,谐波系数 $A_{m+1} \to 0$、$A_{-(m+1)} \to 0$。 因此,将式(2-11)记作

$$\mathbf{WA} = \mathbf{0} \tag{2-12}$$

式中,$\mathbf{W}$ 为方程(2-12)的系数矩阵;而 $\mathbf{A}$ 则为谐波系数向量。

　　从方程(2-12)非零解的充分必要条件,得到频率方程

$$\det(\mathbf{W}) = \mathbf{0} \tag{2-13}$$

　　由于 $\mathbf{W}$ 为实矩阵,从 $2m+1$ 阶频率方程,可解得到 $2(2m+1)$ 个实根,即 $\pm\omega_{\mathrm{s}} + k\omega_{\mathrm{o}}$($k = -m, \cdots, -2, -1, 0, 1, 2, \cdots, m$),其中只有一对根才是参数系统振动响应的主振荡频率 $\pm\omega_{\mathrm{s}}$,其余为组合频率。

　　为了求解谐波系数 A_k,取 $k = -m, \cdots, -2, -1, 1, 2, \cdots, m$,从式(2-12)重组得到 $2m$ 阶的线性方程(2-14):

$$
\begin{bmatrix}
\omega_{-m} & \gamma & & & & & & & & & & \\
\gamma & \omega_{-m+1} & \gamma & & & & & & & & & \\
& \cdots & \cdots & \cdots & & & & & & & & \\
& & \gamma & \omega_{-3} & \gamma & & & & & & & \\
& & & \gamma & \omega_{-2} & \gamma & & & & & & \\
& & & & \gamma & \omega_{-1} & 0 & & & & & \\
& & & & & 0 & \omega_{1} & \gamma & & & & \\
& & & & & & \gamma & \omega_{2} & \gamma & & & \\
& & & & & & & \gamma & \omega_{3} & \gamma & & \\
& & & & & & & & \cdots & \cdots & \cdots & \\
& & & & & & & & & \gamma & \omega_{m-1} & \gamma \\
& & & & & & & & & & \gamma & \omega_{m}
\end{bmatrix}
\begin{bmatrix}
A_{-m} \\
A_{-m+1} \\
\vdots \\
A_{-3} \\
A_{-2} \\
A_{-1} \\
A_{1} \\
A_{2} \\
A_{3} \\
\vdots \\
A_{m-1} \\
A_{m}
\end{bmatrix}
=
\begin{bmatrix}
0 \\
0 \\
\vdots \\
0 \\
0 \\
-\gamma A_{0} \\
-\gamma A_{0} \\
0 \\
0 \\
\vdots \\
0 \\
0
\end{bmatrix}
\tag{2-14}
$$

　　将主振荡频率 ω_{s} 代入式(2-14),由逆矩阵运算,得到谐波系数 $A_k (k \neq 0)$,它们与谐波系数 A_0 成线性比例关系。设定 $A_0 = 1$,得到归一化谐波系数 A_k。

　　所以,对单自由度参数系统,其自由振动响应的有限项三角级数逼近为

$$x(t) = \mathrm{e}^{-\zeta\omega_{\mathrm{n}}t} \sum_{k=-m}^{m} A_k \mathrm{e}^{\mathrm{j}(\omega_{\mathrm{s}}+k\omega_{\mathrm{o}})t} \tag{2-15}$$

2.2.2　初始条件下的自由振动

　　解出主振荡频率 ω_{s} 和归一化谐波系数 $A_k(k = -m, \cdots, -2, -1, 0, 1, 2, \cdots, m)$ 以后,根据式(2-15),单自由度参数系统自由振动响应的通解 $x(t)$ 写为

$$x(t) \approx \mathrm{e}^{-\zeta\omega_{\mathrm{n}}t} \sum_{k=-m}^{m} \left[pA_k \cos(\omega_{\mathrm{s}}+k\omega_{\mathrm{o}})t + qA_k \sin(\omega_{\mathrm{s}}+k\omega_{\mathrm{o}})t \right] \tag{2-16}$$

式中,p 与 q 为任意常数。

1) 自由振动响应

将自由振动响应 $x(t)$ 的初始条件

$$\left.\begin{array}{c} x(t)\big|_{t=0}=x(0) \\ \dfrac{\mathrm{d}x(t)}{\mathrm{d}t}\big|_{t=0}=x'(0) \end{array}\right\} \tag{2-17}$$

代入振动响应通解(2-16),得到如下等式:

$$x(0)=\sum_{k=-m}^{m} pA_k \tag{2-18}$$

$$x'(0)=-\zeta\omega_{\mathrm{n}}\sum_{k=-m}^{m} pA_k+\sum_{k=-m}^{m}(\omega_{\mathrm{s}}+k\omega_{\mathrm{o}})qA_k \tag{2-19}$$

则两个任意常数为

$$\left.\begin{array}{c} p=\dfrac{x(0)}{\displaystyle\sum_{k=-m}^{m} A_k} \\[4mm] q=\dfrac{x'(0)+\zeta\omega_{\mathrm{n}}x(0)}{\displaystyle\sum_{k=-m}^{m}(\omega_{\mathrm{s}}+k\omega_{\mathrm{o}})A_k} \end{array}\right\} \tag{2-20}$$

所以,单自由度参数系统自由振动响应 $x(t)$ 为

$$x(t)=\frac{x(0)\mathrm{e}^{-\zeta\omega_{\mathrm{n}}t}}{\displaystyle\sum_{k=-m}^{m} A_k}\sum_{k=-m}^{m} A_k\cos(\omega_{\mathrm{s}}+k\omega_{\mathrm{o}})t+$$
$$\frac{[x'(0)+\zeta\omega_{\mathrm{n}}x(0)]\mathrm{e}^{-\zeta\omega_{\mathrm{n}}t}}{\displaystyle\sum_{k=-m}^{m}(\omega_{\mathrm{s}}+k\omega_{\mathrm{o}})A_k}\sum_{k=-m}^{m} A_k\sin(\omega_{\mathrm{s}}+k\omega_{\mathrm{o}})t \tag{2-21}$$

2) 单位脉冲响应

单位脉冲的初始条件为

$$\left.\begin{array}{c} x(t)\big|_{t=0}=0 \\ \dfrac{\mathrm{d}x(t)}{\mathrm{d}t}\big|_{t=0}=1 \end{array}\right\} \tag{2-22}$$

可得单位脉冲振动响应 $h(t)$

$$h(t)=\frac{\mathrm{e}^{-\zeta\omega_{\mathrm{n}}t}}{\displaystyle\sum_{k=-m}^{m}(\omega_{\mathrm{s}}+k\omega_{\mathrm{o}})A_k}\sum_{k=-m}^{m} A_k\sin(\omega_{\mathrm{s}}+k\omega_{\mathrm{o}})t \quad (t\geqslant 0) \tag{2-23}$$

单位脉冲振动响应的拉氏变换形式 $H(s)$ 则为

$$H(s) = \frac{1}{\sum\limits_{k=-m}^{m} (\omega_s + k\omega_o) A_k} \sum\limits_{k=-m}^{m} A_k \frac{\omega_s + k\omega_o}{(s + \zeta\omega_n)^2 + (\omega_s + k\omega_o)^2} \tag{2-24}$$

2.2.3 自由振动响应逼近算例

【算例 2-1】 在参数振动方程(2-5)中,设固有频率 $\omega_n = 25$、参数频率 $\omega_o = 10$、阻尼率 $\zeta = 0.025$ 以及刚度调制指数 $\beta = 0.3$,置初始条件为 $x\vert_{t=0} = 1$ 和 $\frac{\mathrm{d}x}{\mathrm{d}t}\vert_{t=0} = 0$,求解自由振动响应及响应谱。

取级数项 k 从 -14 至 14,根据式(2-13)和式(2-14),计算得到主振荡频率 ω_s 和归一化谐波系数 A_k。其中,主振荡频率 $\omega_s = 24.841\,736\,331\,752\,350$,而对应的线性系统($\beta = 0$)自然振荡频率 $\omega_d = 24.992\,186\,278\,915\,256$,显然,该参数系统主振荡频率 ω_s 略小于对应的线性系统自然振荡频率 ω_d。

归一化谐波系数 A_k 计算值见表 2-1,谐波系数 A_k 与 A_{-k} 数值不对称。当 $k = 10$ 和 $k = -14$ 时,谐波系数 $A_k \approx 0$。

表 2-1 归一化谐波系数 A_k 计算值

k	组合频率 $\omega_s + k\omega_o$	谐波系数计算值 A_k
...	...	...
-14	$\omega_s - 14\omega_o$	0.000 000 000 000 000
-13	$\omega_s - 13\omega_o$	0.000 000 000 000 002
-12	$\omega_s - 12\omega_o$	0.000 000 000 000 250
-11	$\omega_s - 11\omega_o$	0.000 000 000 022 510
-10	$\omega_s - 10\omega_o$	0.000 000 001 591 019
-9	$\omega_s - 9\omega_o$	0.000 000 085 241 760
-8	$\omega_s - 8\omega_o$	0.000 003 290 777 570
-7	$\omega_s - 7\omega_o$	0.000 084 784 339 158
-6	$\omega_s - 6\omega_o$	0.001 276 079 489 918
-5	$\omega_s - 5\omega_o$	0.008 238 576 902 806
-4	$\omega_s - 4\omega_o$	$-0.000\,544\,155\,020\,270$
-3	$\omega_s - 3\omega_o$	$-0.005\,946\,819\,902\,242$
-2	$\omega_s - 2\omega_o$	0.038 477 044 163 631
-1	$\omega_s - \omega_o$	$-0.240\,785\,210\,336\,135$
0	ω_s	1
1	$\omega_s + \omega_o$	0.160 811 759 416 718
2	$\omega_s + 2\omega_o$	0.010 905 115 010 255
3	$\omega_s + 3\omega_o$	0.000 429 461 427 931
4	$\omega_s + 4\omega_o$	0.000 011 252 422 135
5	$\omega_s + 5\omega_o$	0.000 000 212 028 689
6	$\omega_s + 6\omega_o$	0.000 000 003 024 391
7	$\omega_s + 7\omega_o$	0.000 000 000 033 877
8	$\omega_s + 8\omega_o$	0.000 000 000 000 306
9	$\omega_s + 9\omega_o$	0.000 000 000 000 002
10	$\omega_s + 10\omega_o$	0.000 000 000 000 000
...	...	...

由初始条件,得任意常数 $p=1.027\,789\,917\,590\,666$ 和 $q=0.022\,849\,079\,436\,228$。又得衰减率 $\delta=\zeta\omega_n=0.625$。因此,该参数系统的自由振动响应表达为

$$x(t)=\mathrm{e}^{-0.625t}\sum_{k=-14}^{14}A_k\left[1.027\,8\cos(24.841\,7+10k)t+0.022\,8\sin(24.841\,7+10k)t\right]$$

设时间 t 的起点时刻为 0,步长为 0.001 s,总时间历程为 10 s,根据上述三角级数逼近表达,计算该参数系统的自由振动响应,其中振动响应时间历程 $x(t)$、频谱 $x(\omega)$ 和相轨迹分别列于图 2 - 3 中。

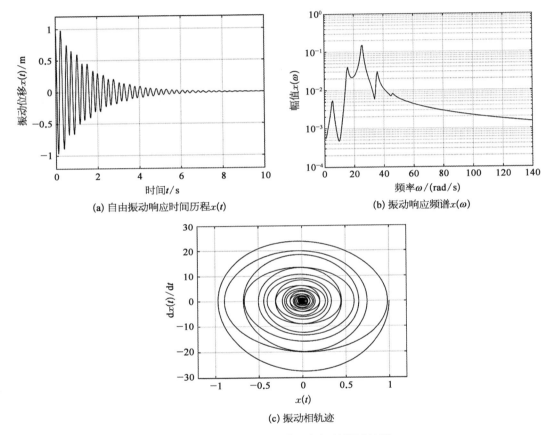

(a) 自由振动响应时间历程$x(t)$ (b) 振动响应频谱$x(\omega)$

(c) 振动相轨迹

图 2 - 3   自由振动响应三角级数逼近计算

自由振动响应时间历程在 10 s 内波形振荡基本衰减至零,其有效值为 0.215 7。由于响应是多个谐波叠加,振荡波的包络不再是一个单调衰减过程。在振动频谱中,以主振荡频率 ω_s 为中心,其余谱峰以参数频率 ω_s 为间隔,向左右进行分布。

在相空间轨迹描述自由振动响应,其轨迹形态反映非线性振动特性,而刚度调制指数 β 引入了相轨迹的摄动干扰。参数振动中的任何物理参数如刚度调制指数、阻尼率发生微小变化,都会引起相轨迹形态的明显变化。

为了与传统数值计算进行比较,采用四阶龙格-库塔算法,对【算例 2 - 1】进行仿真。设

置时间 t 起点时刻为 0，步长 0.001 s，总时间历程 10 s，控制精度设置为 1e-7（即 10^{-7}；本书均按当前形式，以与计算机计算结果保持一致），其自由振动响应时间历程 $x(t)$、响应频谱 $x(\omega)$ 及相轨迹列于图 2-4 中。

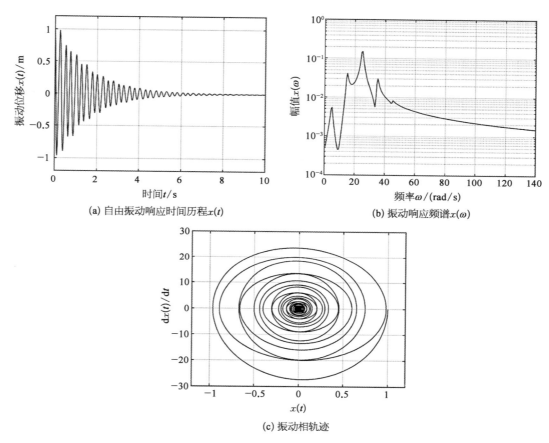

(a) 自由振动响应时间历程 $x(t)$　　(b) 振动响应频谱 $x(\omega)$

(c) 振动相轨迹

图 2-4　基于四阶龙格-库塔算法的自由振动响应仿真

上述两种计算结果表明：无论是时域波形、谱结构形状还是相空间轨迹，基于组合频率的三角级数逼近结果与四阶龙格-库塔法的呈现高度一致。由四阶龙格-库塔法得到时间历程 10 s 的振动响应有效值为 0.215 5，两种计算结果偏差为 0.09%。

在参数系统自由振动响应中，主振荡频率 ω_s 变化与刚度调制指数 β 相关。对单自由度周期性时变刚度参数系统来说，当调制指数 $\beta > 0$ 时，主振荡频率 $\omega_s < \omega_n$。在【算例 2-1】中，随着刚度调制指数 β 和阻尼率 ζ 增大，该参数系统的主振荡频率 ω_s 下降，变化趋势如图 2-5 所示。

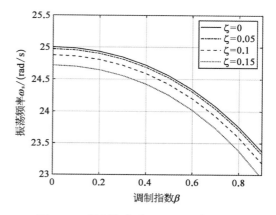

图 2-5　调制指数 β 和阻尼率 ζ 对主振荡频率 ω_s 的影响

2.2.4　逼近计算误差

采用有限项组合频率的三角级数，对参数振动响应进行逼近。逼近误差来自两方面：一个是三角级数的截断问题，另一个是频率方程解的数值误差。

为了评价逼近误差，设逼近解 $\hat{x}(t)$，根据方程（2-1）的表达，定义参数系统振动响应逼近误差为

$$e(t) = \frac{1}{\omega_n^2}\frac{\mathrm{d}^2\hat{x}}{\mathrm{d}t^2} + \frac{2\zeta}{\omega_n}\frac{\mathrm{d}\hat{x}}{\mathrm{d}t} + (1+\beta\cos\omega_o t)\hat{x} - \frac{P(t)}{\omega_n^2} \qquad (2-25)$$

式中，逼近误差 $e(t)$ 的物理量纲为振动位移或角位移。

逼近误差 $e(t)$ 与参数振动的初始条件或外力有关。为了避免初始条件和外力大小对评价的影响，引入逼近计算误差

$$\varepsilon(t) = \frac{e(t)}{|x|_{\max}} \qquad (2-26)$$

这相当于折合成初始条件 $x|_{t=0}=1$、$\dfrac{\mathrm{d}x}{\mathrm{d}t}\Big|_{t=0}=0$ 情况下的逼近误差。将式（2-21）中的自由振动响应逼近 $\hat{x}(t)$ 并代入式（2-25）和式（2-26），得到每一时刻响应的逼近计算误差；取逼近计算误差的最大绝对值 $\varepsilon_r = \max[|\varepsilon(t)|]$，用于误差估计。

在【算例2-1】中，采用29项的三角级数逼近，则逼近计算误差的时间历程 $\varepsilon(t)$ 如图2-6a所示，误差估计 ε_r 为 5.968 5e-15。然而，采用四阶龙格-库塔算法计算自由振动响应，逼近计算误差时间历程 $\varepsilon(t)$ 如图2-6b所示，逼近计算误差估计 ε_r 为 2.217e-3。两种计算方法比较见表2-2。计算结果表明，基于组合频率的三角级数对参数系统自由振动响应进行逼近，其计算精度是非常高的，几乎接近于计算位数的极限。

表 2-2　两种计算方法比较

计算方法	有效值	误差估计 ε_r
三角级数逼近（29项级数）	0.215 7	5.968 5e-15
四阶龙格-库塔算法	0.215 5	2.217e-3

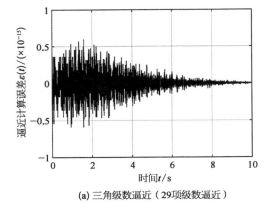

(a) 三角级数逼近（29项级数逼近）

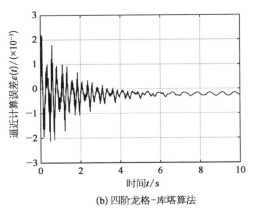

(b) 四阶龙格-库塔算法

图 2-6　逼近计算误差时间历程 $\varepsilon(t)$

　　逼近计算误差的频谱 $\varepsilon(\omega)$，可以用于暴露三角级数逼近计算中残留的谐波成分。【算例 2-1】中的逼近计算误差频谱如图 2-7 所示。从频谱 $\varepsilon(\omega)$ 中可以看出，主振荡频率 $\omega_s = 24.8417$ 占据逼近计算误差的主要部分。

　　逼近计算误差估计 ε_r 与逼近项 k 的取值范围和调制指数 β 大小密切相关，如图 2-8 所示，它随着级数逼近项数 $2m+1$ 的增加而迅速减小。

　　调制指数 β 与参数振动中的频率裂解有关。调制指数 β 越大，频率裂解越强烈，导致自由振动响应中的组合谐波成分越丰富。为

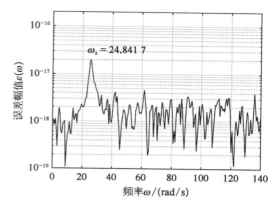

图 2-7　三角级数逼近计算误差的频谱 $\varepsilon(\omega)$
（29 项级数逼近）

了获得高计算精度，在三角级数逼近计算中，需要更多的级数项用于逼近。

　　参数频率 ω_o 决定自由振动响应中频率间隔的密度。随着 ω_o 增大，频率裂解后的组合频率 $\omega_s + k\omega_o$ 成分迅速远离系统主振荡频率 ω_s 附近区域，逼近项中振动谐波分量衰减快，因此，采用较少的三角级数逼近级数项，可以达到高精度的逼近。在【算例 2-1】中，参数频率 ω_o 的改变对逼近计算误差估计 ε_r 的影响如图 2-9 所示。

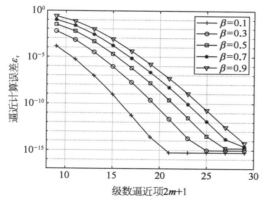

图 2-8　级数逼近项数 $2m+1$ 和调制指数 β 对
逼近计算误差估计 ε_r 的影响

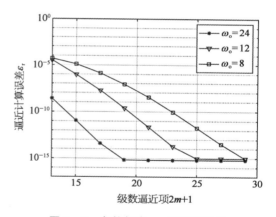

图 2-9　参数频率 ω_o 对逼近计算
误差估计 ε_r 的影响

　　在三角级数逼近中，时间计算步长与逼近精度无关，但是香农采样规则限制了响应时间计算步长。因此，在振动响应的三角级数逼近计算中，时间步长的选择必须遵守香农采样定理。

2.3　三角级数逼近复频法

　　基于组合频率的三角级数逼近直接法，计算自由振动响应简单明了，但它对参数系统自由振动响应逼近有很大的局限性，它只适合于稳定的周期性时变刚度参数系统的自由振动响应求解。因此，在直接法基础上，合并指数衰减项，将振动响应表达成简洁的复频形式：

$$x(t) = \sum_{k=-\infty}^{\infty} A_k \mathrm{e}^{\mathrm{j}(\omega + k\omega_{\mathrm{o}})t} \tag{2-27}$$

式中，ω 为一个复频率，其包含了衰减率。

复频法的优点在于，其振动响应的数学表达可以较容易地推广到一般性周期时变系数系统、多自由度参数系统及连续体参数系统等；同时，它可以应用于参数系统的稳定性判别，有利于自由振动响应的计算编程。

2.3.1 主复根和谐波系数

将自由振动响应的三角级数表达(2-27)和欧拉公式代入参数振动方程(2-5)，利用谐波平衡法，得到谐波系数 A_k 递推式

$$\frac{\omega_{\mathrm{n}}^2 \beta}{2} A_{k-1} + \left[\omega_{\mathrm{n}}^2 - (\omega + k\omega_{\mathrm{o}})^2 + \mathrm{j}2\zeta\omega_{\mathrm{n}}(\omega + k\omega_{\mathrm{o}})\right] A_k + \frac{\omega_{\mathrm{n}}^2 \beta}{2} A_{k+1} = 0$$

$$(k = -\infty, \cdots, -3, -2, -1, 0, 1, 2, 3, \cdots, \infty) \tag{2-28}$$

记
$$\left.\begin{aligned}
\gamma &= \frac{\omega_{\mathrm{n}}^2 \beta}{2} \\
\omega_k &= \omega_{\mathrm{n}}^2 - (\omega + k\omega_{\mathrm{o}})^2 + \mathrm{j}2\zeta\omega_{\mathrm{n}}(\omega + k\omega_{\mathrm{o}})
\end{aligned}\right\} \tag{2-29}$$

集合以上 $2m+1$ 个谐波系数 A_k 递推式，形成线性方程(2-30)：

$$\begin{bmatrix}
\omega_{-m} & \gamma & & & & & & & & & & & \\
\gamma & \omega_{-m+1} & \gamma & & & & & & & & & & \\
 & \cdots & \cdots & \cdots & & & & & & & & & \\
 & & \gamma & \omega_{-3} & \gamma & & & & & & & & \\
 & & & \gamma & \omega_{-2} & \gamma & & & & & & & \\
 & & & & \gamma & \omega_{-1} & \gamma & & & & & & \\
 & & & & & \gamma & \omega_0 & \gamma & & & & & \\
 & & & & & & \gamma & \omega_1 & \gamma & & & & \\
 & & & & & & & \gamma & \omega_2 & \gamma & & & \\
 & & & & & & & & \gamma & \omega_3 & \gamma & & \\
 & & & & & & & & & \cdots & \cdots & \cdots & \\
 & & & & & & & & & & \gamma & \omega_{m+1} & \gamma \\
 & & & & & & & & & & & \gamma & \omega_m
\end{bmatrix}
\begin{bmatrix}
A_{-m} \\ A_{-m+1} \\ \vdots \\ A_{-3} \\ A_{-2} \\ A_{-1} \\ A_0 \\ A_1 \\ A_2 \\ A_3 \\ \vdots \\ A_{m-1} \\ A_m
\end{bmatrix}
=
\begin{bmatrix}
-\gamma A_{-(m+1)} \\ 0 \\ \vdots \\ 0 \\ 0 \\ 0 \\ 0 \\ 0 \\ 0 \\ 0 \\ \vdots \\ 0 \\ -\gamma A_{m+1}
\end{bmatrix}$$

$$\tag{2-30}$$

当方程(2-30)阶数足够高时，谐波系数 $A_{m+1} \to 0$ 和 $A_{-(m+1)} \to 0$。因此，将式(2-30)记作

$$\mathbf{W}_1 \mathbf{A} = \mathbf{0} \tag{2-31}$$

式中，$\mathbf{W}_1$ 为方程(2-31)的系数矩阵，是一个复矩阵；$\mathbf{A}$ 为谐波系数向量。

从方程(2-31)非零解的充分必要条件，得频率方程

$$\det(\mathbf{W}_1) = \mathbf{0} \tag{2-32}$$

由 $2m+1$ 阶频率方程 $(2-32)$，可得到 $2m+1$ 对复根，其中只有一对才是主复根 $\omega=\pm\omega_s+\mathrm{j}\delta$，可构成主特征根 $s_0=\mathrm{j}\omega=-\delta\pm\mathrm{j}\omega_s$。

取 $k=-m,\cdots,-2,-1,1,2,\cdots,m$，重组方程 $(2-31)$，得到 $2m$ 阶的线性方程 $(2-33)$，将主复根 $\omega^{(1)}=\omega_s+\mathrm{j}\delta$ 代入：

$$
\begin{bmatrix}
\omega_{-m} & \gamma \\
\gamma & \omega_{-m+1} & \gamma \\
& \cdots & \cdots & \cdots \\
& & \gamma & \omega_{-3} & \gamma \\
& & & \gamma & \omega_{-2} & \gamma \\
& & & & \gamma & \omega_{-1} & 0 \\
& & & & & 0 & \omega_1 & \gamma \\
& & & & & & \gamma & \omega_2 & \gamma \\
& & & & & & & \gamma & \omega_3 & \gamma \\
& & & & & & & & \cdots & \cdots & \cdots \\
& & & & & & & & & \gamma & \omega_{m-1} & \gamma \\
& & & & & & & & & & \gamma & \omega_m
\end{bmatrix}
\begin{bmatrix}
A_{-m} \\ A_{-m+1} \\ \vdots \\ A_{-3} \\ A_{-2} \\ A_{-1} \\ A_1 \\ A_2 \\ A_3 \\ \vdots \\ A_{m-1} \\ A_m
\end{bmatrix}
=
\begin{bmatrix}
0 \\ 0 \\ \vdots \\ 0 \\ 0 \\ -\gamma A_0 \\ -\gamma A_0 \\ 0 \\ 0 \\ \vdots \\ 0 \\ 0
\end{bmatrix}
$$

$$(2-33)$$

其中

$$
\omega_k=\omega_n^2-\omega_s^2+\delta^2-k^2\omega_o^2-2k\omega_o\omega_s-2\zeta\omega_n\delta+2\mathrm{j}(\zeta\omega_n\omega_s+\zeta k\omega_n\omega_o-\delta\omega_s-k\delta\omega_o)
$$

$$(2-34)$$

记方程 $(2-33)$ 为

$$\overline{\mathbf{W}}_1\overline{\mathbf{A}}=\Gamma \tag{2-35}$$

设谐波系数 $A_0=1$，从方程 $(2-35)$ 解得向量 $\overline{\mathbf{A}}$，由谐波系数 A_0 和向量 $\overline{\mathbf{A}}$ 构成归一化谐波系数向量 $\mathbf{A}$。为了求解谐波系数 B_k，取 $k=m,\cdots,2,1,-1,-2,\cdots,-m$，即采用倒序排列的 B_k，重组方程 $(2-31)$，得到 $2m$ 阶的线性方程，并将另一个主复根 $\omega^{(2)}=-\omega_s+\mathrm{j}\delta$ 代入。

将主复根 $\omega^{(2)}$ 中的 $-\omega_s$ 和 $-k$ 代入式 $(2-34)$，得关系 $\omega_k=\omega_{-k}^*$，于是简化得到式 $(2-36)$：

$$
\begin{bmatrix}
\omega_{-m}^* & \gamma \\
\gamma & \omega_{-m+1}^* & \gamma \\
& \cdots & \cdots & \cdots \\
& & \gamma & \omega_{-3}^* & \gamma \\
& & & \gamma & \omega_{-2}^* & \gamma \\
& & & & \gamma & \omega_{-1}^* & 0 \\
& & & & & 0 & \omega_1^* & \gamma \\
& & & & & & \gamma & \omega_2^* & \gamma \\
& & & & & & & \gamma & \omega_3^* & \gamma \\
& & & & & & & & \cdots & \cdots & \cdots \\
& & & & & & & & & \gamma & \omega_{m-1}^* & \gamma \\
& & & & & & & & & & \gamma & \omega_m^*
\end{bmatrix}
\begin{bmatrix}
B_m \\ B_{m-1} \\ \vdots \\ B_3 \\ B_2 \\ B_1 \\ B_{-1} \\ B_{-2} \\ B_{-3} \\ \vdots \\ B_{-m+1} \\ B_{-m}
\end{bmatrix}
=
\begin{bmatrix}
0 \\ 0 \\ \vdots \\ 0 \\ 0 \\ -\gamma B_0 \\ -\gamma B_0 \\ 0 \\ 0 \\ \vdots \\ 0 \\ 0
\end{bmatrix}
$$

$$(2-36)$$

设谐波系数 $B_0=1$，并记方程(2-36)为

$$\overline{\mathbf{W}}_1^* \cdot \overline{\mathbf{B}}^t = \mathbf{\Gamma} \tag{2-37}$$

从方程(2-37)解得向量 $\overline{\mathbf{B}}$，由谐波系数 B_0 和向量 $\overline{\mathbf{B}}^t$ 重组，构成归一化谐波系数向量 $\mathbf{B}$。

在式(2-35)和式(2-37)中，因为矩阵 $\overline{\mathbf{W}}_1$ 和 $\overline{\mathbf{W}}_1^*$ 相互共轭，γ 为实数，$\mathbf{\Gamma}$ 又是实向量，所以向量 $\mathbf{A}$ 和 $\mathbf{B}^t$ 相互共轭：

$$\mathbf{B}^t = \mathbf{A}^* \quad \text{或} \quad B_{-k} = A_k^* \tag{2-38}$$

这样，对于单自由度参数系统，其自由振动响应 $x(t)$ 为

$$
\begin{aligned}
x(t) &= \mathrm{e}^{-\delta t} \sum_{k=-m}^{m} A_k \mathrm{e}^{\mathrm{j}(\omega_s+k\omega_o)t} + \mathrm{e}^{-\delta t} \sum_{k=-m}^{m} B_k \mathrm{e}^{\mathrm{j}(-\omega_s+k\omega_o)t} \\
&= \mathrm{e}^{-\delta t} \sum_{k=-m}^{m} \left[A_k \mathrm{e}^{\mathrm{j}(\omega_s+k\omega_o)t} + B_{-k} \mathrm{e}^{-\mathrm{j}(\omega_s+k\omega_o)t} \right] \\
&= \mathrm{e}^{-\delta t} \sum_{k=-m}^{m} \left[A_k \mathrm{e}^{\mathrm{j}(\omega_s+k\omega_o)t} + A_k^* \mathrm{e}^{-\mathrm{j}(\omega_s+k\omega_o)t} \right]
\end{aligned}
\tag{2-39}
$$

2.3.2　复指数形式

由式(2-32)，得到两组特征根

$$s_k = -\delta \pm \mathrm{j}(\omega_s + k\omega_o)$$

$$(k=-m,\ \cdots,\ -3,\ -2,\ -1,\ 0,\ 1,\ 2,\ 3,\ \cdots,\ m) \tag{2-40}$$

其中 $k=0$ 的特征根 s_0 为主特征根，两组特征根构成一对共轭特征根序列。

单自由度参数系统振动响应通解 $x(t)$ 为

$$x(t) = \mathrm{e}^{-\delta t} \sum_{k=-m}^{m} \left[pA_k \mathrm{e}^{\mathrm{j}(\omega_s+k\omega_o)t} + qA_k^* \mathrm{e}^{-\mathrm{j}(\omega_s+k\omega_o)t} \right] \tag{2-41}$$

式中，p 与 q 是任意常数。

当 $\delta > 0$ 时，振动响应 $x(t)$ 为衰减振荡波；

当 $\delta = 0$ 时，振动响应 $x(t)$ 为等幅振荡波；

当 $\delta < 0$ 时，振动响应 $x(t)$ 随时间增大，即参数系统处于不稳定响应状态。

1) 自由振动响应

设自由振动响应 $x(t)$ 的初始条件 $x(t)|_{t=0} = x(0)$，$\dfrac{\mathrm{d}x(t)}{\mathrm{d}t}\Big|_{t=0} = x'(0)$，由通解式(2-41)得到方程组

$$
\left.
\begin{aligned}
x(0) &= p \sum_{k=-m}^{m} A_k + q \sum_{k=-m}^{m} A_k^* \\
x'(0) &= p \sum_{k=-m}^{m} \left[-\delta + \mathrm{j}(\omega_s+k\omega) \right] A_k + q \sum_{k=-m}^{m} \left[-\delta - \mathrm{j}(\omega_s+k\omega) \right] A_k^*
\end{aligned}
\right\}
\tag{2-42}
$$

整理后得

$$\begin{bmatrix} \displaystyle\sum_{k=-m}^{m} A_k & \displaystyle\sum_{k=-m}^{m} A_k^* \\ \displaystyle\sum_{k=-m}^{m}[-\delta+\mathrm{j}(\omega_s+k\omega)]A_k & \displaystyle\sum_{k=-m}^{m}[-\delta-\mathrm{j}(\omega_s+k\omega)]A_k^* \end{bmatrix} \begin{bmatrix} p \\ q \end{bmatrix} = \begin{bmatrix} x(0) \\ x'(0) \end{bmatrix}$$

$$(2-43)$$

记
$$\left. \begin{aligned} S &= \sum_{k=-m}^{m} A_k \\ S_C &= \sum_{k=-m}^{m}[-\delta+\mathrm{j}(\omega_s+k\omega_o)]A_k \end{aligned} \right\}$$

$$(2-44)$$

从而式(2-43)可简化为

$$\begin{bmatrix} S & S^* \\ S_C & S_C^* \end{bmatrix} \begin{bmatrix} p \\ q \end{bmatrix} = \begin{bmatrix} x(0) \\ x'(0) \end{bmatrix}$$

$$(2-45)$$

于是,得到初始条件下自由振动响应的任意常数

$$\begin{bmatrix} p \\ q \end{bmatrix} = \frac{1}{\begin{vmatrix} S & S^* \\ S_C & S_C^* \end{vmatrix}} \begin{bmatrix} S_C^*\, x(0) - S^*\, x'(0) \\ -S_C x(0) + S x'(0) \end{bmatrix} = \frac{-\mathrm{j}}{2\,\mathrm{Im}(S \cdot S_C^*)} \begin{bmatrix} (S_C x(0) - S x'(0))^* \\ -(S_C x(0) - S x'(0)) \end{bmatrix}$$

$$(2-46)$$

　　根据复数运算规则,无论 S 是实数还是复数,从式(2-46)可以推得任意常数 p 和 q 互为共轭。

　　所以,当谐波系数 A_k 为复数时,参数系统振动响应通解 $x(t)$ 也可以写成

$$x(t) = 2\mathrm{e}^{-\delta t} \sum_{k=-m}^{m} \big[\mathrm{Re}(pA_k)\cos(\omega_s+k\omega_o)t - \mathrm{Im}(pA_k)\sin(\omega_s+k\omega_o)t \big] \quad (2-47)$$

　　应用复频法逼近,分析在【算例 2-1】中的自由振动响应。取级数项 k 从 -14 至 14,得到一对主特征根为 $s_0 = -0.625 \pm \mathrm{j}24.841\,736\,331\,752\,350$;归一化谐波系数 A_k 计算值仍是实数,与表 2-1 中相同;任意常数为 $p = 0.513\,894\,958\,795\,333 - \mathrm{j}0.011\,424\,539\,718\,114$ 和 $q = 0.513\,894\,958\,795\,333 + \mathrm{j}0.011\,424\,539\,718\,114$。 因此,所给参数系统自由振动响应 $x(t)$ 的逼近表达为

$$\begin{aligned} x(t) = &\sum_{k=-14}^{14} (0.513\,8 - \mathrm{j}0.011\,4)A_k \mathrm{e}^{[-0.625+\mathrm{j}(24.841\,7+10k)]t} + \\ &\sum_{k=-14}^{14} (0.513\,8 + \mathrm{j}0.011\,4)A_k \mathrm{e}^{[-0.625-\mathrm{j}(24.841\,7+10k)]t} \end{aligned}$$

$$(2-48)$$

化简后为

$$x(t) = \mathrm{e}^{-0.625t} \sum_{k=-14}^{14} A_k \big[1.027\,8\cos(24.841\,7+10k)t + 0.022\,8\sin(24.841\,7+10k)t \big]$$

可见,在该算例中,复频法逼近结果与第二节中的直接法逼近完全相同。

2）单位脉冲振动响应

设初始条件 $x(t)|_{t=0}=0$ 和 $\dfrac{\mathrm{d}x(t)}{\mathrm{d}t}\Big|_{t=0}=1$，则任意常数简化为

$$\begin{bmatrix} p \\ q \end{bmatrix} = \frac{-\mathrm{j}}{2\mathrm{Im}(S \cdot S_{\mathrm{C}}^*)}\begin{bmatrix} -S^* \\ S \end{bmatrix} \tag{2-49}$$

因此，单位脉冲振动响应的复指数形式为

$$h(t)=\frac{-\mathrm{j}e^{-\delta t}}{2\mathrm{Im}(S \cdot S_{\mathrm{C}}^*)}\sum_{k=-m}^{m}\left[-S^* A_k e^{\mathrm{j}(\omega_{\mathrm{s}}+k\omega_{\mathrm{o}})t}+S A_k^* e^{-\mathrm{j}(\omega_{\mathrm{s}}+k\omega_{\mathrm{o}})t}\right] \quad (t \geqslant 0) \tag{2-50}$$

对于单自由度周期性时变刚度的参数系统，谐波系数 A_k 是实数，$A_k^*=A_k$，$S^*=S$，则 $\mathrm{Im}(S \cdot S_{\mathrm{C}}^*)=-S\sum\limits_{k=-m}^{m}(\omega_{\mathrm{s}}+k\omega_{\mathrm{o}})A_k$。 因此，单位脉冲振动响应 $h(t)$ 简化为

$$h(t)=\frac{e^{-\delta t}}{\sum\limits_{k=-m}^{m}(\omega_{\mathrm{s}}+k\omega_{\mathrm{o}})A_k}\sum_{k=-m}^{m}A_k\sin(\omega_{\mathrm{s}}+k\omega_{\mathrm{o}})t \quad (t \geqslant 0) \tag{2-51}$$

式（2-51）中单位脉冲振动响应 $h(t)$ 表达式与式（2-23）中的一致，其中衰减率 $\delta=\zeta\omega_{\mathrm{n}}$，它的拉氏变换形式为

$$H(s)=\frac{1}{\sum\limits_{k=-m}^{m}(\omega_{\mathrm{s}}+k\omega_{\mathrm{o}})A_k}\sum_{k=-m}^{m}A_k\frac{\omega_{\mathrm{s}}+k\omega_{\mathrm{o}}}{(s+\delta)^2+(\omega_{\mathrm{s}}+k\omega_{\mathrm{o}})^2} \tag{2-52}$$

在【算例 2-1】中，如果系统受单位脉冲激励，则振动响应的任意常数 $p=-\mathrm{j}0.018\,279\,263\,548\,982\,7$ 和 $q=\mathrm{j}0.018\,279\,263\,548\,982\,7$。 因此，该系统的单位脉冲振动响应 $h(t)$ 为

$$h(t)=0.036\,56e^{-0.625\,t}\sum_{k=-14}^{14}A_k\sin(24.841\,7+10k)t$$

设时间 t 的起点时刻为 0，步长为 0.001 s，总时间历程为 10 s，根据上述三角级数逼近表达，计算该参数系统的单位脉冲振动响应，其中振动响应时间历程 $h(t)$、频响特性 $H(\omega)$ 及逼近计算误差时间历程 $\varepsilon(t)$ 列于图 2-10 中。

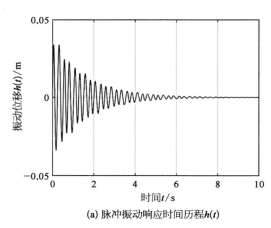

(a) 脉冲振动响应时间历程$h(t)$

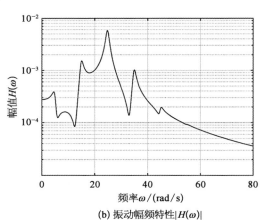

(b) 振动幅频特性$|H(\omega)|$

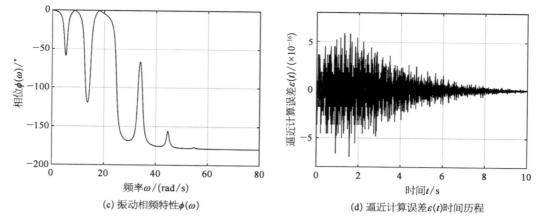

(c) 振动相频特性 $\phi(\omega)$　　(d) 逼近计算误差 $\varepsilon(t)$ 时间历程

图 2-10　脉冲振动响应 $h(t)$ 及频响特性 $H(\omega)$

从式(2-51)可知,参数系统单位脉冲振动响应和 $h(t)$ 可以看作多个单自由度线性系统的单位脉冲振动响应 $h_k(t)$ 在时域上的加权叠加,加权系数为归一化谐波系数 A_k。

因此,在频域上,参数系统单位脉冲振动响应谱 $H(\omega)$ 可以看作多个组合频率模态 $H_k(\omega)$ 的加权叠加。在幅频特性中,组合频率 $\omega_s-2\omega_o$、$\omega_s-\omega_o$、ω_s、$\omega_s+\omega_o$、$\omega_s+2\omega_o$ 谱峰占优势地位,在相频特性图中,对应的组合频率点存在着大幅度相位跳动。

对模态加权叠加现象,还可以从参数系统单位脉冲振动响应的实频特性和虚频特性分解图中得到解释。图 2-11a 是脉冲振动响应实频特性和虚频特性,图 2-11b 是脉冲振动响应实频特性和虚频特性的分解图,它们分别是组合频率 $\omega_s-2\omega_o$、$\omega_s-\omega_o$、ω_s、$\omega_s+\omega_o$、$\omega_s+2\omega_o$ 的单位脉冲振动响应加权后的实频特性和虚频特性。忽略高阶组合频率存在情况下,图 2-11a 中波形可以看作图 2-11b 中 5 个相应波形的线性叠加。另外,单位脉冲振动频率响应在零点 $H(0)\neq0$。

2.3.3　特征根分布

在单自由度参数系统中,采用复频法,对自由振动响应进行三角级数逼近,其 $2(2m+1)$ 个特征根可分为两组复根 $s_k^{(1)}$ 与 $s_k^{(2)}$。在系统稳定时,两组复根相互混叠,以直线形式垂直分布在复平面的左边,特征根序列分布如图 2-12a 所示。

第一组特征根 $s_k^{(1)}=-\delta+\mathrm{j}(\omega_s+k\omega_o)$ 以主振荡频率 ω_s 为中心,以参数频率 ω_o 为间隔,向上直线排列至 $\omega_s+m\omega_o$,向下直线排列至 $\omega_s-m\omega_o$。第二组特征根 $s_k^{(1)}=-\delta-\mathrm{j}(\omega_s+$

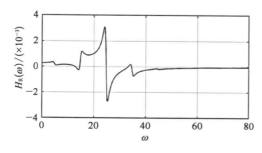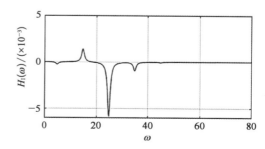

(a) 振动响应实频特性和虚频特性

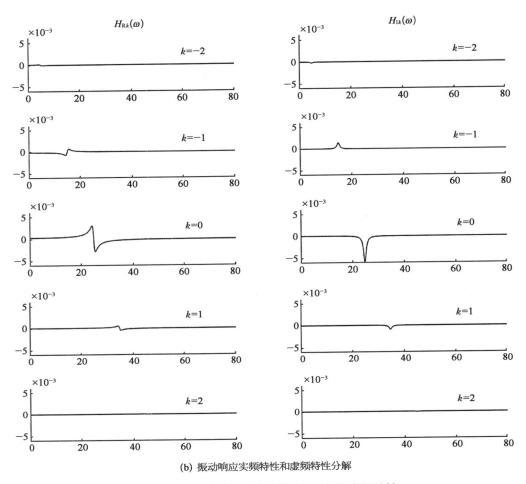

(b) 振动响应实频特性和虚频特性分解

图 2-11　单位脉冲振动响应的实频特性和虚频特性

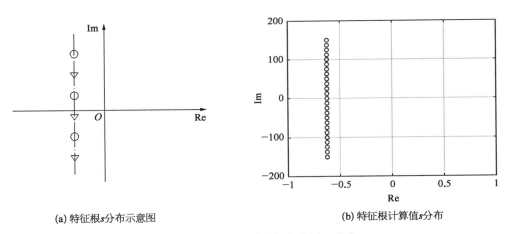

(a) 特征根s分布示意图　　　　　　　(b) 特征根计算值s分布

图 2-12　参数系统特征根序列 s 分布

$k\omega_{\circ}$) 以主振荡频率 $-\omega_{s}$ 为中心,同样以参数频率 $\omega_{\circ}$ 为间隔,向下直线排列至 $-\omega_{s}-m\omega_{\circ}$,向上直线排列至 $-\omega_{s}+m\omega_{\circ}$。

在【算例 2-1】中,如果 $m=10$,特征根计算值分布见图 2-12b,特征根数值及识别结果列于表 2-3 中。

表 2-3　特征根计算值与主特征根识别

特征根计算值	A组 $s_k^{(1)}$	B组 $s_k^{(2)}$	特征根计算值	A组 $s_k^{(1)}$	B组 $s_k^{(2)}$
−0.625+j125.277 1	A_{10}		−0.625−j4.841 7		B_{-2}
−0.625+j114.857 5	A_9		−0.625−j5.158 3	A_{-3}	
−0.625+j104.842 1	A_8		−0.625−j14.841 7		B_{-1}
−0.625+j94.841 7	A_7		−0.625−j15.158 3	A_{-4}	
−0.625+j84.841 7	A_6		**−0.625−j24.841 7**		B_0
−0.625+j75.453 4		B_{-10}	−0.625−j25.158 3	A_{-5}	
−0.625+j74.841 7	A_5		−0.625−j34.841 7		B_1
−0.625+j65.161 3		B_{-9}	−0.625−j35.158 3	A_{-6}	
−0.625+j64.841 7	A_4		−0.625−j44.841 7		B_2
−0.625+j55.158 3		B_{-8}	−0.625−j45.158 3	A_{-7}	
−0.625+j54.841 7	A_3		−0.625−j54.841 7		B_3
−0.625+j45.158 3		B_{-7}	−0.625−j55.158 3	A_{-8}	
−0.625+j44.841 7	A_2		−0.625−j64.841 7		B_4
−0.625+j35.158 3		B_{-6}	−0.625−j65.161 3	A_{-9}	
−0.625+j34.841 73	A_1		−0.625−j74.841 7		B_5
−0.625+j25.158 3		B_{-5}	−0.625−j75.453 4	A_{-10}	
−0.625+j24.841 7	A_0		−0.625−j84.841 7		B_6
−0.625+j15.158 3		B_{-4}	−0.625−j94.841 7		B_7
−0.625+j14.841 7	A_{-1}		−0.625−j104.842 1		B_8
−0.625+j5.158 3		B_{-3}	−0.625−j114.857 5		B_9
−0.625+j4.841 7	A_{-2}		−0.625−j125.277 1		B_{10}

利用复频法的逼近计算中,根据特征根分布规律,可以自动识别主振荡频率 ω_s。按虚部数值大小排列,以虚部最大值 $\max[\mathrm{Im}(s_{ik})]$ 为起点,以参数频率 ω_0 为间隔向下搜索,如表 2-3 中的 A 组,其中第 $m+1$ 个是主振荡频率 ω_s;或者以虚部最小值 $\min[\mathrm{Im}(s_{ik})]$ 为起点,以参数频率 ω_0 为间隔向上搜索,如表 2-3 中的 B 组,其中第 $m+1$ 个是主振荡频率 $-\omega_s$。这样,可以从众多特征根中识别主振荡频率 ω_s,A 组为第一组特征根序列,B 组为第二组特征根序列,A_0 和 B_0 分别对应于主特征根 $-0.625\pm j24.841\,7$ 的所在位置。

2.4　振 动 稳 定 性

应用复频法的三角级数逼近表达,不仅给出了参数系统自由振动响应的通解,而且可以根据特征根 s 在复平面上的分布位置,判断参数系统的稳定性。

2.4.1　特征根分布与稳定性

众所周知,当参数频率 $\omega_0 \approx q\omega_s(q\approx 2,1,2/3,1/2,1/3,\cdots)$ 时,单自由度参数系统振动响应进入主不稳定、一阶不稳定、二阶不稳定等状态,振动响应的幅度随时间增长,对应的特征根 s 的实部出现正值。当参数系统振动响应出现不稳定时,两组特征根分布如

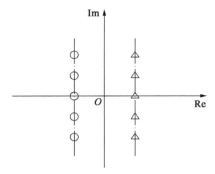

图 2-13所示,部分特征根序列落在复平面的右侧。

当参数系统不稳定时,在衰减率 δ_1 和 δ_2 中至少有一个是负数,不妨设指数因子 $\Delta = -\delta_2$,即复平面上右侧主特征根的实部数值。当 $\Delta > 0$ 时,则不稳定振动响应表达为

$$x(t) = \sum_{k=-m}^{m} \left[pA_k e^{-\delta_1 t} e^{j(\omega_s + k\omega_o)t} + qB_k e^{\Delta t} e^{-j(\omega_s + k\omega_o)t} \right]$$

$$(2-53)$$

图 2-13 参数系统振动不稳定响应特征根 s 分布示意图

由式(2-53)可以看出,自由振动响应 $x(t)$ 的幅度随着时间增大。

对于参数系统出现不稳定振动响应,可以借用调制反馈控制模型中的频率裂解和组合过程做一解释。设参数系统的阻尼系数为0,分析振动主不稳定($\omega_o = 2\omega_n$)的形成过程,如图2-14所示。

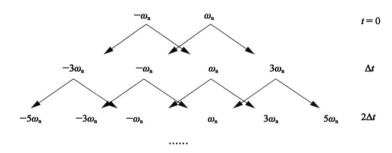

图 2-14 参数系统主不稳定形成的频率裂解和组合过程示意图($\omega_o = 2\omega_n$)

图 2-1所示的调制反馈控制系统($P(t)=0$)中,在任意初始扰动下,在起始点 0 至 $\Delta t(\Delta t \to 0)$ 时刻,系统存在响应频率成分 ω_n 和 $-\omega_n$,经过调制环节作用,频率产生裂解,组合为 $\omega_n - \omega_o = -\omega_n$、$\omega_n + \omega_o = 3\omega_n$、$-\omega_n - \omega_o = -3\omega_n$ 以及 $-\omega_n + \omega_o = \omega_n$,这些新增的组合频率成分经过反馈回路一起进入输入端,其中的频率成分 ω_n 和 $-\omega_n$ 在二阶线性系统单元中得以放大。上述频率裂解和组合过程持续地在系统中进行,结果使系统响应的频率成分 ω_n 和 $-\omega_n$ 不断地得到增强,最终形成振动不稳定响应。

调制环节的频率裂解作用,是持续组合频率成分 ω_n 和 $-\omega_n$ 的根源,结合二阶线性系统单元的放大功能,导致了参数系数振动响应幅度的无限制增长。

2.4.2 不稳定振动响应算例

【算例 2-2】 设参数振动方程

$$x'' + 0.004x' + 24.2(1 + 0.3\cos \omega_o t)x = 0 \qquad (2-54)$$

计算主不稳定,一阶以及二阶不稳定响应对应的参数频率 ω_o 及主特征根,以及振动响应。

对应于主不稳定、一阶以及二阶不稳定响应,参数频率 ω_o 及主特征根的计算值列于表

2-4 中。其中，当 $q \approx 2$ 时，$\omega_\circ = 9.775\,398$，特征根 s 计算值在复平面上的分布如图 2-15a 所示。特征根序列 $s_k^{(1)}$ 分布在复平面左侧，而 $s_k^{(2)}$ 分布在复平面右侧，排列方式有别于图 2-12 中的稳定系统。由于逼近级数项 k 取有限数目，因此，存在计算截断误差，在复平面上特征值虚部的最高点和最低点偏离理论位置。

　　设置时间 t 起点时刻为 0，步长 0.001 s，总时间历程 20 s，按式（2-53）计算参数振动主不稳定响应 $x(t)$ 以及相轨迹，其结果如图 2-15b、c 所示。

表 2-4　振动不稳定响应对应的参数频率 $\omega_\circ$ 及主特征根值 $s_0^{(i)}$

不稳定种类	q 值	$\omega_\circ$ 值	主特征根值 s_0
主不稳定	$q \approx 2$	9.775 398	$s_0^{(1)} = -0.369\,199 + j4.887\,699$ $s_0^{(2)} = 0.369\,199 - j4.887\,699$
一阶不稳定	$q \approx 1$	4.887 699	$s_0^{(1)} = -0.057\,206 + j4.887\,698$ $s_0^{(2)} = 0.053\,207 - j4.887\,698$
二阶不稳定	$q \approx 1/2$	2.444 349 5	$s_0^{(1)} = -0.004\,231 + j4.888\,698$ $s_0^{(2)} = 0.000\,231 - j4.888\,698$

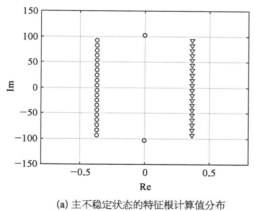

(a) 主不稳定状态的特征根计算值分布
（指数因子 $\varDelta = 0.369\,199$）

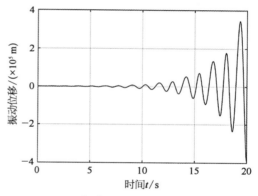

(b) 振动主不稳定响应时间历程

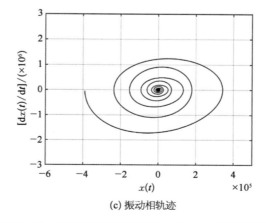

(c) 振动相轨迹

图 2-15　振动主不稳定响应（$q = 2$，$\omega_\circ = 9.775\,398$）

　　同理,当 $q \approx 1$、$q \approx 1/2$、… 时,部分特征根计算值 $s_k^{(2)}$ 分布在复平面右侧,对应的振动响应均属于高阶不稳定。从表 2 - 4 可知,不论是振动主不稳定还是振动高阶不稳定,其主振荡频率 ω_s 基本是一致的。

　　不同的指数因子 Δ 反映了振荡波幅度的发散速度。如图 2 - 16 所示是振动二阶不稳定 $q = 1/2$ 状态响应时间历程 $x(t)$ 以及相轨迹,该指数因子 $\Delta = 0.000\,231$,其振荡波幅度的发散速度比图 2 - 15($\Delta = 0.369\,199$) 中振动主不稳定状态的慢。

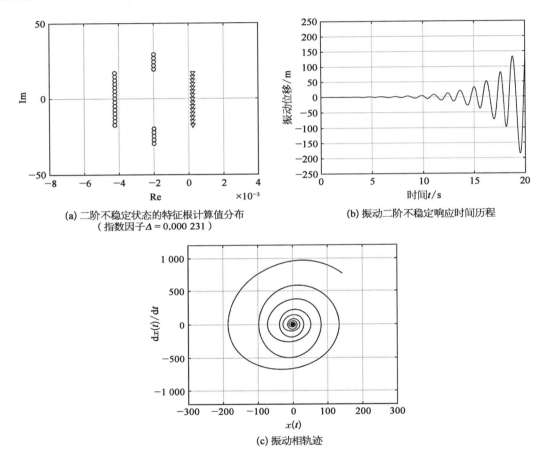

(a) 二阶不稳定状态的特征根计算值分布
（指数因子 $\Delta = 0.000\,231$）

(b) 振动二阶不稳定响应时间历程

(c) 振动相轨迹

图 2 - 16　振动二阶不稳定响应（$q = 1/2$, $\omega_0 = 2.444\,350\,5$）

2.5　参数振动响应测量模型

　　在工程中,对单自由度参数系统进行瞬态振动响应试验,由于初相角 φ 的介入,将极大地影响参数振动响应以及响应谱,造成每次测量得到的振动谱结构有差异。因此,本节将建立参数振动测量模型,在参数振动微分方程中引入具有均匀随机分布的初相角,对自由振动进行讨论。

2.5.1　自由振动三角级数解

　　对单自由度参数系统进行瞬态振动响应测试,其测量模型可以描述为

$$\frac{\mathrm{d}^2 x}{\mathrm{d}t^2} + 2\zeta\omega_\mathrm{n}\frac{\mathrm{d}x}{\mathrm{d}t} + \omega_\mathrm{n}^2[1 + \beta\cos(\omega_\mathrm{o}t + \varphi)]x = 0 \qquad (2-55)$$

式中,初相角 φ 在 $[0, 2\pi]$ 区间服从均匀随机分布。

将三角级数响应解 $(2-27)$ 和欧拉公式代入参数方程 $(2-55)$,得到含初相角 φ 的谐波系数 A_k 递推式

$$\frac{\omega_\mathrm{n}^2\beta\mathrm{e}^{\mathrm{j}\varphi}}{2}A_{k-1} + [\omega_\mathrm{n}^2 - (\omega + k\omega_\mathrm{o})^2 + \mathrm{j}2\zeta\omega_\mathrm{n}(\omega + k\omega_\mathrm{o})]A_k + \frac{\omega_\mathrm{n}^2\beta\mathrm{e}^{-\mathrm{j}\varphi}}{2}A_{k+1} = 0$$

$$(k = -\infty, \cdots, -3, -2, -1, 0, 1, 2, 3, \cdots, \infty) \quad (2-56)$$

记

$$\left.\begin{array}{l} \gamma_1 = \omega_\mathrm{n}^2\beta\mathrm{e}^{\mathrm{j}\varphi}/2 \\ \gamma_2 = \omega_\mathrm{n}^2\beta\mathrm{e}^{-\mathrm{j}\varphi}/2 \\ \omega_k = \omega_\mathrm{n}^2 - (\omega + k\omega_\mathrm{o})^2 + \mathrm{j}2\zeta\omega_\mathrm{n}(\omega + k\omega_\mathrm{o}) \end{array}\right\} \qquad (2-57)$$

集合以上 $2m+1$ 个谐波系数 A_k 递推式,形成线性方程

$$\begin{bmatrix} \omega_{-m} & \gamma_2 \\ \gamma_1 & \omega_{-m+1} & \gamma_2 \\ & \cdots & \cdots & \cdots \\ & & \gamma_1 & \omega_{-3} & \gamma_2 \\ & & & \gamma_1 & \omega_{-2} & \gamma_2 \\ & & & & \gamma_1 & \omega_{-1} & \gamma_2 \\ & & & & & \gamma_1 & \omega_0 & \gamma_2 \\ & & & & & & \gamma_1 & \omega_1 & \gamma_2 \\ & & & & & & & \gamma_1 & \omega_2 & \gamma_2 \\ & & & & & & & & \gamma_1 & \omega_3 & \gamma_2 \\ & & & & & & & & & \cdots & \cdots & \cdots \\ & & & & & & & & & & \gamma_1 & \omega_{m+1} & \gamma_2 \\ & & & & & & & & & & & \gamma_1 & \omega_m \end{bmatrix} \begin{bmatrix} A_{-m} \\ A_{-m+1} \\ \vdots \\ A_{-3} \\ A_{-2} \\ A_{-1} \\ A_0 \\ A_1 \\ A_2 \\ A_3 \\ \vdots \\ A_{m-1} \\ A_m \end{bmatrix} = \begin{bmatrix} -\gamma_1 A_{-(m+1)} \\ 0 \\ \vdots \\ 0 \\ 0 \\ 0 \\ 0 \\ 0 \\ 0 \\ 0 \\ \vdots \\ 0 \\ -\gamma_2 A_{m+1} \end{bmatrix}$$

$$(2-58)$$

当方程 $(2-58)$ 阶数 m 足够大时,谐波系数 $A_{m+1} \rightarrow 0$ 和 $A_{-(m+1)} \rightarrow 0$。因此,将式 $(2-58)$ 记作

$$\mathbf{W}_2\mathbf{A} = \mathbf{0} \qquad (2-59)$$

式中,$\mathbf{W}_2$ 为方程 $(2-59)$ 的系数矩阵;$\mathbf{A}$ 为谐波系数向量。

从方程 $(2-59)$ 非零解的充分必要条件,得频率方程

$$\det(\mathbf{W}_2) = \mathbf{0} \qquad (2-60)$$

从式(2-60)解出主复根。

取 $k=-m,\cdots,-2,-1,1,2,\cdots,m$，从式(2-59)重组，得到 $2m$ 阶的线性方程 (2-61)。然后，将主复根 $\omega^{(1)}=\omega_s+j\delta$ 代入。在方程(2-61)中，置 $A_0=1$，解得归一化谐波系数 A_k。 一般情况下，谐波系数 A_k 是一个复数：

$$
\begin{bmatrix}
\omega_{-m} & \gamma_2 & & & & & & & & & & \\
\gamma_1 & \omega_{-m+1} & \gamma_2 & & & & & & & & & \\
 & \cdots & \cdots & \cdots & & & & & & & & \\
 & & \gamma_1 & \omega_{-3} & \gamma_2 & & & & & & & \\
 & & & \gamma_1 & \omega_{-2} & \gamma_2 & & & & & & \\
 & & & & \gamma_1 & \omega_{-1} & 0 & & & & & \\
 & & & & & 0 & \omega_1 & \gamma_2 & & & & \\
 & & & & & & \gamma_1 & \omega_2 & \gamma_2 & & & \\
 & & & & & & & \gamma_1 & \omega_3 & \gamma_2 & & \\
 & & & & & & & & \cdots & \cdots & \cdots & \\
 & & & & & & & & & \gamma_1 & \omega_{m-1} & \gamma_2 \\
 & & & & & & & & & & \gamma_1 & \omega_m
\end{bmatrix}
\begin{bmatrix}
A_{-m} \\ A_{-m+1} \\ \vdots \\ A_{-3} \\ A_{-2} \\ A_{-1} \\ A_1 \\ A_2 \\ A_3 \\ \vdots \\ A_{m-1} \\ A_m
\end{bmatrix}
=
\begin{bmatrix}
0 \\ 0 \\ \vdots \\ 0 \\ 0 \\ -\gamma_2 A_0 \\ -\gamma_1 A_0 \\ 0 \\ 0 \\ \vdots \\ 0 \\ 0
\end{bmatrix}
$$

$$(2-61)$$

对于谐波系数 B_k 求解，倒置序号 k $(k=m,\cdots,2,1,-1,-2,\cdots,-m)$，得到线性方程

$$
\begin{bmatrix}
\omega_m & \gamma_1 & & & & & & & & & & \\
\gamma_2 & \omega_{m-1} & \gamma_1 & & & & & & & & & \\
 & \cdots & \cdots & \cdots & & & & & & & & \\
 & & \gamma_2 & \omega_3 & \gamma_1 & & & & & & & \\
 & & & \gamma_2 & \omega_2 & \gamma_1 & & & & & & \\
 & & & & \gamma_2 & \omega_1 & 0 & & & & & \\
 & & & & & 0 & \omega_{-1} & \gamma_1 & & & & \\
 & & & & & & \gamma_2 & \omega_{-2} & \gamma_1 & & & \\
 & & & & & & & \gamma_2 & \omega_{-3} & \gamma_1 & & \\
 & & & & & & & & \cdots & \cdots & \cdots & \\
 & & & & & & & & & \gamma_2 & \omega_{-m+1} & \gamma_1 \\
 & & & & & & & & & & \gamma_2 & \omega_{-m}
\end{bmatrix}
\begin{bmatrix}
B_m \\ B_{m-1} \\ \vdots \\ B_3 \\ B_2 \\ B_1 \\ B_{-1} \\ B_{-2} \\ B_{-3} \\ \vdots \\ B_{-m+1} \\ B_{-m}
\end{bmatrix}
=
\begin{bmatrix}
0 \\ 0 \\ \vdots \\ 0 \\ 0 \\ -\gamma_1 B_0 \\ -\gamma_2 B_0 \\ 0 \\ 0 \\ \vdots \\ 0 \\ 0
\end{bmatrix}
$$

$$(2-62)$$

将另一个主复根 $\omega^{(2)}=-\omega_s+j\delta$ 代入式(2-62)，利用 $\omega_k=\omega_{-k}^*$ 和 $\gamma_1=\gamma_2^*$ 的关系，方程 (2-62)转变为

$$\begin{bmatrix} \omega_{-m}^* & \gamma_2^* & & & & & & & & & & & \\ \gamma_1^* & \omega_{-m+1}^* & \gamma_2^* & & & & & & & & & & \\ & \cdots & \cdots & \cdots & & & & & & & & & \\ & & \gamma_1^* & \omega_{-3}^* & \gamma_2^* & & & & & & & & \\ & & & \gamma_1^* & \omega_{-2}^* & \gamma_2^* & & & & & & & \\ & & & & \gamma_1^* & \omega_{-1}^* & 0 & & & & & & \\ & & & & & 0 & \omega_1^* & \gamma_2^* & & & & & \\ & & & & & & \gamma_1^* & \omega_2^* & \gamma_2^* & & & & \\ & & & & & & & \gamma_1^* & \omega_3^* & \gamma_2^* & & & \\ & & & & & & & & \cdots & \cdots & \cdots & & \\ & & & & & & & & & \gamma_1^* & \omega_{m-1}^* & \gamma_2^* \\ & & & & & & & & & & \gamma_1^* & \omega_m^* \end{bmatrix} \begin{bmatrix} B_m \\ B_{m-1} \\ \vdots \\ B_3 \\ B_2 \\ B_1 \\ B_{-1} \\ B_{-2} \\ B_{-3} \\ \vdots \\ B_{-m+1} \\ B_{-m} \end{bmatrix} = \begin{bmatrix} 0 \\ 0 \\ \vdots \\ 0 \\ 0 \\ -\gamma_2^* B_0 \\ -\gamma_1^* B_0 \\ 0 \\ 0 \\ \vdots \\ 0 \\ 0 \end{bmatrix}$$

$$(2-63)$$

置 $B_0 = 1$，比较方程(2-61)和方程(2-63)，从系数矩阵和等式右边向量的共轭关系，得到关系式 $B_{-k} = A_k^*$。 这样，自由振动响应通解的三角级数形式同式(2-41)。

2.5.2　谐波系数及响应谱算例

【算例 2-3】　在参数振动测量模型(2-55)中，设固有频率 $\omega_n = 25$，参数频率 $\omega_o = 10$、阻尼率 $\zeta = 0.025$、刚度调制指数 $\beta = 0.3$，分析初相角 φ 对谐波系数 A_1 和 A_{-1} 的影响，并计算单位脉冲振动响应谱。

设初相角 φ 取 0、$\pi/2$、π 及 $3\pi/2$，置级数项 k 从 -14 至 14，根据频率方程(2-60)计算，所有主特征根值基本一致，$s_0 = -0.625 \pm j24.841\,736\,331\,752\,350$（小数 15 位相同）。在求出主振荡频率以后，根据式(2-61)，得到相应的谐波系数 A_1 和 A_{-1} 值，见表 2-5。

表 2-5　谐波系数 A_1 和 A_{-1} 随初相角 φ 变化

初相角 φ	0	$\pi/6$	$\pi/4$	$\pi/3$	$\pi/2$
谐波系数 A_1	0.160 8	0.139 3+j0.080 4	0.113 7+j0.113 7	0.080 4+j0.139 3i	j0.160 8
谐波系数 A_{-1}	−0.240 8	−0.208 5+j0.120 4	−0.170 3+j0.170 3	−0.120 4+j0.208 5i	j0.240 8

在复平面上，谐波系数 A_1 和 A_{-1} 可以视为旋转矢量，如图 2-17 所示，A_1 按逆时针方向旋转 φ 角，而 A_{-1} 按顺时针方向旋转 φ 角。谐波系数 A_k 呈现复数形式，它随初相角 φ 呈周期性变化，其中矢量模保持常数。

不仅如此，在谐波系数 A_k 和 A_k^* 共同作用下，改变了振动响应解中的任意常数值。因此，初相角 φ 的变化，将周期性影响所有组合频率（$k = -m, \cdots, -2, -1, 0, 1, 2, \cdots, m$）对应的谐波分量的大小和相位。

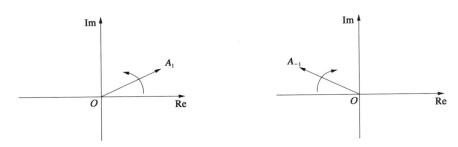

图 2-17　谐波系数 A_1 和 A_{-1} 随初相角 φ 旋转示意图

部分谐波系数 A_k 计算值见表 2-6，其中，$\varphi=0$ 的情况列于表 2-1 中；设初始条件为 $x\big|_{t=0}=0$，$\dfrac{\mathrm{d}x}{\mathrm{d}t}\big|_{t=0}=1$，得到任意常数 p 和 q 值如表 2-7 所列。显然，归一化谐波系数 A_k 和任意常数 p 和 q 都随初相角 φ 的变化而改变。初相角 φ 为 $\pi/2$、π 及 $3\pi/2$ 情况下的脉冲振动响应逼近如下：

表 2-6　部分谐波谐数 A_k

k	A_k		
	$\varphi=\pi/2$	$\varphi=\pi$	$\varphi=3\pi/2$
...	...	...	...
−5	0.000 000 000 000 000 −j0.008 238 576 902 806	−0.008 238 576 902 806 −j0.000 000 000 000 000	0.000 000 000 000 000 +j0.008 238 576 902 806
−4	−0.000 544 155 020 270 −j0.000 000 000 000 000	−0.000 544 155 020 270 −j0.000 000 000 000 000	−0.000 544 155 020 270 −j0.000 000 000 000 000
−3	0.000 000 000 000 000 −j0.005 946 819 902 242	0.005 946 819 902 242 +j0.000 000 000 000 000	−0.000 000 000 000 000 +j0.005 946 819 902 242
−2	−0.038 477 044 163 631 −j0.000 000 000 000 000	0.038 477 044 163 631 +j0.000 000 000 000 000	−0.038 477 044 163 631 −j0.000 000 000 000 000
−1	−0.000 000 000 000 000 +j0.240 785 210 336 13	0.240 785 210 336 135 +j0.000 000 000 000 000	0.000 000 000 000 000 −j0.240 785 210 336 135
0	1	1	1
1	0.000 000 000 000 000 +j0.160 811 759 416 718	−0.160 811 759 416 718 +j0.000 000 000 000 000	−0.000 000 000 000 000 −j0.160 811 759 416 718
2	−0.010 905 115 010 255 +j0.000 000 000 000 000	0.010 905 115 010 255 −j0.000 000 000 000 000	−0.010 905 115 010 255 +j0.000 000 000 000 000
3	−0.000 000 000 000 000 −j0.000 429 461 427 931	−0.000 429 461 427 931 +j0.000 000 000 000 000	0.000 000 000 000 000 +j0.000 429 461 427 931
4	0.000 011 252 422 135 −j0.000 000 000 000 000	0.000 011 252 422 135 −j0.000 000 000 000 000	0.000 011 252 422 135 −j0.000 000 000 000 000
5	0.000 000 000 000 000 +j0.000 000 212 028 689	−0.000 000 212 028 689 +j0.000 000 000 000 000	−0.000 000 000 000 000 −j0.000 000 212 028 689
...	...	...	...

当 $\varphi = \pi/2$ 时，

$$x_1(t) = -\mathrm{e}^{-0.625t} \sum_{k=-10}^{10} (0.007\,3 + \mathrm{j}0.017\,8) A_k \mathrm{e}^{\mathrm{j}(24.841\,7+10k)t} -$$

$$\mathrm{e}^{-0.625t} \sum_{k=-10}^{10} (0.007\,3 - \mathrm{j}0.017\,8) A_k^* \mathrm{e}^{-\mathrm{j}(24.841\,7+10k)t}$$

当 $\varphi = \pi$ 时，

$$x_2(t) = -\mathrm{e}^{-0.625t} \sum_{k=-10}^{10} \mathrm{j}0.021\,2 A_k \mathrm{e}^{\mathrm{j}(24.841\,7+10k)t} +$$

$$\mathrm{e}^{-0.625t} \sum_{k=-10}^{10} \mathrm{j}0.021\,2 A_k^* \mathrm{e}^{-\mathrm{j}(24.841\,7+10k)t}$$

当 $\varphi = 3\pi/2$ 时，

$$x_3(t) = \mathrm{e}^{-0.625t} \sum_{k=-10}^{10} (0.007\,3 - \mathrm{j}0.017\,8) A_k \mathrm{e}^{\mathrm{j}(24.841\,7+10k)t} +$$

$$\mathrm{e}^{-0.625t} \sum_{k=-10}^{10} (0.007\,3 + \mathrm{j}0.017\,8) A_k^* \mathrm{e}^{-\mathrm{j}(24.841\,7+10k)t}$$

表 2 - 7　任意常数 p 和 q 值

初相角 φ	任意常数 p 和 q 值
$\varphi = 0$	$p = -\mathrm{j}0.018\,279\,263\,548\,982\,7$ $q = \mathrm{j}0.018\,279\,263\,548\,982\,7$
$\varphi = \pi/2$	$p = -0.007\,271\,922\,125\,062 - \mathrm{j}0.017\,825\,564\,115\,663$ $q = -0.007\,271\,922\,125\,062 + \mathrm{j}0.017\,825\,564\,115\,663$
$\varphi = \pi$	$p = -\mathrm{j}0.021\,178\,779\,542\,840$ $q = \mathrm{j}0.021\,178\,779\,542\,840$
$\varphi = 3\pi/2$	$p = 0.007\,271\,922\,125\,062 - \mathrm{j}0.017\,825\,564\,115\,663$ $q = 0.007\,271\,922\,125\,062 + \mathrm{j}0.017\,825\,564\,115\,663$

设置时间 t 起点时刻为 0，步长 0.001 s，总时间历程 10 s，根据振动响应数学表达式 (2-41)，计算单位脉冲振动响应在 3 种初相角情况下的响应谱 $X(\omega)$，如图 2-18 所示(逼近计算误差估计 ε_r 小于 7e-16)，其中，$\varphi = 0$ 的情况已列于图 2-10b 中。

由此可见，初相位 φ 改变时，主振荡频率 ω_s 和衰减率 δ 不变。但是，初相位 φ 改变了单位脉冲振动响应谱 $H(\omega)$ 中的谱结构形状，从而影响了主峰值，其中对主峰值的影响见表 2-8。

在所给【算例 2-3】中，如果以初相位 $\varphi = 0$ 为参考点，由初相位 φ 变化导致的主峰值之间的最大差异可达 19.33%。

对参数系统进行瞬态振动响应测试时，由于初相位 φ 在 $[0, 2\pi]$ 内服从均匀随机分布，在振动响应特性 $H(\omega)$ 中的主峰值和谱结构形状呈现循环随机性干扰，因此，初相位问题对参数振动响应频谱、频响估计的扭曲不可忽视。

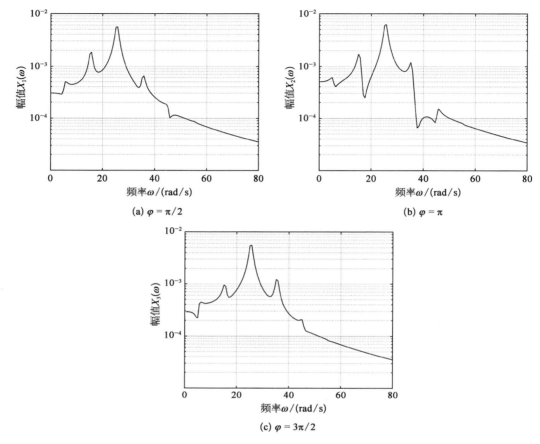

图 2 - 18 初相位 φ 对单位振动脉冲响应 $H(\omega)$ 谱结构形状的影响

表 2 - 8 $H(\omega)$ 中主峰值随初相位 φ 改变

初相位 φ	0	$\pi/2$	π	$3\pi/2$
$H(\omega)$ 主峰值	5.224e - 3	5.603e - 3	6.234e - 3	5.582e - 3

2.6 周期性时变阻尼

设一个单自由度周期性时变阻尼参数系统,其振动方程

$$\frac{\mathrm{d}^2 x}{\mathrm{d}t^2} + 2\zeta\omega_\mathrm{n}(1 + \lambda\cos\omega_\mathrm{o}t)\frac{\mathrm{d}x}{\mathrm{d}t} + \omega_\mathrm{n}^2 x = 0 \tag{2-64}$$

式中,λ 为阻尼调制指数。

将自由振动响应三角级数表达式(2-27)和欧拉公式代入参数振动方程(2-64),采用谐波平衡法,得到谐波系数 A_k 递推式

$$j\zeta\omega_n\lambda[\omega+(k-1)\omega_o]A_{k-1}+[\omega_n^2-(\omega+k\omega_o)^2+j2\zeta\omega_n(\omega+k\omega_o)]A_k+$$

$$j\zeta\omega_n\lambda[\omega+(k+1)\omega_o]A_{k+1}=0$$

$$(k=-\infty,\cdots,-3,-2,-1,0,1,2,3,\cdots,\infty) \quad (2-65)$$

记

$$\left.\begin{aligned}\gamma_k&=j\zeta\omega_n\lambda[\omega+k\omega_o]\\\omega_k&=\omega_n^2-(\omega+k\omega_o)^2+j2\zeta\omega_n(\omega+k\omega_o)\end{aligned}\right\} \quad (2-66)$$

如同 2.5 节所述,集合上述 $2m+1$ 个谐波系数 A_k 递推式,形成线性方程和频率特征方程,从而得到主复根,最后解得归一谐波系数 A_k 和 B_k。自由振动响应 $x(t)$ 通解的三角级数表达同式(2-41)。

【算例 2-4】 在周期性时变阻尼参数系统(2-64)中,设固有频率 $\omega_n=25$、参数频率 $\omega_o=10$、阻尼率 $\zeta=0.025$、阻尼调制指数 $\lambda=0.3$,在初始条件为 $x|_{t=0}=1$ 和 $\dfrac{\mathrm{d}x}{\mathrm{d}t}|_{t=0}=0$ 情况下,置级数项 k 从 -14 至 14,应用三角级数逼近法,得主特征根 $s_0=-0.625\pm j24.991\,819\,710\,566\,5$,部分谐波系数 A_k 见表 2-9。在初始条件为 $x|_{t=0}=1$ 和 $\dfrac{\mathrm{d}x}{\mathrm{d}t}|_{t=0}=0$ 情况下,任意常数 $p=0.500\,1-j0.014\,5$,$q=0.500\,1+j0.014\,5$。因此,该系统的自由振动响应为

$$x(t)=\mathrm{e}^{-0.625t}\sum_{k=-10}^{10}(0.500\,1-j0.014\,5)A_k\mathrm{e}^{j(24.991\,8+10k)t}+$$

$$\mathrm{e}^{-0.625t}\sum_{k=-10}^{10}(0.500\,1+j0.014\,5)A_k^*\mathrm{e}^{-j(24.991\,8+10k)t}$$

表 2-9 谐波系数 A_k 计算值

k	谐波系数 A_k
-5	$-0.000\,000\,000\,017\,961+j0.000\,000\,000\,705\,823$
-4	$-0.000\,000\,000\,212\,866-j0.000\,000\,000\,013\,745$
-3	$-0.000\,000\,016\,445\,708+j0.000\,000\,084\,951\,013$
-2	$-0.000\,054\,874\,213\,560-j0.000\,003\,663\,696\,439$
-1	$0.000\,293\,050\,539\,155-j0.011\,719\,044\,613\,410$
0	1
1	$-0.000\,195\,342\,512\,519+j0.007\,811\,798\,004\,185$
2	$-0.000\,036\,600\,980\,485-j0.000\,001\,569\,666\,194$
3	$0.000\,000\,007\,305\,916-j0.000\,000\,128\,600\,700$
4	$0.000\,000\,368\,160+j0.000\,000\,025\,116$
5	$-0.000\,000\,000\,000\,070+j0.000\,000\,000\,000\,897$

设置时间 t 起点时刻为 0,步长 0.001 s,总时间历程 10 s,根据上述响应数学表达,计算自由振动响应,相轨迹如图 2-19 所示。显然,阻尼调制指数 λ 对振动相轨迹影响小,其中逼近计算的误差估计 ε_r 为 5.554 7e-16。

阻尼调制指数 λ 对主振荡频率 ω_s 影响较弱,对衰减率 δ 无影响,典型数据见表 2-10。另外,在参数系统(2-64)中,阻尼调制指数 λ 在 $(-1,1)$ 范围,参数振动响应都是稳定的。

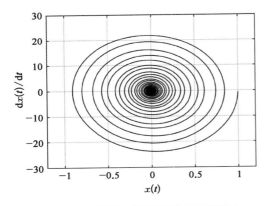

图 2 - 19 周期性时变阻尼参数系统自由
振动响应相轨迹

表 2 - 10 阻尼调制指数 λ 对主特征根 s_0 的影响

阻尼调制指数 λ	主特征根 s_0
0	$-0.625 \pm j24.992\,18$
0.1	$-0.625 \pm j24.992\,15$
0.3	$-0.625 \pm j24.991\,82$
0.5	$-0.625 \pm j24.991\,17$
0.7	$-0.625 \pm j24.990\,19$
0.9	$-0.625 \pm j24.988\,89$

2.7 周期性时变惯量

设一个单自由度周期性时变惯量参数系统,其振动方程

$$M(1+\beta\cos\omega_\circ t)\frac{\mathrm{d}^2 x}{\mathrm{d}t^2} + C\frac{\mathrm{d}x}{\mathrm{d}t} + Kx = 0 \tag{2-67}$$

式中,β 为惯量调制指数,反映振动系统惯量波动程度。

将振动响应三角级数表达式(2-27)和欧拉公式代入参数振动方程(2-67),得到关于谐波系数 A_k 递推式:

$$-\frac{M\beta}{2}[\omega+(k-1)\omega_\circ]^2 A_{k-1} + [K-M(\omega+k\omega_\circ)^2 + jC(\omega+k\omega_\circ)]A_k -$$

$$\frac{M\beta}{2}[\omega+(k+1)\omega_\circ]^2 A_{k+1} = 0$$

$$(k = -\infty, \cdots, -3, -2, -1, 0, 1, 2, 3, \cdots, \infty) \tag{2-68}$$

记

$$\left.\begin{aligned}\gamma_k &= -\frac{M\beta}{2}(\omega+k\omega_\circ)^2 \\ \omega_k &= K-M(\omega+k\omega_\circ)^2 + jC(\omega+k\omega_\circ)\end{aligned}\right\} \tag{2-69}$$

如同 2.5 节所述,通过集合以上 $2m+1$ 个谐波系数 A_k 递推式,形成线性方程和频率特征方程,从而得到主复根,最后解得归一谐波系数 A_k 和 B_k。自由振动响应 $x(t)$ 通解的三角级数表达同式(2-41)。

【算例 2-5】 在周期性时变惯量参数方程(2-67)中,设惯量 $M=1$、阻尼系数 $c=1.25$、刚度 $K=625$、参数频率 $\omega_\circ=10$、惯量调制指数 $\beta=0.3$。置级数项 k 从 -10 至 10,应用三角级数逼近方法,得主特征根 $s_0 = -0.655\,178\,022\,951\,198 \pm j25.429\,356\,744\,245\,778$,部分谐波

系数 A_k 见表 2-11。在初始条件为 $x|_{t=0}=1$ 和 $\dfrac{\mathrm{d}x}{\mathrm{d}t}\Big|_{t=0}=0$ 情况下,任意常数 $p=0.445\,9-$ $\mathrm{j}0.013\,2$, $q=0.445\,9+\mathrm{j}0.013\,2$。因此,该系统的自由振动响应为

$$x(t)=\mathrm{e}^{-0.655\,2t}\sum_{k=-10}^{10}(0.445\,9-\mathrm{j}0.013\,2)A_k\mathrm{e}^{\mathrm{j}(25.429\,4+10k)t}+$$

$$\mathrm{e}^{-0.655\,2t}\sum_{k=-10}^{10}(0.445\,9+\mathrm{j}0.013\,2)A_k^*\mathrm{e}^{-\mathrm{j}(25.429\,4+10k)t}$$

表 2-11　谐波系数 A_k 计算值

k	谐波系数 A_k
−5	0.000 000 624 354 440+j0.000 000 006 193 261
−4	0.000 001 004 329 314+j0.000 000 073 973 828
−3	0.000 104 313 615 898+j0.000 041 557 928 939
−2	0.014 957 683 974 230+j0.002 101 396 942 669
−1	0.250 898 723 876 381+j0.013 599 950 348 191
0	1
1	−0.164 723 276 166 326−j0.008 678 051 183 636
2	0.022 439 862 625 784+j0.002 023 434 819 279
3	−0.002 929 803 184 077−j0.000 350 001 132 099
4	0.000 379 742 989 965+j0.000 054 521 275 471
5	−0.000 049 404 275 669−j0.000 008 107 620 638

设置时间 t 起点时刻为 0,步长 0.001 s,总时间历程 10 s,根据上述响应数学表达计算自由振动响应,响应相轨迹如图 2-20 所示,明显可见,惯量调制指数 β 对振动响应相轨迹存在摄动干扰。其中,逼近计算的误差估计 ε_r 为 4.304 2e-12。

惯量的周期性时变影响参数系统响应的主复根,包括主振荡频率 ω_s 和衰减率 δ,典型例子列于表 2-12 中。系统主振荡频率 ω_s 随着惯量调制指数 β 增大而增大,而衰减率 δ 也随着惯量调制指数 β 增大而增大,变化趋势如图 2-21 所示。

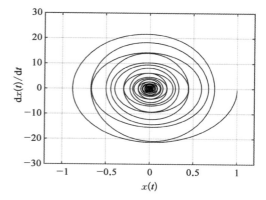

图 2-20　周期性时变惯量参数系统自由振动响应相轨迹

表 2-12　惯量调制指数 β 对主复根 ω 的影响

调制指数 β	主复根 ω
0.1	25.038 59+j0.628 148
0.3	25.429 35+j0.655 178
0.5	26.337 43+j0.721 687
0.7	28.192 114+j0.875 173 9

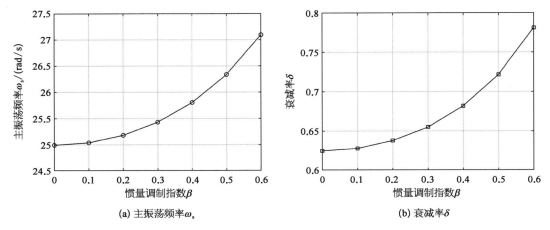

(a) 主振荡频率 ω_s (b) 衰减率 δ

图 2‑21   主振荡频率 ω_s 和衰减率 δ 随惯量调制指数 β 波动变化趋势

在周期性时变惯量参数系统中，存在振动稳定性问题。在【算例 2‑5】中，如果参数频率取 $\omega_0 = 50$ 即 2 倍左右的固有频率，振动特征根分布如图 2‑22 所示，部分特征根落在复平面的右侧，则振动响应将出现主不稳定。

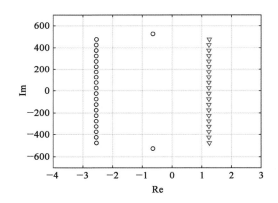

图 2‑22   周期性时变惯量参数系统振动不稳定特征根分布（$\omega_0 = 50$）

2.8   一般形式参数振动

在一些往复式弹性机构和工业机器人系统中，转动惯量 J 和刚度 K 都是空间位置的函数，随着往复式弹性机构的运行，转动惯量和刚度都将呈现周期时变性，其动力学方程可以用时变周期系数微分方程加以描述，如式（1‑1）所示。由于几个物理量的周期性变化存在相位差，因而本节着重讨论相位差作用以及组合情况下的响应。

2.8.1   自由振动三角级数解

在单自由度参数系统振动中，如果仅考虑惯量和刚度的周期时变性以及它们之间的相位差，则振动方程可以表达为

$$M[1+\beta_1\cos(\omega_\text{o} t+\theta)]\frac{\text{d}^2 x}{\text{d}t^2}+C\frac{\text{d}x}{\text{d}t}+K[1+\beta_2\cos\omega_\text{o} t]x=0 \qquad (2-70)$$

式中，β_1 和 β_2 为调制指数，反映系统惯量与刚度的波动程度；θ 为相位角，反映其刚度波动与质量波动之间的相位差。

单自由度惯量和刚度周期性参数系统等效动力学模型如图 2-23 所示，系统中同样存在频率裂解和组合，振动响应三角级数解形式(2-27)仍然适用于方程(2-70)，由于相位差 θ 对调制反馈功能有作用，它将影响系统振动响应和稳定性。

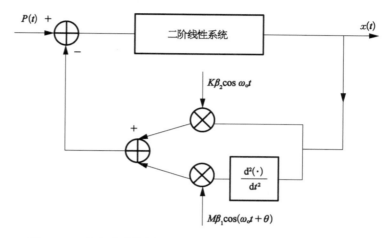

图 2-23　单自由度惯量和刚度周期性参数系统等效动力学模型

将振动响应三角级数解(2-27)和欧拉公式代入参数振动方程(2-70)，得到关于谐波系数 A_k 递推式：

$$-\frac{M\beta_1}{2}\text{e}^{j\theta}[\omega+(k-1)\omega_\text{o}]^2 A_{k-1}+\frac{K\beta_2}{2}A_{k-1}+[K-M(\omega+k\omega_\text{o})^2+jC(\omega+k\omega_\text{o})]A_k-$$

$$\frac{M\beta_1}{2}\text{e}^{-j\theta}[\omega+(k+1)\omega_\text{o}]^2 A_{k+1}+\frac{K\beta_2}{2}A_{k+1}=0$$

$$(k=-\infty,\ \cdots,\ -3,\ -2,\ -1,\ 0,\ 1,\ 2,\ 3,\ \cdots,\ \infty) \qquad (2-71)$$

记

$$\left.\begin{aligned}
\gamma_{k-1}&=\frac{K\beta_2}{2}-\frac{M\beta_1}{2}\text{e}^{j\theta}[\omega+(k-1)\omega_\text{o}]^2\\[4pt]
\lambda_{k+1}&=\frac{K\beta_2}{2}-\frac{M\beta_1}{2}\text{e}^{-j\theta}[\omega+(k+1)\omega_\text{o}]^2\\[4pt]
\omega_k&=K-M(\omega+k\omega_\text{o})^2+jC(\omega+k\omega_\text{o})
\end{aligned}\right\} \qquad (2-72)$$

集合上述 $2m+1$ 个谐波系数 A_k 递推式，形成线性方程和频率特征方程，从而得到主复根，最后解得归一谐波系数 A_k 和 B_k。因此，一个惯量和刚度同时呈周期时变性的单自由度参数系统(2-70)，其自由振动响应 $x(t)$ 通解的三角级数表达如同式(2-41)。

2.8.2　相位差作用

【算例 2-6】　在参数方程(2-70)中,设惯量 $M=1$、阻尼系数 $C=1.25$、刚度 $K=625$、参数频率 $\omega_0=10$,考虑系统在惯量、刚度周期性时变波动下,分析主振荡频率 ω_s 和稳定性。

在该参数系统中,惯量波动与刚度波动存在相位差 θ,它将周期性地影响参数系统主振荡 ω_s。 在方程(2-70)中,设 $\beta=\beta_1=\beta_2$,$\beta=0.1、0.2、0.3$,即惯量波动与刚度波动调制指数为给定,当相位差 θ 从 0 变化到 2π,如图 2-24 所示,系统主振荡频率 ω_s 将随之变化。

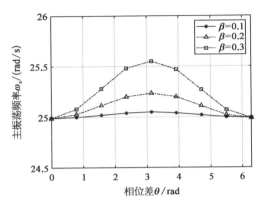

图 2-24　主振荡频率 ω_s 随相位差 θ 变化

系统振动稳定性问题,除了调制指数以外,还受到相位差 θ 影响。考虑参数频率 $\omega_0=50$,当相位差 $\theta=\pi$ 时,特征根分布如图 2-25a 所示,部分特征根落在复平面的右侧,则系统将出现主不稳定状态;当相位差 $\theta=0$ 时,特征根分布如图 2-25b 所示,特征根全落在复平面的左侧,则系统稳定。

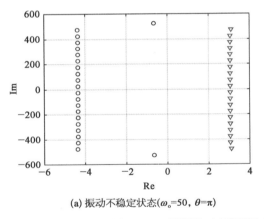
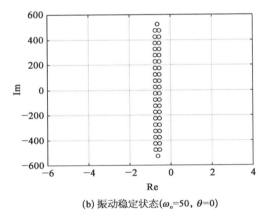

(a) 振动不稳定状态($\omega_0=50$, $\theta=\pi$)　　(b) 振动稳定状态($\omega_0=50$, $\theta=0$)

图 2-25　周期性时变惯量和刚度参数系统振动特征根分布

2.8.3　振动响应谱算例

在【算例 2-6】中,考虑惯量调制指数 β_1、刚度调制指数 β_2 及相位差 θ 三种不同的组合,在给定参数频率 $\omega_0=10$ 以及初始条件 $x|_{t=0}=0$ 和 $\dfrac{\mathrm{d}x}{\mathrm{d}t}|_{t=0}=1$ 情况下,计算三种组合下的单位脉冲振动响应谱。

置级数逼近项 k 从 -10 至 10,分别求出调制指数 β_1、β_2 及相位差 θ 三种组合下的特征根 s_0 和谐波系数 A_k,以及任意常数 p 和 q。其中,振动主特征根 s_0 和任意常数计算值 p、q 列于表2-13中,部分谐波系数 A_k 计算值列于表2-14 中。

表 2 - 13　主特征根 s_0 和任意常数 p、q 计算值

组　　合	主特征根 s_0	任意常数 p 和 q
$\beta_1 = 0.3$, $\beta_2 = 0$, $\theta = 0$	$s_0 = -0.655\,2 \pm j25.429\,4$	$p = -1.604\,4e-4 - j2.047\,2e-2$ $q = -1.604\,4e-4 + j2.047\,2e-2$
$\beta_1 = 0.3$, $\beta_2 = 0.3$, $\theta = 0$	$s_0 = -0.655\,2 \pm j24.991\,0$	$p = -8.624\,4e-6 - j2.000\,9e-2$ $q = -8.624\,4e-6 + j2.000\,9e-2$
$\beta_1 = 0.3$, $\beta_2 = 0.3$, $\theta = \pi/2$	$s_0 = -0.655\,2 \pm j25.280\,4$	$p = 6.870\,1e-3 - j1.561\,8e-2$ $q = 6.870\,1e-3 + j1.561\,8e-2$

表 2 - 14　归一谐波系数 A_k 计算值

k	$\beta_1 = 0.3$ $\beta_2 = 0$ $\theta = 0$	$\beta_1 = 0.3$ $\beta_2 = 0.3$ $\theta = 0$	$\beta_1 = 0.3$ $\beta_2 = 0.3$ $\theta = \pi/2$
-5	0.000 000 624 354 440 +j0.000 000 006 193 261	0.000 082 499 760 797 −j0.003 127 852 118 638	0.000 678 009 085 585 −j0.006 991 282 673 835
-4	0.000 001 004 329 314 +j0.000 000 073 973 828	−0.000 040 401 007 825 −j0.000 045 811 208 164	0.002 133 674 036 250 +j0.003 774 531 818 513
-3	0.000 104 313 615 898 +j0.000 041 557 928 939	0.000 010 138 229 959 +j0.000 198 832 822 116	−0.003 340 748 725 947 −j0.008 948 049 355 764
-2	0.014 957 683 974 230 +j0.002 101 396 942 669	−0.000 027 318 673 546 −j0.001 291 828 085 970	0.020 675 988 859 583 +j0.054 273 407 779 508
-1	0.250 898 723 876 381 +j0.013 599 950 348 191	−0.000 349 298 140 955 +j0.012 573 957 930 089	−0.231 965 127 950 704 −j0.258 421 724 933 693
0	1	1	1
1	−0.164 723 276 166 326 −j0.008 678 051 183 636	0.000 218 438 342 799 −j0.008 382 289 220 223	0.175 315 701 402 852 −j0.164 734 844 789 942
2	0.022 439 862 625 784 +j0.002 023 434 819 279	−0.000 056 352 387 940 +j0.000 549 644 183 827	−0.009 438 594 881 174 −j0.036 247 382 245 837
3	−0.002 929 803 184 077 −j0.000 350 001 132 099	0.000 007 109 661 473 −j0.000 048 983 314 778	−0.005 163 458 869 382 −j0.000 360 445 641 898
4	0.000 379 742 989 965 +j0.000 054 521 275 471	−0.000 000 877 522 701 +j0.000 004 990 049 962	−0.000 200 961 374 925 +j0.000 660 547 585 833
5	−0.000 049 404 275 669 −j0.000 008 107 620 638	0.000 000 109 995 562 −j0.000 000 549 194 428	0.000 081 796 855 925 +j0.000 040 661 410 336

在三种组合情况下，单位脉冲振动响应的数学表达为

组合一（$\beta_1 = 0.3$，$\beta_2 = 0$，$\theta = 0$）：

$$x_1(t) = e^{-0.655\,2t} \sum_{k=-10}^{10} (-0.000\,160\,44 - j0.020\,472) A_k e^{j(25.429\,4+10k)t} +$$
$$(-0.000\,160\,44 + j0.020\,472) A_k^* e^{-j(25.429\,4+10k)t}$$

组合二（$\beta_1 = 0.3$，$\beta_2 = 0.3$，$\theta = 0$）：

$$x_2(t) = \mathrm{e}^{-0.655\,2t} \sum_{k=-10}^{10} (-0.000\,008\,624\,4 - \mathrm{j}0.020\,009) A_k \mathrm{e}^{\mathrm{j}(24.991+10k)t} +$$

$$(-0.000\,008\,624\,4 + \mathrm{j}0.020\,009) A_k^* \mathrm{e}^{-\mathrm{j}(24.991+10k)t}$$

组合三（$\beta_1 = 0.3$，$\beta_2 = 0.3$，$\theta = \pi/2$）：

$$x_3(t) = \mathrm{e}^{-0.655\,2t} \sum_{k=-10}^{10} (0.006\,870\,1 - \mathrm{j}0.015\,618) A_k \mathrm{e}^{\mathrm{j}(25.280\,4+10k)t} +$$

$$(0.006\,870\,1 + \mathrm{j}0.015\,618) A_k^* \mathrm{e}^{-\mathrm{j}(25.280\,4+10k)t}$$

设置时间 t 起点时刻为 0，步长 0.001 s，时间历程 10 s，根据三种振动响应数学表达，分别计算在组合情况下的单位脉冲振动响应时间历程 $x_i(t)$ 及频谱 $X_i(\omega)$，其中计算结果如图 2-26～图 2-28 所示（逼近计算误差 ε_r 均小于 1e-12）。

综合上述计算可知，对于一般周期性时变系数的振动系统，不同的调制指数 β_1、β_2 及相位差 θ 组合，不仅改变了参数系统振动响应的主振荡频率、主峰值及衰减率，而且改变了振动响应的谱结构形状。

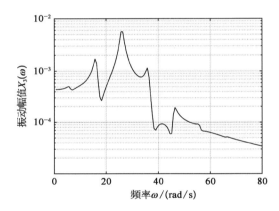

图 2-26　单位脉冲振动响应谱 $X_1(\omega)$（$\beta_1 = 0.3$，$\beta_2 = 0$，$\theta = 0$）

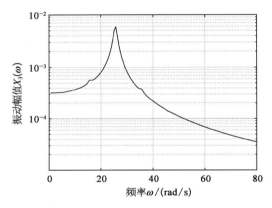

图 2-27　单位脉冲振动响应谱 $X_2(\omega)$（$\beta_1 = 0.3$，$\beta_2 = 0.3$，$\theta = 0$）

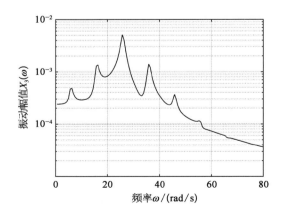

图 2-28　单位脉冲振动响应谱 $X_3(\omega)$（$\beta_1 = 0.3$，$\beta_2 = 0.3$，$\theta = \pi/2$）

第 3 章
单自由度参数系统受迫振动

第 2 章的 2.1.1 节中提及了单自由度参数系统受迫振动响应中的频率成分,它由外激励频率与参数频率组合而成。本章将深入讨论基于组合频率的三角级数逼近求解单自由度参数系统受迫振动;同时介绍谐波系数法,获取振动谐波分量表达式,以用于振动主分量的特性分析,包括参频特性和频率特性;除此以外,还将叙述受迫振动响应中一些重要的物理现象。

3.1 简谐力作用下受迫振动响应

基于组合频率的三角级数,对单自由度周期性时变刚度参数系统在简谐力作用下受迫振动进行逼近。当三角级数代入参数振动微分方程,然后令左右两边的各阶谐波系数相等,得到不含时间变量的谐波系数线性递推式,从而形成线性方程,应用逆矩阵运算,求出各谐波系数,得到受迫振动响应解。同时,下面还将介绍参数系统受迫振响应中的组合振共振、位移偏离量现象,讨论振动响应的理论谱、倒谱以及庞加莱映射。

3.1.1 受迫振动响应三角级数解

在简谐力作用下,单自由度参数系统受迫振动方程为

$$\frac{\mathrm{d}^2 x}{\mathrm{d}t^2} + 2\zeta\omega_\mathrm{n}\frac{\mathrm{d}x}{\mathrm{d}t} + \omega_\mathrm{n}^2(1+\beta\cos\omega_\mathrm{o}t)x = p\cos\omega_\mathrm{p}t \tag{3-1}$$

将参数系统受迫振动响应解的三角级数表达(2-4)和欧拉公式代入方程(3-1),得到以下两式:

$$-\sum_{k=-\infty}^{\infty} C_k(\omega_\mathrm{p}+k\omega_\mathrm{o})^2 \mathrm{e}^{\mathrm{j}(\omega_\mathrm{p}+k\omega_\mathrm{o})t} + \mathrm{j}2\zeta\omega_\mathrm{n}\sum_{k=-\infty}^{\infty} C_k(\omega_\mathrm{p}+k\omega_\mathrm{o})\mathrm{e}^{\mathrm{j}(\omega_\mathrm{p}+k\omega_\mathrm{o})t} + \omega_\mathrm{n}^2\sum_{k=-\infty}^{\infty} C_k \mathrm{e}^{\mathrm{j}(\omega_\mathrm{p}+k\omega_\mathrm{o})t} +$$

$$\frac{\omega_\mathrm{n}^2\beta}{2}\sum_{k=-\infty}^{\infty} C_k \mathrm{e}^{\mathrm{j}[\omega_\mathrm{p}+(k+1)\omega_\mathrm{o}]t} + \frac{\omega_\mathrm{n}^2\beta}{2}\sum_{k=-\infty}^{\infty} C_k \mathrm{e}^{\mathrm{j}[\omega_\mathrm{p}+(k-1)\omega_\mathrm{o}]t} = \frac{p}{2}\mathrm{e}^{\mathrm{j}\omega_\mathrm{p}t} \tag{3-2}$$

和

$$-\sum_{k=-\infty}^{\infty} D_k(\omega_\mathrm{p}+k\omega_\mathrm{o})^2 \mathrm{e}^{-\mathrm{j}(\omega_\mathrm{p}+k\omega_\mathrm{o})t} - \mathrm{j}2\zeta\omega_\mathrm{n}\sum_{k=-\infty}^{\infty} D_k(\omega_\mathrm{p}+k\omega_\mathrm{o})\mathrm{e}^{-\mathrm{j}(\omega_\mathrm{p}+k\omega_\mathrm{o})t} + \omega_\mathrm{n}^2\sum_{k=-\infty}^{\infty} D_k \mathrm{e}^{-\mathrm{j}(\omega_\mathrm{p}+k\omega_\mathrm{o})t} +$$

$$\frac{\omega_\mathrm{n}^2\beta}{2}\sum_{k=-\infty}^{\infty} D_k \mathrm{e}^{-\mathrm{j}[\omega_\mathrm{p}+(k+1)\omega_\mathrm{o}]t} + \frac{\omega_\mathrm{n}^2\beta}{2}\sum_{k=-\infty}^{\infty} D_k \mathrm{e}^{-\mathrm{j}[\omega_\mathrm{p}+(k-1)\omega_\mathrm{o}]t} = \frac{p}{2}\mathrm{e}^{-\mathrm{j}\omega_\mathrm{p}t} \tag{3-3}$$

对式(3-2)两边进行谐波平衡,可以得到谐波系数 C_k 的递推关系如下:

当 $k=0$ 时,谐波系数 C_{-1}、C_0 和 C_1 满足关系式

$$\frac{\omega_n^2\beta}{2}C_{-1}+(\omega_n^2-\omega_p^2+j2\zeta\omega_n\omega_p)C_0+\frac{\omega_n^2\beta}{2}C_1=\frac{p}{2} \tag{3-4}$$

当 $k\neq0$ 时,谐波系数 C_{k-1}、C_k 和 C_{k+1} 满足关系式

$$\frac{\omega_n^2\beta}{2}C_{k-1}+[\omega_n^2-(\omega_p+k\omega_o)^2+j2\zeta\omega_n(\omega_p+k\omega_o)]C_k+\frac{\omega_n^2\beta}{2}C_{k+1}=0 \tag{3-5}$$

记

$$\left.\begin{aligned}
&\gamma=\frac{\omega_n^2\beta}{2}\\
&\widetilde{\omega}_k=\omega_n^2-(\omega_p+k\omega_o)^2+j2\zeta\omega_n(\omega_p+k\omega_o)\\
&(k=-\infty,\cdots,-3,-2,-1,0,1,2,3,\cdots,\infty)
\end{aligned}\right\} \tag{3-6}$$

将式(3-6)代入式(3-4)和式(3-5),集合 $2m+1$ 个关于谐波系数 C_k 的递推式,形成线性方程(3-7):

$$\begin{bmatrix}
\widetilde{\omega}_{-m} & \gamma & & & & & & & & & & \\
\gamma & \widetilde{\omega}_{-m+1} & \gamma & & & & & & & & & \\
& \cdots & \cdots & \cdots & & & & & & & & \\
& & \gamma & \widetilde{\omega}_{-3} & \gamma & & & & & & & \\
& & & \gamma & \widetilde{\omega}_{-2} & \gamma & & & & & & \\
& & & & \gamma & \widetilde{\omega}_{-1} & \gamma & & & & & \\
& & & & & \gamma & \widetilde{\omega}_0 & \gamma & & & & \\
& & & & & & \gamma & \widetilde{\omega}_1 & \gamma & & & \\
& & & & & & & \gamma & \widetilde{\omega}_2 & \gamma & & \\
& & & & & & & & \gamma & \widetilde{\omega}_3 & \gamma & \\
& & & & & & & & & \cdots & \cdots & \cdots \\
& & & & & & & & & & \gamma & \widetilde{\omega}_{m+1} & \gamma \\
& & & & & & & & & & & \gamma & \widetilde{\omega}_m
\end{bmatrix}\begin{bmatrix}
C_{-m}\\
C_{-m+1}\\
\vdots\\
C_{-3}\\
C_{-2}\\
C_{-1}\\
C_0\\
C_1\\
C_2\\
C_3\\
\vdots\\
C_{m-1}\\
C_m
\end{bmatrix}=\begin{bmatrix}
-\gamma C_{-(m+1)}\\
0\\
\vdots\\
0\\
0\\
0\\
p/2\\
0\\
0\\
0\\
\vdots\\
0\\
-\gamma C_{m+1}
\end{bmatrix}$$

$$\tag{3-7}$$

当方程(3-7)阶数足够高时,$C_{-(m+1)}\to0$ 和 $C_{(m+1)}\to0$。这样,式(3-7)改写为

$$\mathbf{W}\mathbf{C}=\mathbf{P} \tag{3-8}$$

式中,$\mathbf{W}$ 为方程(3-7)中的系数矩阵;$\mathbf{C}$ 为谐波系数向量;$\mathbf{P}$ 为力向量,即

$$\mathbf{P}=\begin{bmatrix}0 & \cdots & 0 & p/2 & 0 & \cdots & 0\end{bmatrix}^T \tag{3-9}$$

应用逆矩阵计算得谐波系数向量

$$\mathbf{C}=\mathbf{W}^{-1}\mathbf{P} \tag{3-10}$$

同理,基于等式(3-3),两边应用谐波平衡,可以求得谐波系数 D_k 的递推关系,用矩阵表达为

$$\mathbf{W}^* \mathbf{D} = \mathbf{P} \tag{3-11}$$

由于 $\mathbf{W}^*$ 为 $\mathbf{W}$ 的共轭矩阵,$\mathbf{P}$ 为实向量,谐波系数向量 $\mathbf{D}$ 与 $\mathbf{C}$ 互为共轭:

$$\mathbf{D} = \mathbf{C}^* \tag{3-12}$$

因此,在简谐力作用下,参数系统的受迫振动响应解为

$$
\begin{aligned}
x(t) &= \sum_{k=-m}^{m} \left[C_k \, \mathrm{e}^{\mathrm{j}(\omega_\mathrm{p} + k\omega_\mathrm{o})t} + C_k^* \, \mathrm{e}^{-\mathrm{j}(\omega_\mathrm{p} + k\omega_\mathrm{o})t} \right] \\
&= 2 \sum_{k=-m}^{m} \mid C_k \mid \cos\left[(\omega_\mathrm{p} + k\omega_\mathrm{o})t + \phi_k \right]
\end{aligned}
\tag{3-13}
$$

式中,相位延迟 $\phi_k = \angle C_k$。

当 $\omega_\mathrm{p} = \omega_\mathrm{o}$ 时,受迫振动响应解为

$$x(t) = 2 \sum_{k=-m}^{m} \mid C_k \mid \cos\left[(k+1)\omega_\mathrm{p} t + \phi_k \right] \tag{3-14}$$

3.1.2　受迫振动响应算例

【算例 3-1】　设方程(3-1)中,固有频率 $\omega_\mathrm{n} = 25$、参数频率 $\omega_\mathrm{o} = 5$、阻尼率 $\zeta = 0.0001$、刚度调制指数 $\beta = 0.3$、激励频率 $\omega_\mathrm{p} = 10$,以及简谐激励力幅值 $p = 1$,计算参数系统的受迫振动响应。

由于 $\omega_\mathrm{p} \neq \omega_\mathrm{o}$,参数频率与力激励频率不同,称为一个参数系统异频受迫振动响应问题。按式(3-10),计算各谐波系数 $2C_k (k = -10, \cdots, -2, -1, 0, 1, 2, \cdots, 10)$,其结果列于表 3-1 中。

表 3-1　异频受迫振动响应下的谐波系数 $2C_k$ 计算值

k	组合频率 $\omega_\mathrm{p} + k\omega_\mathrm{o}$	谐波系数 $2C_k$
-10	-40	0.000 000 008 574 899 $-$ j0.000 000 000 154 345
-9	-35	0.000 000 089 179 281 $-$ j0.000 000 001 586 893
-8	-30	0.000 000 562 175 463 $-$ j0.000 000 009 835 304
-7	-25	0.000 001 559 884 479 $-$ j0.000 000 026 363 850
-6	-20	$-$0.000 000 562 140 311 $+$ j0.000 000 011 915 150
-5	-15	$-$0.000 000 210 760 443 $-$ j0.000 000 002 832 125
-4	-10	0.000 001 461 387 132 $-$ j0.000 000 000 000 023
-3	-5	$-$0.000 007 973 007 495 $+$ j0.000 000 003 611 660
-2	0	0.000 049 565 859 870 $-$ j0.000 000 025 240 738
-1	5	$-$0.000 322 466 058 307 $+$ j0.000 000 164 659 928
0	10	0.002 014 216 957 206 $-$ j0.000 000 942 591 854
1	15	$-$0.000 290 482 738 095 $+$ j0.000 004 039 605 410
2	20	$-$0.000 774 820 709 648 $-$ j0.000 016 060 671 703
3	25	0.002 150 035 309 867 $+$ j0.000 035 332 482 102
4	30	0.000 774 867 819 624 $+$ j0.000 013 193 957 957
5	35	0.000 122 931 404 696 $+$ j0.000 002 130 006 060

k	组合频率 $\omega_p + k\omega_o$	谐波系数 $2C_k$
6	40	0.000 011 897 146 440＋j0.000 000 208 608 872
7	45	0.000 000 799 363 317＋j0.000 000 014 145 627
8	50	0.000 000 040 046 382＋j0.000 000 000 714 026
9	55	0.000 000 001 566 237＋j0.000 000 000 028 106
10	60	0.000 000 000 049 356＋j0.000 000 000 000 891

根据表 3-1 的计算值，异频受迫振动响应的三角级数逼近为

$$x(t) = \cdots + 2\,|\,C_{-4}\,|\cos(10t - \phi_{-4}) + 2\,|\,C_{-3}\,|\cos(5t - \phi_{-3}) + 2\,|\,C_{-2}\,|\cos\phi_{-2} +$$
$$2\,|\,C_{-1}\,|\cos(5t + \phi_{-1}) + 2\,|\,C_0\,|\cos(10t + \phi_0) + 2\,|\,C_1\,|\cos(15t + \phi_1) +$$
$$2\,|\,C_2\,|\cos(20t + \phi_2) + 2\,|\,C_3\,|\cos(25t + \phi_3) + 2\,|\,C_4\,|\cos(30t + \phi_4) + \cdots$$

置时间 t 的起点时刻为 0，步长为 0.000 1 s，总时间历程为 10 s，根据上述参数系统受迫振动的数学表达，计算得到响应 $x(t)$，其中 10 s 的振动响应时间历程、相轨迹如图 3-1 所示。

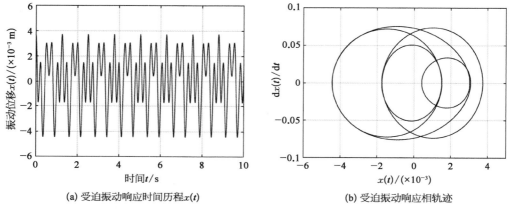

(a) 受迫振动响应时间历程 $x(t)$　　　　(b) 受迫振动响应相轨迹

图 3-1　三角级数法逼近参数系统异频受迫振动响应

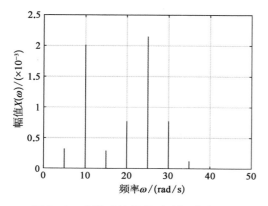

图 3-2　参数系统异频受迫振动响应的理论谱 $X(\omega)$

根据式（3-13）中组合频率对应的计算幅值，可以绘出异频受迫振动位移响应的理论谱，如图 3-2 所示，它是一个频率间距为 5 rad/s 的离散谱。异频受迫参数振动频谱由一系列线性组合频率 $\omega_p + k\omega_o$ 的离散谱组成，其以 ω_p 为中心，等间隔 ω_o 向左右分布，每个谱线含有各自的相位 ϕ_k。

为了验证三角级数逼近的准确性，采用四阶龙格-库塔算法，对【算例 3-1】中的异频受迫振动响应进行仿真，控制精度设置为 1e-7；置时间 t 的起点时刻为 0，步长为 0.000 1 s，总时间历程为 100 s，得到的受迫振动响应相

轨迹和响应谱如图 3-3 所示。图 3-3 中显示的数据，是仿真过程达到稳态后 10 s 的状态数据。

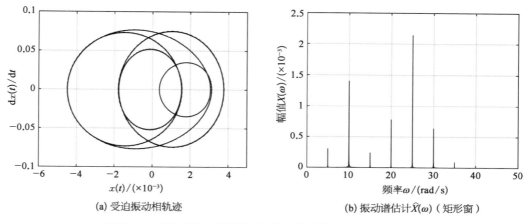

(a) 受迫振动相轨迹　　　　　　　(b) 振动谱估计 $\hat{X}(\omega)$（矩形窗）

图 3-3　四阶龙格-库塔算法计算参数系统异频受迫振动响应

从振动相轨迹比较，显然两种计算结果非常吻合。但是，在图 3-3 的振动响应谱中，峰值估计值与图 3-2 中理论谱相比存在一定的差别，这是由于离散振动响应信号的傅里叶变换造成的。因为离散傅里叶变换计算中存在泄漏效应，振动谱中主峰值减小，所以，在图 3-3b 中的峰值估计值比图 3-2 中的理论谱值通常会低一些。

【算例 3-2】　设参数系统的固有频率 $\omega_n=25$、参数频率 $\omega_\circ=\omega_p=10$、阻尼率 $\zeta=0$、刚度调制指数 $\beta=0.3$，以及简谐激励力幅值 $p=1$，计算同频受迫振动响应的相轨迹和理论谱 $X(\omega)$。

置级数项 $k=-10,\cdots,-2,-1,0,1,2,\cdots,10$，按式（3-10），计算各谐波系数 $2C_k$，其结果列于表 3-2 中。

根据表 3-2 的谐波系数计算值，参数系统同频受迫振动响应逼近为

$$x(t)=2\sum_{k=-10}^{10}C_k\cos[10(k+1)t]$$

设时间 t 的起点时刻为 0，步长为 0.000 1 s，总时间历程为 10 s，根据上述受迫振动的数学表达计算得到响应 $x(t)$，其中振动响应相轨迹和理论谱 $X(\omega)$ 如图 3-4 所示。

表 3-2　参数系统同频受迫振动响应的谐波系数 $2C_k$ 计算值

k	组合频率 $\omega_p+k\omega_\circ$	谐波系数 $2C_k$
-10	-90	$-0.000\ 000\ 000\ 000\ 005$
-9	-80	$-0.000\ 000\ 000\ 000\ 431$
-8	-70	$-0.000\ 000\ 000\ 026\ 532$
-7	-60	$-0.000\ 000\ 001\ 209\ 436$
-6	-50	$-0.000\ 000\ 038\ 352\ 903$
-5	-40	$-0.000\ 000\ 765\ 848\ 625$
-4	-30	$-0.000\ 007\ 926\ 472\ 797$

（续表）

k	组合频率 $\omega_{\mathrm{p}}+k\omega_{\mathrm{o}}$	谐波系数 $2C_k$
-3	-20	$-0.000\ 022\ 485\ 138\ 247$
-2	-10	$0.000\ 061\ 890\ 804\ 591$
-1	0	$-0.000\ 324\ 103\ 367\ 463$
0	10	$0.002\ 098\ 798\ 311\ 826$
1	20	$-0.000\ 762\ 500\ 512\ 096$
2	30	$-0.000\ 268\ 797\ 082\ 795$
3	40	$-0.000\ 025\ 970\ 930\ 770$
4	50	$-0.000\ 001\ 300\ 597\ 216$
5	60	$-0.000\ 000\ 041\ 013\ 560$
6	70	$-0.000\ 000\ 000\ 899\ 741$
7	80	$-0.000\ 000\ 000\ 014\ 609$
8	90	$-0.000\ 000\ 000\ 000\ 183$
9	100	$-0.000\ 000\ 000\ 000\ 002$
10	110	$-0.000\ 000\ 000\ 000\ 000$

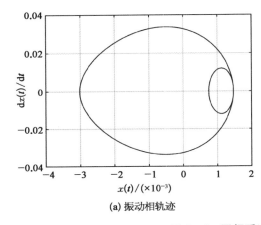

(a) 振动相轨迹

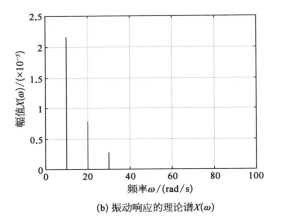

(b) 振动响应的理论谱 $X(\omega)$

图 3 - 4　同频受迫响应理论频谱及相图

参数系统同频受迫振动响应谱是由基频 ω_{o} 和一些倍频 $n\omega_{\mathrm{o}}(n=0,1,2,3,\cdots)$ 所组成。在【算例 3-2】中可注意到,在 $\omega=0$（$k=-1$）处,$X(0)=2C_{-1}=3.241\mathrm{e}-4$,存在位移分量。由此可见,在参数系统的同频受迫振动响应中,存在一个固定的位移偏离量,使振动中心偏离系统静止平衡点。如果系统的刚度调制指数 β 增大,受迫振动响应中位移偏离量随之增大。

对于参数系统异频受迫振动响应,如果满足 $\omega_{\mathrm{p}}+k\omega_{\mathrm{o}}=0$,则同样出现位移偏离量,在【算例 3-1】中,当 $k=-2$ 时,$X(0)=2C_{-2}=4.957\mathrm{e}-5-\mathrm{j}2.524\mathrm{e}-8$,位移偏离量为非零值。

3.1.3　组合频率谐共振

在参数系统受迫振动响应中,如果组合频率 $\omega_{\mathrm{p}}+k\omega_{\mathrm{o}}(k=-m,\cdots,-2,-1,0,1,2,\cdots,m)$ 中的任意一个落在 ω_{n} 或 $-\omega_{\mathrm{n}}$ 区域,将会发生组合频率谐共振现象。

在【算例 3-1】中,设参数频率 $\omega_o = 4.951\,57$,其他条件不变,异频受迫振动响应进入组合频率谐共振状态,各振动谐波系数 $2C_k$ 计算结果列于表 3-3 中。

表 3-3　谐共振状态下的谐波系数 $2C_k$ 计算值

k	组合频率 $\omega_p + k\omega_o$	谐波系数 $2C_k$
-10	$\approx -1.6\omega_n$	$-0.000\,000\,007\,473\,059 + j0.000\,000\,008\,697\,994$
-9	$\approx -1.4\omega_n$	$-0.000\,000\,074\,668\,450 + j0.000\,000\,086\,870\,533$
-8	$\approx -1.2\omega_n$	$-0.000\,000\,446\,415\,659 + j0.000\,000\,519\,039\,836$
-7	$\approx -\omega_n$	$-0.000\,001\,125\,658\,069 + j0.000\,001\,307\,070\,401$
-6	$\approx -0.8\omega_n$	$0.000\,000\,646\,841\,574 - j0.000\,000\,755\,243\,327$
-5	$\approx -0.6\omega_n$	$-0.000\,000\,505\,581\,172 + j0.000\,000\,599\,148\,980$
-4	$\approx -0.4\omega_n$	$0.000\,001\,548\,693\,433 - j0.000\,001\,847\,575\,705$
-3	$\approx -0.2\omega_n$	$-0.000\,008\,229\,518\,585 + j0.000\,009\,823\,700\,004$
-2	≈ 0	$0.000\,051\,243\,366\,770 - j0.000\,061\,176\,266\,911$
-1	$\approx 0.2\omega_n$	$-0.000\,333\,388\,114\,491 + j0.000\,398\,011\,692\,583$
0	$\approx 0.4\omega_n$	$0.002\,080\,817\,151\,110 - j0.002\,483\,942\,768\,093$
1	$\approx 0.6\omega_n$	$-0.000\,653\,846\,034\,534 + j0.013\,510\,958\,039\,591$
2	$\approx 0.8\omega_n$	$0.000\,729\,816\,484\,291 - j0.055\,371\,339\,548\,394$
3	$\approx \omega_n$	$-0.001\,186\,578\,291\,136 + j0.121\,662\,268\,648\,442$
4	$\approx 1.2\omega_n$	$-0.000\,476\,864\,459\,520 + j0.045\,972\,940\,624\,948$
5	$\approx 1.4\omega_n$	$-0.000\,080\,211\,246\,786 + j0.007\,511\,089\,248\,775$
6	$\approx 1.6\omega_n$	$-0.000\,008\,111\,370\,690 + j0.000\,744\,832\,129\,304$
7	$\approx 1.8\omega_n$	$-0.000\,000\,565\,573\,412 + j0.000\,051\,163\,147\,430$
8	$\approx 2.0\omega_n$	$-0.000\,000\,029\,286\,799 + j0.000\,002\,617\,247\,648$
9	$\approx 2.2\omega_n$	$-0.000\,000\,001\,180\,882 + j0.000\,000\,104\,445\,500$
10	$\approx 2.4\omega_n$	$-0.000\,000\,000\,038\,293 + j0.000\,000\,003\,356\,653$

在图 3-5 中异频受迫振动响应的理论谱,组合频率 $\omega_p + 3\omega_o = 24.854\,7$ 落在系统共振区,参数系统出现组合频率谐共振。由于系统存在刚度调制指数 β 和阻尼率 ζ,谐共振峰出现左偏移现象。

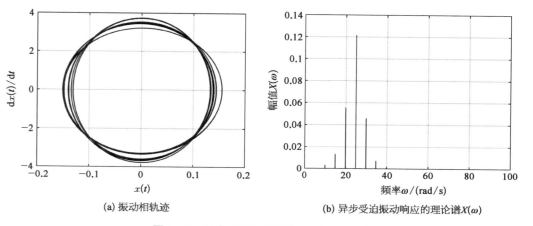

(a) 振动相轨迹　　　　(b) 异步受迫振动响应的理论谱 $X(\omega)$

图 3-5　组合频率谐共振$(\omega_p + 3\omega_o \approx \omega_n)$

3.1.4 振动加速度谱

在工程中,对振动测量经常采用振动加速度计量,根据参数振动的受迫响应位移(3-13),受迫振动加速度响应为

$$z(t) = \ddot{x}(t)$$
$$= -2\sum_{k=-m}^{m} |C_k| (\omega_p + k\omega_o)^2 \cos[(\omega_p + k\omega_o)t + \phi_k] \qquad (3-15)$$

在【算例 3-1】中,振动加速度的理论谱 $Z(\omega)$ 如图 3-6 所示。与图 3-2 中的谱线相比,振动加速度谱中的高频分量在加权以后明显增大。

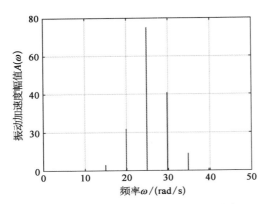

图 3-6 参数系统异频受迫振动加速度
响应的理论谱 $Z(\omega)$

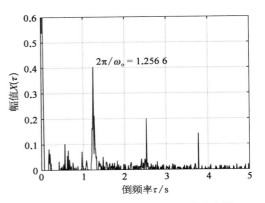

图 3-7 参数系统异频受迫振动响应的
实倒谱 $X(\tau)$

3.1.5 谱线周期性

无论是异频受迫振动响应还是同频受迫振动响应,参数振动响应频谱都是由等间距谱线组成。在频域上,振动谱线分布具有周期性,谱线周期性特性为参数振动响应信号的倒谱分析提供了物理上的依据。

对参数振动响应进行倒谱处理,可以从倒周期 $\tau = 2\pi/\omega_o$ 的信息中,提取和识别参数系统的基本参数即参数频率 ω_o。图 3-7 所示为【算例 3-1】中异频受迫振动响应信号的实倒谱,倒频率主峰位置落在 $\tau = 2\pi/\omega_o = 1.2566$ 处,它是参数激励频率 ω_o 在倒谱上的反映。

在振动分析中,庞加莱映射能很好地反映振动响应的时间周期性。对于参数频率 ω_o 与力激励频率 ω_p,如果能从 $(2\pi/\omega_o, 2\pi/\omega_p)$ 中取到公共周期,则庞加莱映射轨迹云图为个别点。如在【算例3-1】中,异频受迫振动响应的庞加莱映射轨迹如图 3-8a 所示,其中公共周期 $2\pi/5$。而在【算例 3-2】中,同频受迫振动响应的公共周期为 $\pi/5$,庞加莱映射轨迹如图 3-8b 所示。它们的映射轨迹在云图上都是个别点,这说明所给算例中受迫振动响应相轨迹都呈时间周期性。

但是,在参数系统异频受迫振动的工程问题中,参数频率 ω_o 与力激励频率 ω_p 之间往往取不到公共周期,因此,庞加莱映射轨迹云图难以形成个别点。

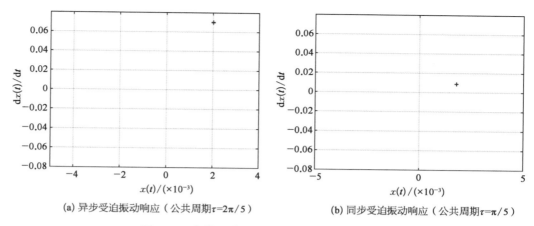

(a) 异步受迫振动响应（公共周期$\tau=2\pi/5$）　　　(b) 同步受迫振动响应（公共周期$\tau=\pi/5$）

图 3 - 8　参数系统受迫振动响应庞加莱映射云图

3.2　逼近计算误差

本节根据第 2 章 2.2.4 节逼近误差定义，结合 3.1 节算例，给出参数系统受迫振动逼近计算误差时间序列、误差频谱。分析对称性逼近与非对称性逼近情况下逼近误差的差异性，讨论初始时间问题对参数系统受迫振动响应计算的干扰。

3.2.1　逼近计算误差及误差频谱

在【算例 3 - 1】中，如果取三角级数逼近项 k 从 -14 至 14，共 29 级数逼近项。在 0 至 10 s 之间，根据式(2 - 25)，得到逼近计算误差时间历程 $\varepsilon(t)$ 如图 3 - 9a 所示，逼近计算误差 ε_r 值为 1.45e - 12。

图 3 - 9b 则是逼近计算误差的频谱 $\varepsilon(\omega)$，非常明显，在三角级数逼近中，还存在着残余的谐波分量。

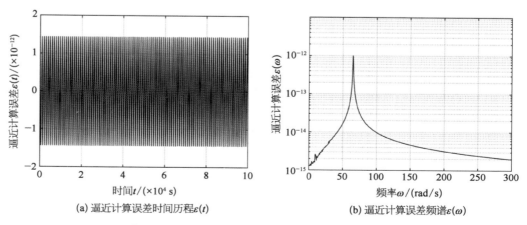

(a) 逼近计算误差时间历程$\varepsilon(t)$　　　　(b) 逼近计算误差频谱$\varepsilon(\omega)$

图 3 - 9　【算例 3 - 1】中逼近计算误差（级数逼近项 k 范围[-14, 14]）

3.2.2　对称性逼近

逼近计算误差 $\varepsilon(t)$ 产生的主要原因之一是级数逼近项 k 覆盖范围不够宽。在图 $3-9$ 中,逼近计算误差频谱成分即逼近残存的周期成分,与逼近级数项数多少有关,也与 β、ω_{p}、ω_{o}、ω_{n} 相关。在逼近计算中,只有组合频率 $\omega_{\mathrm{p}}+k\omega_{\mathrm{o}}$ 远远覆盖 $-\omega_{\mathrm{n}}$ 和 ω_{n} 所在区域,逼近计算误差才可能比较小。

如图 $3-10$ 所示,谱线是以 ω_{p} 为中心向左右等间隔 ω_{o} 分布,如果左右扩展项数相同、谱线又少,有可能出现逼近谱线不能覆盖 $-\omega_{\mathrm{n}}$。为了避免这个情况出现,级数逼近项 k 的取值范围从 $-\left[m+\dfrac{2\omega_{\mathrm{p}}}{\omega_{\mathrm{o}}}\right]$ 至 m,同时覆盖 $-\omega_{\mathrm{n}}$ 和 ω_{n} 所在区域,这样,级数逼近项 k 的取值范围将为不对称。

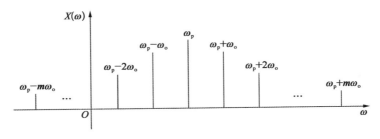

图 3-10　$\omega_{\mathrm{p}}+k\omega_{\mathrm{o}}$ 谱线分布

在【算例 $3-1$】中,如果 k 的取值范围从 -19 至 15,即采用不对称逼近,则逼近计算误差值为 $\varepsilon_{\mathrm{r}}=8.83\mathrm{e}{-}15$。相比图 $3-9$ 中的对称逼近(k 取值范围从 -14 至 14),其逼近计算误差估计 ε_{r} 量级从 $\mathrm{e}{-}12$ 降至 $\mathrm{e}{-}15$。如果级数逼近项 m 足够大,则 k 对称取值,可以达到高精度逼近。

采用上述不对称逼近后,逼近计算误差 $\varepsilon(t)$ 和逼近计算误差谱 $\varepsilon(\omega)$ 如图 $3-11$ 所示,逼近计算误差将在频域上呈现宽带分布,是一个宽带随机噪声。

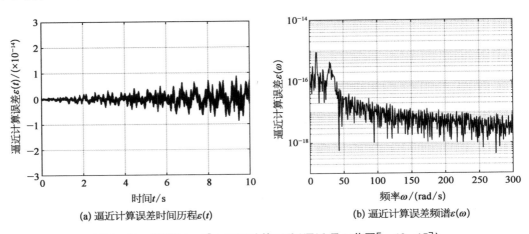

(a) 逼近计算误差时间历程 $\varepsilon(t)$

(b) 逼近计算误差频谱 $\varepsilon(\omega)$

图 3-11　【算例 3-1】中逼近计算误差(逼近项 k 范围[-19, 15])

对于参数系统受迫振动响应,随着三角级数逼近项数的增多,其逼近计算误差减小,逼近计算误差估计 ε_r 趋势如图 3-12 所示。

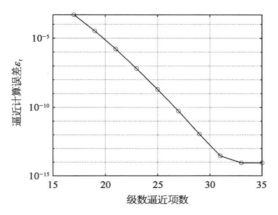

图 3-12　参数系统受迫响应逼近计算误差估计 ε_r 趋势

3.2.3　初始时间问题

从图 3-11a 可知,参数系统受迫振动的逼近计算误差 $\varepsilon(t)$ 随着时间增长。如果设计算初始时间为 100 年,得到受迫振动响应的逼近计算误差时间历程 $\varepsilon(t)$ 如图 3-13 所示,误差 ε_r 的量级增至 e-6。显然,随着计算初始时间的增大,参数振动响应的逼近计算误差 ε_r 随之增大,其趋势如图 3-14 所示。

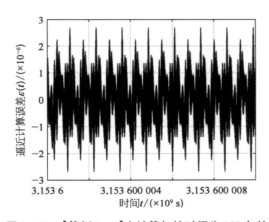

图 3-13　【算例 3-1】中计算初始时间为 100 年的振动响应逼近计算误差 $\varepsilon(t)$ 时间历程

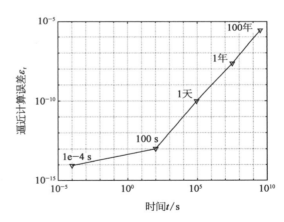

图 3-14　【算例 3-1】中振动响应逼近计算误差 ε_r 随初始时间增长而变化

为了分析逼近计算误差随时间增大的现象,下面引入【算例 3-3】,通过熟知的微分方程数值解,解释初始时间影响逼近计算误差的根源。

【算例 3-3】　设线性微分方程

$$\frac{d^2 x}{dt^2} + 2\zeta\omega_n \frac{dx}{dt} + \omega_n^2 x = p\cos\omega_p t \tag{3-16}$$

其中参数 $\omega_{\mathrm{n}}=25$、$\omega_{\mathrm{p}}=10$、$\zeta=0.01$、$p=1$，则

$$A=\frac{1}{\omega_{\mathrm{n}}^2-\omega_{\mathrm{p}}^2+\mathrm{j}2\zeta\omega_{\mathrm{n}}}\qquad(3-17)$$

$$\phi=\angle A\qquad(3-18)$$

受迫振动响应为

$$x(t)=P\mid A\mid\cos(\omega_{\mathrm{p}}t+\phi)\qquad(3-19)$$

计算误差定义为

$$e(t)=\frac{1}{\omega_{\mathrm{n}}^2}\frac{\mathrm{d}^2x}{\mathrm{d}t^2}+\frac{2\zeta}{\omega_{\mathrm{n}}}\frac{\mathrm{d}x}{\mathrm{d}t}+x-\frac{P}{\omega_{\mathrm{n}}^2}\cos\omega_{\mathrm{p}}t\qquad(3-20)$$

设时间 t 的起点时刻为 0，步长为 0.000 1 s，总时间历程为 10 s，根据振动响应解析表达式(3-19)进行计算，观察计算误差 $\varepsilon(t)$ 的时间历程，结果如图 3-15 所示。

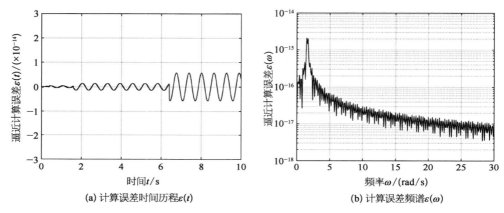

(a) 计算误差时间历程$\varepsilon(t)$　　　　　(b) 计算误差频谱$\varepsilon(\omega)$

图 3-15 【算例 3-3】中振动响应计算误差

方程解(3-19)是一个受迫振动响应的解析解，从理论上讲逼近计算误差为零。但是，图 3-15a 中计算误差时间历程 $\varepsilon(t)$ 发生类似于图 3-11a 中的现象，即计算误差与计算初始时间相关。

事实上，在数值计算三角函数 $\cos(\omega_{\mathrm{p}}t+\phi)$ 时，由于计算机的计算位数限制，形成了计算初始时间问题。例如，$\cos(\pi/4)$ 数值与 $\cos(\pi/4+2*pi*1\,000\,000)$ 数值在理论上是相同的。由于初始相位 φ 不同，在编程计算中，$\cos(\pi/4)$ 数值计算结果为 0.707 106 781 186 547 6，而 $\cos(\pi/4+2*pi*1\,000\,000)$ 数值计算结果为 0.707 106 780 742 439 1，在小数点第 8 位以后数值不同。计算初始时间(初相位)相差越大，数值计算值差别越大。

在【算例 3-3】中，如果同样置计算初始时间为 100 年，受迫振动响应计算误差时间历程 $\varepsilon(t)$ 和频谱 $\varepsilon(\omega)$ 如图 3-16 所示。从误差频谱分布可以看出，计算误差集中于 ω_{p} 谱线上，它与三角函数编程计算相关，由于计算位数的限制，造成了与初始时间有关的计算误差。而且，图 3-16 中的误差估计值 ε_{r} 也与图 3-13 中的相当，它们的数量级都是 e-6。

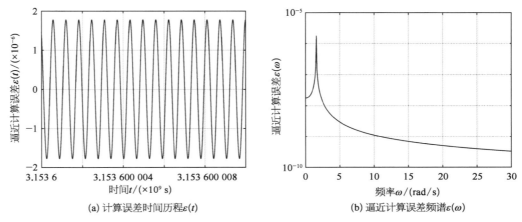

(a) 计算误差时间历程$\varepsilon(t)$　　　　　(b) 逼近计算误差频谱$\varepsilon(\omega)$

图 3－16　【算例 3－3】中初始时间为 100 年的振动响应逼近计算误差

3.3　谐波系数解析法

谐波系数解析法为单自由度参数振动受迫响应三角级数逼近的另一种计算方法，是指通过矩阵代数运算，得到每个谐波系数的解析表达，这样有利于对参数振动受迫响应中单个谐波分量进行特性分析，如在无阻尼条件下振动共振频率迁移与刚度调制指数存在定量关系。

3.3.1　欠阻尼异频受迫振动响应

对线性方程(3－7)中欠阻尼异频受迫振动响应问题（$\omega_p \neq \omega_o$）进行谐波系数求解。在系数矩阵中，以 C_0 项对应行为分界线，将方程(3－7)中系数矩阵分解成两个大小相等，分别与 C_{-k}、C_k 相关的矩阵，简称为上半部分矩阵以及下半部分矩阵，这样系数矩阵从 $2m+1$ 阶降为 $m+1$ 阶。在系数矩阵和谐波系数向量重新排列以后，方程(3－7)拆分为式(3－21)和式(3－22)：

$$\begin{bmatrix} \widetilde{\omega}_0 & \gamma & & & & \\ \gamma & \widetilde{\omega}_1 & \gamma & & & \\ & \gamma & \widetilde{\omega}_2 & \gamma & & \\ & & & \cdots & & \\ & & & & \gamma & \widetilde{\omega}_m \end{bmatrix} \begin{bmatrix} C_0 \\ C_1 \\ C_2 \\ \vdots \\ C_m \end{bmatrix} = \begin{bmatrix} p/2 - \gamma C_{-1} \\ 0 \\ 0 \\ \vdots \\ -\gamma C_{m+1} \end{bmatrix} \quad (3-21)$$

和

$$\begin{bmatrix} \widetilde{\omega}_0 & \gamma & & & & \\ \gamma & \widetilde{\omega}_{-1} & \gamma & & & \\ & \gamma & \widetilde{\omega}_{-2} & \gamma & & \\ & & & \cdots & & \\ & & & & \gamma & \widetilde{\omega}_{-m} \end{bmatrix} \begin{bmatrix} C_0 \\ C_{-1} \\ C_{-2} \\ \vdots \\ C_{-m} \end{bmatrix} = \begin{bmatrix} p/2 - \gamma C_1 \\ 0 \\ 0 \\ \vdots \\ -\gamma C_{-m-1} \end{bmatrix} \quad (3-22)$$

对以上两式分别进行代数运算，通过求出关联项，可解得受迫振动响应三角级数逼近中

的单个谐波分量 $C_k(k=-\infty, \cdots, -2, -1, 0, 1, 2, \cdots, \infty)$。

　　1) 线性方程(3-21)求解

　　引入中间变量 α_m：

$$\left. \begin{array}{l} \alpha_0 = \widetilde{\omega}_0 \\[2mm] \alpha_1 = \widetilde{\omega}_1 - \dfrac{\gamma^2}{\alpha_0} \\[2mm] \cdots\cdots \\[2mm] \alpha_m = \widetilde{\omega}_m - \dfrac{\gamma^2}{\alpha_{(m-1)}} \end{array} \right\} \tag{3-23}$$

将式(3-23)代入方程(3-21)，得到以下形式：

$$\begin{bmatrix} \alpha_0 & \gamma & & & \\ & \alpha_1 & \gamma & & \\ & & \alpha_2 & \gamma & \\ & & & \cdots & \\ & & & & \alpha_m \end{bmatrix} \begin{bmatrix} C_0 \\ C_1 \\ C_2 \\ \vdots \\ C_m \end{bmatrix} = \begin{bmatrix} p/2 - \gamma C_{-1} \\[2mm] -\dfrac{\gamma(p/2 - \gamma C_{-1})}{\alpha_0} \\[2mm] \dfrac{\gamma^2(p/2 - \gamma C_{-1})}{\alpha_0 \alpha_1} \\[2mm] \vdots \\[2mm] \dfrac{(-\gamma)^m(p/2 - \gamma C_{-1})}{\prod\limits_{i=1}^{m}\alpha_{i-1}} - \gamma C_{m+1} \end{bmatrix} \tag{3-24}$$

从而得到方程(3-24)中第一个谐波系数 C_0 的解表达：

$$C_0 = (p/2 - \gamma C_{-1})\left[\frac{1}{\alpha_0} + \frac{\gamma^2}{\alpha_0^2 \alpha_1} + \frac{\gamma^4}{\alpha_0^2 \alpha_1^2 \alpha_2} + \cdots + \frac{(-1)^m \gamma^{m+1}}{\prod\limits_{i=1}^{m}\alpha_{i-1}} C_{m+1} \right] \tag{3-25}$$

当 $m \to \infty$ 时谐波系数 $C_{m+1} \to 0$，谐波系数 C_0 的级数表达式则为

$$C_0 = (p/2 - \gamma C_{-1})\left(\frac{1}{\alpha_0} + \frac{\gamma^2}{\alpha_0^2 \alpha_1} + \frac{\gamma^4}{\alpha_0^2 \alpha_1^2 \alpha_2} + \cdots \frac{\gamma^{2n-2}}{\alpha_{n-1}\prod\limits_{i=1}^{n-1}\alpha_{i-1}^2} + \cdots \right) \tag{3-26}$$

引入一个中间变量 S_0 来代替上式中的级数表达：

$$S_0 = \frac{1}{\alpha_0} + \frac{\gamma^2}{\alpha_0^2 \alpha_1} + \frac{\gamma^4}{\alpha_0^2 \alpha_1^2 \alpha_2} + \cdots \frac{\gamma^{2n-2}}{\alpha_{n-1}\prod\limits_{i=1}^{n-1}\alpha_{i-1}^2} + \cdots \tag{3-27}$$

因此，式(3-26)可以表示为

$$C_0 = (p/2 - \gamma C_{-1})S_0 \tag{3-28}$$

同理,方程(3-24)解中其他谐波系数 C_k 可以简化表达为

$$\left.\begin{array}{l} C_1 = (p/2 - \gamma C_{-1})S_1 \\ C_2 = (p/2 - \gamma C_{-1})S_2 \\ C_3 = (p/2 - \gamma C_{-1})S_3 \\ \cdots\cdots \\ C_k = (p/2 - \gamma C_{-1})S_k \end{array}\right\} \tag{3-29}$$

其中,变量 S_k 的级数表达式为

$$\left.\begin{array}{l} S_1 = -\dfrac{\gamma}{\alpha_0\alpha_1} - \dfrac{\gamma^3}{\alpha_0\alpha_1^2\alpha_2} - \dfrac{\gamma^5}{\alpha_0\alpha_1^2\alpha_2^2\alpha_3} - \cdots \dfrac{\gamma^{2n-1}}{\alpha_0\left(\prod\limits_{i=1}^{n-1}\alpha_i^2\right)\alpha_n} - \cdots \\[4mm] S_2 = \dfrac{\gamma^2}{\alpha_0\alpha_1\alpha_2} + \dfrac{\gamma^4}{\alpha_0\alpha_1\alpha_2^2\alpha_3} + \dfrac{\gamma^6}{\alpha_0\alpha_1\alpha_2^2\alpha_3^2\alpha_4} + \cdots + \dfrac{\gamma^{2n}}{\alpha_0\alpha_1\left(\prod\limits_{i=2}^{n}\alpha_i^2\right)\alpha_{n+1}} + \cdots \\[4mm] S_3 = -\dfrac{\gamma^3}{\alpha_0\alpha_1\alpha_2\alpha_3} - \dfrac{\gamma^5}{\alpha_0\alpha_1\alpha_2\alpha_3^2\alpha_4} - \dfrac{\gamma^7}{\alpha_0\alpha_1\alpha_2\alpha_3^2\alpha_4^2\alpha_5} - \cdots - \dfrac{\gamma^{2n+1}}{\alpha_0\alpha_1\alpha_2\left(\prod\limits_{i=3}^{n+1}\alpha_i^2\right)\alpha_{n+2}} - \cdots \\[4mm] \cdots\cdots \\[2mm] S_k = (-1)^k \sum\limits_{n=1}^{\infty} \dfrac{\gamma^{2n+k-2}}{\left(\prod\limits_{j=0}^{k-1}\alpha_j\right)\left(\prod\limits_{i=k}^{n+k-2}\alpha_i^2\right)\alpha_{(n+k-1)}} \quad (k=1,2,3,\cdots,\infty) \end{array}\right\} \tag{3-30}$$

2) 线性方程(3-22)求解

同理,对于式(3-22)引入中间变量 α_{-m}:

$$\left.\begin{array}{l} \alpha_0 = \widetilde{\omega}_0 \\[2mm] \alpha_{-1} = \widetilde{\omega}_{-1} - \dfrac{\gamma^2}{\alpha_0} \\[2mm] \cdots\cdots \\[2mm] \alpha_{-m} = \widetilde{\omega}_{-m} - \dfrac{\gamma^2}{\alpha_{-(m-1)}} \end{array}\right\} \tag{3-31}$$

将方程(3-22)变换为

$$\begin{bmatrix} \alpha_0 & \gamma & & & \\ & \alpha_{-1} & \gamma & & \\ & & \alpha_{-2} & \gamma & \\ & & & \cdots & \\ & & & & \alpha_{-m} \end{bmatrix} \begin{bmatrix} C_0 \\ C_{-1} \\ C_{-2} \\ \vdots \\ C_{-m} \end{bmatrix} = \begin{bmatrix} p/2 - \gamma C_1 \\[2mm] -\dfrac{\gamma(p/2 - \gamma C_1)}{\alpha_0} \\[2mm] \dfrac{\gamma^2(p/2 - \gamma C_1)}{\alpha_0\alpha_1} \\[2mm] \vdots \\[2mm] \dfrac{(-\gamma)^m(p/2 - \gamma C_1)}{\prod\limits_{i=1}^{m}\alpha_{i-1}} - \gamma C_{-m-1} \end{bmatrix} \tag{3-32}$$

如同式(3-24)~式(3-30)的求解过程，方程(3-32)的所有谐波系数解可表达为

$$
\left.\begin{array}{l}
C_{-1} = (p/2 - \gamma C_1)R_1 \\
C_{-2} = (p/2 - \gamma C_1)R_2 \\
C_{-3} = (p/2 - \gamma C_1)R_3 \\
\cdots\cdots \\
C_{-k} = (p/2 - \gamma C_1)R_k
\end{array}\right\}
\tag{3-33}
$$

其中，中间变量 R_k 的级数表达式为

$$
\left.\begin{array}{l}
R_0 = \dfrac{1}{\alpha_0} + \dfrac{\gamma^2}{\alpha_0^2 \alpha_{-1}} + \dfrac{\gamma^4}{\alpha_0^2 \alpha_{-1}^2 \alpha_{-2}} + \cdots \dfrac{\gamma^{2n-2}}{\alpha_{-(n-1)} \prod\limits_{i=1}^{n-1} \alpha_{-(i-1)}^2} + \cdots \\[4ex]
R_1 = -\dfrac{\gamma}{\alpha_0 \alpha_{-1}} - \dfrac{\gamma^3}{\alpha_0 \alpha_{-1}^2 \alpha_{-2}} - \dfrac{\gamma^5}{\alpha_0 \alpha_{-1}^2 \alpha_{-2}^2 \alpha_{-3}} - \cdots - \dfrac{\gamma^{2n-1}}{\alpha_0 \left(\prod\limits_{i=1}^{n-1} \alpha_{-i}^2\right) \alpha_{-n}} - \cdots \\[4ex]
R_2 = \dfrac{\gamma^2}{\alpha_0 \alpha_{-1} \alpha_{-2}} + \dfrac{\gamma^4}{\alpha_0 \alpha_{-1} \alpha_{-2}^2 \alpha_{-3}} + \dfrac{\gamma^6}{\alpha_0 \alpha_{-1} \alpha_{-2}^2 \alpha_{-3}^2 \alpha_{-4}} + \cdots + \dfrac{\gamma^{2n}}{\alpha_0 \alpha_{-1} \left(\prod\limits_{i=2}^{n} \alpha_{-i}^2\right) \alpha_{-(n+1)}} + \cdots \\[4ex]
R_3 = -\dfrac{\gamma^3}{\alpha_0 \alpha_{-1} \alpha_{-2} \alpha_{-3}} - \dfrac{\gamma^5}{\alpha_0 \alpha_{-1} \alpha_{-2} \alpha_{-3}^2 \alpha_{-4}} - \dfrac{\gamma^7}{\alpha_0 \alpha_{-1} \alpha_{-2} \alpha_{-3}^2 \alpha_{-4}^2 \alpha_{-5}} - \cdots - \dfrac{\gamma^{2n+1}}{\alpha_0 \alpha_{-1} \alpha_{-2} \left(\prod\limits_{i=3}^{n+1} \alpha_{-i}^2\right) \alpha_{-(n+2)}} - \cdots \\[4ex]
\cdots\cdots \\[2ex]
R_k = (-1)^k \sum\limits_{n=1}^{\infty} \dfrac{\gamma^{2n+k-2}}{\left(\prod\limits_{j=0}^{k-1} \alpha_{-j}\right)\left(\prod\limits_{i=k}^{n+k-2} \alpha_{-i}^2\right) \alpha_{-(n+k-1)}} \quad (k = 1,2,3,\cdots,\infty)
\end{array}\right\}
$$

$$
\tag{3-34}
$$

3）谐波系数求解

因为中间变量 S_1 和 R_1 是已推知的无穷级数，因此可以从联立式

$$
\left.\begin{array}{l}
C_1 = (p/2 - \gamma C_{-1})S_1 \\
C_{-1} = (p/2 - \gamma C_1)R_1
\end{array}\right\}
\tag{3-35}
$$

解出谐波系数 C_1 与 C_{-1}：

$$
\left.\begin{array}{l}
C_{-1} = \dfrac{pR_1(1 - \gamma S_1)}{2(1 - \gamma^2 R_1 S_1)} \\[2ex]
C_1 = \dfrac{pS_1(1 - \gamma R_1)}{2(1 - \gamma^2 R_1 S_1)}
\end{array}\right\}
\tag{3-36}
$$

最终，从式(3-28)、式(3-29)和式(3-33)中得到所有的谐波系数 C_k，它们是

$$
C_0 = (p/2 - \gamma C_{-1})S_0 = \dfrac{1 - \gamma R_1}{2(1 - \gamma^2 R_1 S_1)} p S_0
\tag{3-37}
$$

和

$$C_{-k} = \frac{1-\gamma S_1}{2(1-\gamma^2 R_1 S_1)} p R_k$$

$$C_k = \frac{1-\gamma R_1}{2(1-\gamma^2 R_1 S_1)} p S_k$$

$(k = 1, 2, 3, \cdots, \infty)$ $\quad (3-38)$

由此可见,利用谐波系数解析法,通过式(3-37)和式(3-38)的解析表达,可以单独地计算参数系统受迫响应中各谐波系数值 $C_k(k = 0, 1, 2, 3, \cdots, \infty)$,应用于振动特性分析。

对【算例 3-1】中的参数系统受迫振动响应问题,应用谐波系数解析法,$2C_k$ 计算值与表 3-1 中的一致。

3.3.2　无阻尼同频受迫振动响应

对无阻尼参数系统同频受迫振动响应($\omega_p = \omega_o$)求解,谐波系数解析法得以简化。

设参数振动方程

$$\frac{\mathrm{d}^2 x}{\mathrm{d}t^2} + \omega_n^2(1+\beta\cos\omega_o t)x = p\cos\omega_o t \qquad (3-39)$$

设响应解为

$$x(t) = \sum_{k=-\infty}^{\infty} B_k \mathrm{e}^{\mathrm{j}k\omega_0 t} \qquad (3-40)$$

在方程(3-39)中代入欧拉公式和式(3-40),得

$$-\sum_{k=-\infty}^{\infty} k^2\omega_o^2 B_k \mathrm{e}^{\mathrm{j}k\omega_0 t} + \omega_n^2 \sum_{k=-\infty}^{\infty} B_k \mathrm{e}^{\mathrm{j}k\omega_0 t} + \frac{\omega_n^2\beta}{2}\sum_{k=-\infty}^{\infty} B_k \mathrm{e}^{\mathrm{j}(k+1)\omega_0 t} + \frac{\omega_n^2\beta}{2}\sum_{k=-\infty}^{\infty} B_k \mathrm{e}^{\mathrm{j}(k-1)\omega_0 t}$$

$$= \frac{p}{2}(\mathrm{e}^{\mathrm{j}\omega_0 t} + \mathrm{e}^{-\mathrm{j}\omega_0 t}) \qquad (3-41)$$

对等式(3-41)进行两边谐波平衡,得以下递推方程:

当 $k=0$ 时

$$\frac{\omega_n^2\beta}{2}B_{-1} + \omega_n^2 B_0 + \frac{\omega_n^2\beta}{2}B_1 = 0 \qquad (3-42)$$

当 $k=1$ 时

$$\frac{\omega_n^2\beta}{2}B_0 + (\omega_n^2 - \omega_o^2)B_1 + \frac{\omega_n^2\beta}{2}B_2 = p/2 \qquad (3-43)$$

一般情况下

$$\frac{\omega_n^2\beta}{2}B_{k-1} + (\omega_n^2 - k^2\omega_o^2)B_k + \frac{\omega_n^2\beta}{2}B_{k+1} = 0 \quad (k = 2, 3, \cdots, m) \qquad (3-44)$$

集合式(3-43)和式(3-44)中谐波系数 B_k 递推式,得线性方程(3-45):

$$
\begin{bmatrix}
\omega_n^2 - \omega_o^2 & \dfrac{\omega_n^2\beta}{2} & & & & \\
\dfrac{\omega_n^2\beta}{2} & \omega_n^2 - 4\omega_o^2 & \dfrac{\omega_n^2\beta}{2} & & & \\
 & \dfrac{\omega_n^2\beta}{2} & \omega_n^2 - 9\omega_o^2 & \dfrac{\omega_n^2\beta}{2} & & \\
 & & & \cdots & & \\
 & & & \dfrac{\omega_n^2\beta}{2} & \omega_n^2 - k^2\omega_o^2 & \dfrac{\omega_n^2\beta}{2} \\
 & & & & & \cdots
\end{bmatrix}
\begin{bmatrix}
B_1 \\ B_2 \\ B_3 \\ \vdots \\ B_k \\ \vdots
\end{bmatrix}
=
\begin{bmatrix}
p/2 - \dfrac{\omega_n^2\beta}{2}B_0 \\ 0 \\ 0 \\ \vdots \\ 0 \\ \vdots
\end{bmatrix}
$$

$$(3-45)$$

同理,将谐波系数 B_k 递推式 $(k=-1,-2,-3,\cdots,-\infty)$ 写成线性方程(3-46):

$$
\begin{bmatrix}
\omega_n^2 - \omega_o^2 & \dfrac{\omega_n^2\beta}{2} & & & & \\
\dfrac{\omega_n^2\beta}{2} & \omega_n^2 - 4\omega_o^2 & \dfrac{\omega_n^2\beta}{2} & & & \\
 & \dfrac{\omega_n^2\beta}{2} & \omega_n^2 - 9\omega_o^2 & \dfrac{\omega_n^2\beta}{2} & & \\
 & & & \cdots & & \\
 & & & \dfrac{\omega_n^2\beta}{2} & \omega_n^2 - k^2\omega_o^2 & \dfrac{\omega_n^2\beta}{2} \\
 & & & & & \cdots
\end{bmatrix}
\begin{bmatrix}
B_{-1} \\ B_{-2} \\ B_{-3} \\ \vdots \\ B_{-k} \\ \vdots
\end{bmatrix}
=
\begin{bmatrix}
p/2 - \dfrac{\omega_n^2\beta}{2}B_0 \\ 0 \\ 0 \\ \vdots \\ 0 \\ \vdots
\end{bmatrix}
$$

$$(3-46)$$

比较方程(3-45)和方程(3-46),它们具有相同的系数矩阵以及相同的力向量,因此可得

$$B_k = B_{-k} \tag{3-47}$$

从式(3-42)可得

$$B_0 = -\beta B_1 \tag{3-48}$$

并将式(3-48)代入式(3-43),可得

$$\left[\omega_n^2\left(1-\frac{\beta^2}{2}\right)-\omega_o^2\right]B_1 + \frac{\omega_n^2\beta}{2}B_2 = p/2 \tag{3-49}$$

记

$$\gamma = \frac{\omega_n^2\beta}{2} \tag{3-50}$$

$$\widetilde{\omega}_1 = \omega_n^2\left(1-\frac{\beta^2}{2}\right)-\omega_o^2 \tag{3-51}$$

$$\widetilde{\omega}_k = \omega_n^2 - k^2\omega_o^2 \quad (k=2,3,\cdots,m) \tag{3-52}$$

于是式(3-45)转换为

$$
\begin{bmatrix}
\widetilde{\omega}_1 & \gamma & & & & & \\
\gamma & \widetilde{\omega}_2 & \gamma & & & & \\
& \gamma & \widetilde{\omega}_3 & \gamma & & & \\
& & & \cdots & & & \\
& & & \gamma & \widetilde{\omega}_k & \gamma & \\
& & & & & \cdots & \\
& & & & & \gamma & \widetilde{\omega}_m
\end{bmatrix}
\begin{bmatrix}
B_1 \\ B_2 \\ B_3 \\ \vdots \\ B_k \\ \vdots \\ B_m
\end{bmatrix}
=
\begin{bmatrix}
p/2 \\ 0 \\ 0 \\ \vdots \\ 0 \\ \vdots \\ -\gamma B_{m+1}
\end{bmatrix}
\tag{3-53}
$$

记

$$
\left.
\begin{aligned}
& \alpha_1 = \omega_{\mathrm{n}}^2 \left(1 - \frac{\beta^2}{2}\right) - \omega_{\mathrm{o}}^2 \\
& \cdots\cdots \\
& \alpha_k = \widetilde{\omega}_k - \gamma^2 / \alpha_{(k-1)(k-1)} \\
& k = (2,\,3,\,4,\,\cdots,\,m)
\end{aligned}
\right\}
\tag{3-54}
$$

将式(3-54)代入式(3-53),得方程(3-55):

$$
\begin{bmatrix}
\alpha_1 & \gamma & & & & & \\
& \alpha_2 & \gamma & & & & \\
& & \alpha_3 & \gamma & & & \\
& & & \cdots & & & \\
& & & & \alpha_k & \gamma & \\
& & & & & \cdots & \\
& & & & & & \alpha_m
\end{bmatrix}
\begin{bmatrix}
B_1 \\ B_2 \\ B_3 \\ \vdots \\ B_k \\ \vdots \\ B_m
\end{bmatrix}
=
\begin{bmatrix}
p/2 \\[2mm]
-\dfrac{p\gamma}{2\alpha_{11}} \\[3mm]
\dfrac{p\gamma^2}{2\alpha_{11}\alpha_{22}} \\[2mm]
\vdots \\[2mm]
(-1)^{k-1}\dfrac{p\gamma^{k-1}}{2\displaystyle\prod_{i=1}^{k-1}\alpha_i} \\[2mm]
\vdots \\[2mm]
(-1)^{m-1}\dfrac{p\gamma^{m-1}}{2\displaystyle\prod_{i=1}^{m-1}\alpha_i} - \gamma B_{m+1}
\end{bmatrix}
\tag{3-55}
$$

从方程(3-55)直接解得谐波系数 B_1,即受迫振动主分量

$$
B_1 = \frac{p}{2\alpha_1} + \frac{p\gamma^2}{2\alpha_1^2\alpha_2} + \frac{p\gamma^4}{2\alpha_1^2\alpha_2^2\alpha_3} + \cdots + (-1)^{m+2}\frac{\gamma^m}{2\displaystyle\prod_i^{m-1}\alpha_i}B_{m+1}
\tag{3-56}
$$

当 $m \to \infty$ 时,谐波系数 $B_{m+1} \to 0$。所以,谐波系数 B_1 的无穷级数表达为

$$
B_1 = \frac{p}{2\alpha_1} + \frac{p\gamma^2}{2\alpha_1^2\alpha_2} + \frac{p\gamma^4}{2\alpha_1^2\alpha_2^2\alpha_3} + \cdots + \frac{p\gamma^{2(n-1)}}{2\left(\displaystyle\prod_{i=1}^{n-1}\alpha_i^2\right)\alpha_{\mathrm{n}}} + \cdots
\tag{3-57}
$$

同理,得到谐波系数 B_2,B_3,$\cdots$,B_k 的无穷级数表达为

$$
\left.
\begin{aligned}
B_2 &= -\frac{p\gamma}{2\alpha_1\alpha_2} - \frac{p\gamma^3}{2\alpha_1\alpha_2^2\alpha_3} - \frac{p\gamma^5}{2\alpha_1\alpha_2^2\alpha_3^2\alpha_4} - \cdots - \frac{p\gamma^{2n-1}}{2\alpha_1(\prod\limits_{i=2}^{n}\alpha_i^2)\alpha_{(n+1)(n+1)}} + \cdots \\
B_3 &= \frac{p\gamma^2}{2\alpha_1\alpha_2\alpha_3} + \frac{p\gamma^4}{2\alpha_1\alpha_2\alpha_3^2\alpha_4} + \frac{p\gamma^6}{2\alpha_1\alpha_2\alpha_3^2\alpha_4^2\alpha_5} + \cdots + \frac{p\gamma^{2n}}{2\alpha_1\alpha_2(\prod\limits_{i=3}^{n+1}\alpha_i^2)\alpha_{(n+2)(n+2)}} + \cdots \\
&\cdots \\
B_k &= (-1)^{k+1}\sum_{i=1}^{\infty}\frac{p\gamma^{2n+k-3}}{2(\prod\limits_{j=1}^{k-1}\alpha_j)(\prod\limits_{i=k}^{n+k-2}\alpha_i^2)\alpha_{(n+i-1)(n+i-1)}} \quad (k=1,3,\cdots,m)
\end{aligned}
\right\}
\quad (3-58)
$$

对式(3-57)中的谐波系数 B_1,令 $\alpha_1 \to 0$,则 $B_1 \to \infty$。 从式(3-54)得到无阻尼参数系统同频受迫振动响应主分量共振点频率的解析表达

$$
\omega_d = \omega_o = \omega_n\sqrt{1-\frac{\beta^2}{2}} \tag{3-59}
$$

在无阻尼参数系统同频受迫振动中,其主分量共振点出现频率左偏移现象,共振点频率 ω_d 随着参数频率 β 增大而降低。在极限情况下,$\beta \to 1$,归一化共振点频率 ω_d/ω_n 将下降至0.707。

由于谐波系数 $B_k = B_{-k}$,则无阻尼参数系统同频受迫振动响应数学表达为

$$
x(t) = B_0 + 2\sum_{k=1}^{m}B_k\cos k\omega_o t \tag{3-60}
$$

对于【算例3-2】,应用上述谐波系数解析法,通过式(3-57)和式(3-58),计算同频受迫振动响应中谐波系数 B_k 值($k=0,1,2,\cdots,10$),具体数值列于表3-4中。其中,$B_k = C_{k-1} + C_{-(k+1)}(k \neq 0)$。

表 3-4 谐波系数解析法 B_k 计算值

k	谐波频率 $k\omega_o$	谐波系数 B_k
0	0	$-0.000\ 324\ 103\ 368\ 256$
1	10	$0.001\ 080\ 344\ 560\ 854$
2	20	$-0.000\ 392\ 492\ 825\ 181$
3	30	$-0.000\ 138\ 361\ 777\ 796$
4	40	$-0.000\ 013\ 368\ 389\ 698$
5	50	$-0.000\ 000\ 669\ 475\ 060$
6	60	$-0.000\ 000\ 021\ 111\ 498$
7	70	$-0.000\ 000\ 000\ 463\ 136$
8	80	$-0.000\ 000\ 000\ 007\ 520$
9	90	$-0.000\ 000\ 000\ 000\ 094$
10	100	$-0.000\ 000\ 000\ 000\ 001$

置时间 t 的起点时刻为 0，步长为 0.000 1 s，总时间历程为 100 s，根据式（3-60）计算无阻尼参数系统同频受迫振动响应。其中振动相轨迹如图 3-17 所示，它与逆矩阵解法得到的相轨迹图 3-4a 相吻合。

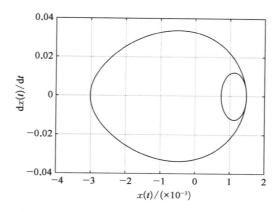

图 3-17　谐波系数解析法分析【算例 3-2】中同频受迫振动响应相轨迹

3.4　振动谐波分量特性

受迫振动响应另一个重要内容是振动主分量的频域特性，主分量是参数频率 ω_o 和外力激励频率 ω_p 的函数，根据参与频率模式不同，可分为主分量参频特性和主分量频率特性。

3.4.1　主分量和谐波分量参频特性

参数振动主分量 B_1 或 B_i 同时随参数频率 ω_o 和外力激励频率 ω_p 变化（$\omega_o = \omega_p$），即为振动主分量或谐波分量参频特性。

【算例 3-4】　在参数振动方程（3-39）中，设固有频率 $\omega_n = 1$、简谐幅度 $p = 1$，在刚度调制指数 $\beta = 0.1$、0.3、0.5 情况下，分别计算受迫振动时主分量和谐波分量的参频特性。

从式（3-57）中，可以计算主分量 B_1 同时随参数频率 ω_o 和外力激励频率 ω_p 变化数值。或者利用式（3-14），计算参数振动主分量（$C_0 + C_{-2}$）同时随参数频率 ω_o 和外力激励频率 ω_p 变化数值（$\omega_o = \omega_p$）。两种计算方法都可以得到参频特性。

当 ω_o 从 0 开始，以 1/10 000 rad/s 为步长，扫频增至 1.5 rad/s，得到幅频特性和相位特性如图 3-18～图 3-20 所示。显然，振动主分量存在多个谐振点，共振点不仅在幅频特性中存在左偏移，而且在相位特性中，180°跳跃也同样存在左偏移，这种现象在图 3-19 和图 3-20 中特别明显。

在参数系统同频受迫振动响应中，由于刚度调制指数 β 的影响，出现 $\omega_n/2$、$\omega_n/3$ 等谐共振，响应的相频也出现 180°跳变。随着 β 的增大，相位特性中的 180°跳跃也变得容易分辨。

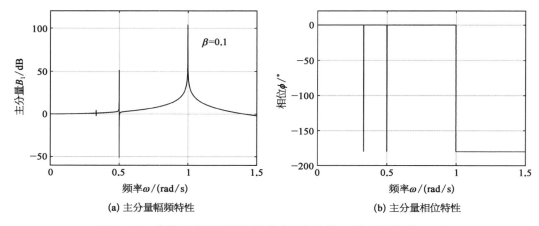

(a) 主分量幅频特性　　　　　　　(b) 主分量相位特性

图 3 - 18　参数系统同频受迫振动响应主分量 B_1 频率特性(β=0.1)

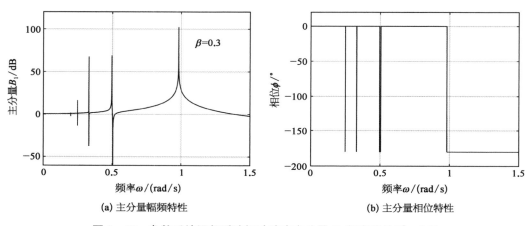

(a) 主分量幅频特性　　　　　　　(b) 主分量相位特性

图 3 - 19　参数系统同频受迫振动响应主分量 B_1 频率特性(β=0.3)

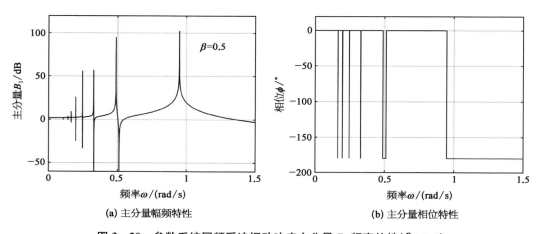

(a) 主分量幅频特性　　　　　　　(b) 主分量相位特性

图 3 - 20　参数系统同频受迫振动响应主分量 B_1 频率特性(β=0.5)

式（3-58）中的 B_2 是参数振动受迫响应的二倍频分量,图 3-21 是对应二倍频分量幅频特性的计算结果。振动响应在 $\omega_\circ = \omega_n/2$ 左侧出现谐共振,同样存在频率偏移量现象。

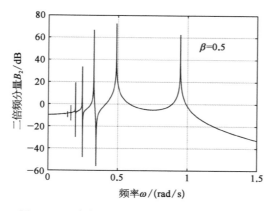
图 3-21　参数系统同频受迫振动响应二倍频
　　　　分量 B_2 频率特性

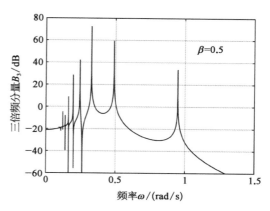
图 3-22　参数系统同频受迫振动响应三倍频
　　　　分量 B_3 频率特性

同理,B_3 是参数振动受迫响应的三倍频分量,如图 3-22 所示,在 $\omega_\circ = \omega_n/3$ 附近,响应峰值出现最大值。

在一些旋转机械系统振动中,机械故障的形成与发展反映在参数振动模型中的刚度调制指数 β 的大小。并且参数频率与激励频率相同,通过振动扫频试验,对系统参频特性的了解,有助于识别机械故障特征。

3.4.2　主分量频率特性

对于某一个参数频率 $\omega_\circ$,参数振动主分量 B_1 随外力激励频率 ω_p 变化,即为主分量振动频率特性。

【算例 3-5】　在参数振动方程（3-1）中,设固有频率 $\omega_n = 25$,参数频率 $\omega_\circ = 10$,阻尼率 $\zeta = 0.0005$,刚度调制指数 $\beta = 0.1$、0.5 以及简谐幅度 $p = 1$,计算参数振动主分量频率特性。

利用式（3-37）中的 $2C_0$,或式（3-13）中的 $2C_0$ 可计算参数振动主分量频率特性。当外力激励频率 ω_p 从 0 开始,以 $1/10\,000$ rad/s 为步长扫至 60 rad/s,得到振动主分量频率特性如图 3-23 所示。

当 $\omega \pm k\omega_\circ = \omega_n$ 时,组合谐振发生,振动主分量出现谱峰。单自由度参数振动主分量频率特性曲线特点是以振荡频率 ω_s 为中心,以参数频率 $\omega_\circ$ 为间隔,谐振谱峰向左右扩展分布。同时可以看到,当刚度调制指数 β 增大,振荡频率 ω_s 减小。

在振动主分量频率特性,随参数系统阻尼率 ζ 增大,各谐振谱峰幅值下降,具体主分量频率特性见图 3-24。

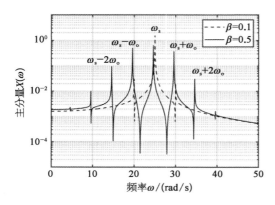

图 3-23 单自由度参数振动主
分量频率特性算例

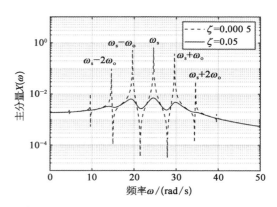

图 3-24 阻尼率对参数振动主
分量峰值影响(**β=0.5**)

3.5 白噪声激励下振动响应过程

在外界随机干扰作用下,一些参数系统将发生随机振动,如桥梁的斜拉索在风力作用下的振动。随机力作用下的参数振动响应统计特征是人们关心的问题,因此,本节将简略叙述在白噪声为激励源条件下,单自由度参数振动响应过程的最基本统计特征。

3.5.1 响应过程统计特征

在外界白噪声 $N(0, \sigma^2)$ 激励下,单自由度周期性时变刚度参数系统的振动方程为

$$\frac{\mathrm{d}^2 x}{\mathrm{d}t^2} + 2\zeta\omega_\mathrm{n} \frac{\mathrm{d}x}{\mathrm{d}t} + \omega_\mathrm{n}^2(1+\beta\cos\omega_\mathrm{o}t)x = N(t) \tag{3-61}$$

参数系统受迫振动响应的时域表达 $x(t)$,可以写为单位脉冲振动响应 $h(t)$ 与白噪声 $N(t)$ 的卷积:

$$x(t) = \int_{-\infty}^{t} h(\tau)N(t-\tau)\mathrm{d}t \tag{3-62}$$

则振动响应的频域表达为

$$X(\omega) = H(\omega)N(\omega) = H(\omega)N_0 \tag{3-63}$$

式中,$H(\omega)$ 为单自由度参数系统单位脉冲振动响应 $h(t)$ 的傅里叶变换形式;白噪声激励谱 N_0 为常数。

响应谱密度 $S_x(\omega)$ 为

$$S_x(\omega) = \frac{1}{2\pi} |H(\omega)|^2 N_0^2 \tag{3-64}$$

响应自相关函数 $R(\tau)$ 为

$$R(\tau) = \frac{S_0}{2\pi} \int_{-\infty}^{\infty} |H(\omega)|^2 e^{j\omega\tau} d\omega \qquad (3-65)$$

式中，白噪声自谱密度 $S_0 = N_0^2$。

将式(2-52)中的单自由度参数系统单位脉冲振动响应写成傅里叶变换形式：

$$H(\omega) = \frac{1}{\sum\limits_{k=-\infty}^{\infty}(\omega_s + k\omega_o)A_k} \sum_{k=-\infty}^{\infty} A_k \frac{\omega_s + k\omega_o}{(j\omega+\delta)^2 + (\omega_s + k\omega_o)^2} \qquad (3-66)$$

将式(3-66)代入式(3-65)，则响应的自相关函数

$$R(\tau) = \frac{S_0}{2\pi \left| \sum\limits_{k=-\infty}^{\infty}(\omega_s + k\omega_o)A_k \right|^2} \int_{-\infty}^{\infty} \left| \sum_{k=-\infty}^{\infty} A_k \frac{\omega_s + k\omega_o}{(j\omega+\delta)^2 + (\omega_s + k\omega_o)^2} \right|^2 e^{j\omega\tau} d\omega$$

$$\qquad (3-67)$$

单自由度参数系统在白噪声 $N(0, \sigma^2)$ 激励下，其受迫振动响应 $x(t)$ 可采用有限项三角级数逼近（$k=-m, \cdots, -2, -1, 0, 1, 2, \cdots, m$），则振动响应的自相关函数 $R(\tau)$ 逼近为

$$R(\tau) = \frac{S_0}{2\pi \left| \sum\limits_{k=-m}^{m}(\omega_s + k\omega_o)A_k \right|^2} \int_{-\infty}^{\infty} \left| \sum_{k=-m}^{m} A_k \frac{\omega_s + k\omega_o}{(j\omega+\delta)^2 + (\omega_s + k\omega_o)^2} \right|^2 e^{j\omega\tau} d\omega$$

$$\qquad (3-68)$$

3.5.2　响应均值与均方值

根据振动响应谱公式(3-63)，在白噪声 $N(0, \sigma^2)$ 激励下，单自由度参数系统振动响应均值为

$$\mu_x = H(0)N_0 \qquad (3-69)$$

振动响应均方值

$$\psi_0^2 = R(0) = \frac{S_0}{2\pi} \int_{-\infty}^{\infty} |H(\omega)|^2 d\omega \qquad (3-70)$$

由式(3-66)，得到振动响应均方值的频域估计表达

$$\psi_0^2 = \frac{S_0}{2\pi \left| \sum\limits_{k=-m}^{m}(\omega_s + k\omega_o)A_k \right|^2} \int_{-\infty}^{\infty} \left| \sum_{k=-m}^{m} A_k \frac{\omega_s + k\omega_o}{(j\omega+\delta)^2 + (\omega_s + k\omega_o)^2} \right|^2 d\omega \qquad (3-71)$$

第 4 章
两自由度参数系统自由振动

两自由度参数系统是最简单的多自由度系统,求解两自由度参数系统自由振动方法可以推广至多自由度系统。与第 2 章的单自由度系统不同,两自由度参数系统自由振动存在模态和振型问题,因此,在基于组合频率的三角级数逼近解中谐波系数矩阵将替代谐波系数,简称矩阵三角级数逼近。

4.1 自 由 振 动

引入组合频率的复指数与谐波系数向量之积组成的级数,简称向量三角级数,用它代入自由振动微分方程,进行谐波平衡,得到不含时间变量的系数向量递推式,获得两自由度参数系统振动频率方程、主复根、谐波系数向量。其中,两个谐波系数向量构成谐波系数矩阵,形成两自由度参数系统自由振动的矩阵三角级数逼近解。同时,对于自由振动逼近中出现的谐波系数矩阵,下面将解释其物理意义。

4.1.1 矩阵三角级数解

一个含周期性时变刚度激励的两自由度参数系统,其刚度可以视为在系统基础刚度上叠加了一项周期性时变刚度,其动力学方程表达为

$$\mathbf{M}\ddot{\mathbf{X}} + \mathbf{C}\dot{\mathbf{X}} + \mathbf{K}\mathbf{X} + \mathbf{B}\mathbf{X}\cos \omega_\circ t = \mathbf{P}(t) \tag{4-1}$$

式中,惯量矩阵 $\mathbf{M} = \begin{bmatrix} m_1 & 0 \\ 0 & m_2 \end{bmatrix}$;阻尼矩阵 $\mathbf{C} = \begin{bmatrix} c_{11} & c_{12} \\ c_{21} & c_{22} \end{bmatrix}$;刚度矩阵 $\mathbf{K} = \begin{bmatrix} k_{11} & k_{12} \\ k_{21} & k_{22} \end{bmatrix}$;刚度周期系数矩阵 $\mathbf{B} = \begin{bmatrix} b_{11} & b_{12} \\ b_{21} & b_{22} \end{bmatrix}$;外激励向量 $\mathbf{P}(t) = \begin{bmatrix} p_1(t) \\ p_2(t) \end{bmatrix}$;$\mathbf{X}$ 为自由振动响应向量;$\omega_\circ$ 为参数频率。

在特殊情况下,设刚度矩阵 $\mathbf{K}$ 的对角线元素组成的矩阵为 $\mathbf{K}'$,另一个对角矩阵即调制指数矩阵 $\mathbf{\Lambda}$,其主对角线上的元素 β_1、β_2 称为刚度调制指数,则刚度周期系数矩阵 $\mathbf{B}$ 为对角矩阵:

$$\mathbf{B} = \begin{bmatrix} b_{11} & 0 \\ 0 & b_{22} \end{bmatrix} = \begin{bmatrix} k_{11} & 0 \\ 0 & k_{22} \end{bmatrix} \begin{bmatrix} \beta_1 & 0 \\ 0 & \beta_2 \end{bmatrix} = \mathbf{K}'\mathbf{\Lambda} \tag{4-2}$$

将方程(4-1)中含参数频率 $\omega_\circ$ 项移至方程的右边,则

$$\mathbf{M}\ddot{\mathbf{X}} + \mathbf{C}\dot{\mathbf{X}} + \mathbf{K}\mathbf{X} = \mathbf{P}(t) - \mathbf{B}\mathbf{X}\cos \omega_\circ t \tag{4-3}$$

基于方程(4-3)，两自由度参数系统等效于图 4-1 中的动力学模型，即调制反馈控制系统。两自由度参数系统可视为由一个两自由度线性系统单元和一个调制环节组成。

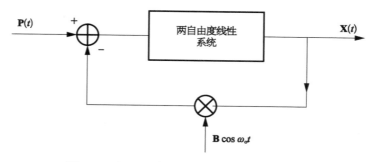

图 4-1　调制反馈控制系统(等效动力学模型)

当 $\mathbf{P}(t)=0$ 时，输出 $\mathbf{X}(t)$ 即为参数系统的自由振动响应。由于反馈回路的作用，参数系统自由振动响应中的主振荡频率 $\omega_{si}(i=1,2)$ 不再等于对应线性系统的自然频率 ω_{di}，但接近于自然频率 ω_{di}。

由于输出信号 $\mathbf{X}(t)$ 被调制和反馈至输入端，频率的裂解与组合现象在系统中产生，过程如图 4-2 所示。因此，在参数系统的自由振动响应中，存在无穷个由主振荡频率 $\omega_{si}(i=1,2)$ 和参数频率 ω_o 线性组合的谐波分量。

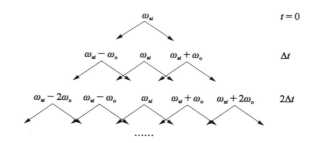

图 4-2　两自由度参数系统频率裂解和组合过程示意图($i=1,2$)

在两自由度参数系统中，自由振动响应的组合频率表达为 $\omega_{si}+k\omega_o(k=-\infty,\cdots,-2,-1,0,1,2,\cdots,\infty)$，其自由振动响应 $\mathbf{X}(t)$ 可以用矩阵三角级数加以逼近：

$$\mathbf{X}(t)=\sum_{k=-\infty}^{\infty}\mathbf{C}_k\begin{bmatrix}e^{-\delta_1 t+j(\omega_{s1}+k\omega_o)t}\\e^{-\delta_2 t+j(\omega_{s2}+k\omega_o)t}\end{bmatrix}=\sum_{k=-\infty}^{\infty}\mathbf{C}_k\begin{bmatrix}e^{j(\omega_1+k\omega_o)t}\\e^{j(\omega_2+k\omega_o)t}\end{bmatrix} \tag{4-4}$$

式中，$\mathbf{C}_k$ 为二阶谐波系数矩阵；$e^{-\delta_i t}$ 反映系统自由振荡衰减项；δ_i 为衰减率；j 为虚数单位；$\omega_{si}(i=1,2)$ 为自由振动响应的主振荡频率。

由于振动响应能量的有限性，同时能量主要分布在振荡频率 $\omega_{si}(i=1,2)$ 附近，所以，当级数项 $k\rightarrow\infty$ 时，谐波系数矩阵 $\mathbf{C}_k$ 趋于 $\mathbf{0}$ 矩阵。因此，在两自由度参数系统自由振动响应的矩阵三角级数逼近中，可以用有限项级数计算替代无限项级数逼近。

因此，对于参数振动方程(4-1)的自由振动响应求解问题，可以归结于方程(4-4)中的主复根 $\omega_i(i=1,2)$ 和谐波系数矩阵 $\mathbf{C}_k$ 的确定。

4.1.2 频率方程

将欧拉公式代入参数振动方程(4-1)，可得

$$\mathbf{M}\ddot{\mathbf{X}} + \mathbf{C}\dot{\mathbf{X}} + \mathbf{K}\mathbf{X} + \frac{1}{2}\mathbf{B}\mathbf{X}(\mathrm{e}^{\mathrm{j}\omega_0 t} + \mathrm{e}^{-\mathrm{j}\omega_0 t}) = \mathbf{0} \tag{4-5}$$

设自由振动响应解 $\mathbf{X}(t)$ 为

$$\mathbf{X}(t) = \sum_{k=-\infty}^{\infty} \mathbf{E}_k \mathrm{e}^{\mathrm{j}(\omega + k\omega_0)t} \tag{4-6}$$

式中，$\mathbf{E}_k$ 为二阶谐波系数向量。

将振动响应解(4-6)代入方程(4-5)，得到

$$-\mathbf{M}\sum_{k=-\infty}^{\infty}\mathbf{E}_k(\omega + k\omega_0)^2\mathrm{e}^{\mathrm{j}(\omega+k\omega_0)t} + \mathrm{j}\mathbf{C}\sum_{k=-\infty}^{\infty}\mathbf{E}_k(\omega + k\omega_0)\mathrm{e}^{\mathrm{j}(\omega+k\omega_0)t} + \mathbf{K}\sum_{k=-\infty}^{\infty}\mathbf{E}_k\mathrm{e}^{\mathrm{j}(\omega+k\omega_0)t} +$$

$$\frac{1}{2}\mathbf{B}\sum_{k=-\infty}^{\infty}\mathbf{E}_k\mathrm{e}^{\mathrm{j}[\omega+(k+1)\omega_0]t} + \frac{1}{2}\mathbf{B}\sum_{k=-\infty}^{\infty}\mathbf{E}_k\mathrm{e}^{\mathrm{j}[\omega+(k-1)\omega_0]t} = \mathbf{0} \tag{4-7}$$

对等式(4-7)进行谐波平衡，得到谐波系数向量 $\mathbf{E}_k$ 的递推方程

$$\frac{1}{2}\mathbf{B}\mathbf{E}_{k-1} + [\mathbf{K} - \mathbf{M}(\omega + k\omega_0)^2 + \mathrm{j}\mathbf{C}(\omega + k\omega_0)]\mathbf{E}_k + \frac{1}{2}\mathbf{B}\mathbf{E}_{k+1}$$

$$(k = -\infty, \cdots, -2, -1, 0, 1, 2, \cdots, \infty) \tag{4-8}$$

记

$$\left. \begin{aligned} \mathbf{\Gamma} &= \frac{1}{2}\mathbf{B} \\ \Omega_k &= \mathbf{K} - \mathbf{M}(\omega + k\omega_0)^2 + \mathrm{j}\mathbf{C}(\omega + k\omega_0) \end{aligned} \right\} \tag{4-9}$$

将式(4-9)代入递推方程(4-8)，集合 $2m+1$ 个谐波系数向量 $\mathbf{E}_k$ 递推式，组成线性方程(4-10)：

$$\begin{bmatrix} \Omega_{-m} & \Gamma & & & & & & & & & \\ \Gamma & \Omega_{-m+1} & \Gamma & & & & & & & & \\ & & \cdots & & & & & & & & \\ & & \Gamma & \Omega_{-2} & \Gamma & & & & & & \\ & & & \Gamma & \Omega_{-1} & \Gamma & & & & & \\ & & & & \Gamma & \Omega_0 & \Gamma & & & & \\ & & & & & \Gamma & \Omega_1 & \Gamma & & & \\ & & & & & & \Gamma & \Omega_2 & \Gamma & & \\ & & & & & & & \cdots & & & \\ & & & & & & & \Gamma & \Omega_{m-1} & \Gamma \\ & & & & & & & & \Gamma & \Omega_m \end{bmatrix} \begin{bmatrix} \mathbf{E}_{-m} \\ \mathbf{E}_{-m+1} \\ \vdots \\ \mathbf{E}_{-2} \\ \mathbf{E}_{-1} \\ \mathbf{E}_0 \\ \mathbf{E}_1 \\ \mathbf{E}_2 \\ \vdots \\ \mathbf{E}_{m-1} \\ \mathbf{E}_m \end{bmatrix} = \begin{bmatrix} -\mathbf{\Gamma}\mathbf{E}_{-m-1} \\ 0 \\ \vdots \\ 0 \\ 0 \\ 0 \\ 0 \\ 0 \\ \vdots \\ 0 \\ -\mathbf{\Gamma}\mathbf{E}_{m+1} \end{bmatrix}$$

$$\tag{4-10}$$

当方程(4-10)的阶数足够高时,即 $m \to \infty$ 时,谐波系数向量 $\mathbf{E}_{-m-1}$ 和 $\mathbf{E}_{m+1}$ 均为 $\mathbf{0}$ 向量。这样,方程(4-10)可以简化成一个齐次方程:

$$\mathbf{WE} = 0 \tag{4-11}$$

式中,$\mathbf{W}$ 为方程(4-10)中的系数矩阵。

若齐次方程(4-11)有解,其充要条件是矩阵 $\mathbf{W}$ 的行列式为零,即频率方程

$$\det(\mathbf{W}) = 0 \tag{4-12}$$

$2(2m+1)$ 阶频率方程(4-12)存在 $2(2m+1)$ 对复根,其中只有 2 对才是主复根 ω_i。主特征根为

$$s_{i,0} = \mathrm{j}\omega_i = -\delta_i \pm \mathrm{j}\omega_{si} \quad (i=1, 2) \tag{4-13}$$

4.1.3　谐波系数矩阵与模态矩阵

设谐波系数矩阵 $\mathbf{C}_0$ 和 $\mathbf{D}_0$ 是主振动模态,并且矩阵 $\mathbf{C}_0$ 和 $\mathbf{D}_0$ 是 2×2 阶的归一化模态矩阵:

$$\mathbf{C}_0 = (\mathbf{E}_0^{(1)} \quad \mathbf{E}_0^{(2)}) = \begin{bmatrix} 1 & 1 \\ c_{021} & c_{022} \end{bmatrix} \tag{4-14}$$

和

$$\mathbf{D}_0 = (\mathbf{F}_0^{(1)} \quad \mathbf{F}_0^{(2)}) = \begin{bmatrix} 1 & 1 \\ c_{021}^* & c_{022}^* \end{bmatrix} \tag{4-15}$$

及归一化谐波系数矩阵

$$\mathbf{C}_k = (\mathbf{E}_k^{(1)} \quad \mathbf{E}_k^{(2)}) = \begin{bmatrix} c_{k11} & c_{k12} \\ c_{k21} & c_{k22} \end{bmatrix} \quad (k=-m, \cdots, -2, -1, 1, 2, \cdots, m) \tag{4-16}$$

$$\mathbf{D}_k = (\mathbf{F}_k^{(1)} \quad \mathbf{F}_k^{(2)}) = \begin{bmatrix} c_{k11}^* & c_{k12}^* \\ c_{k21}^* & c_{k22}^* \end{bmatrix} \quad (k=-m, \cdots, -2, -1, 1, 2, \cdots, m) \tag{4-17}$$

记

$$\left. \begin{aligned} \boldsymbol{\Gamma} &= \begin{bmatrix} \Gamma_{11} & \Gamma_{12} \\ \Gamma_{21} & \Gamma_{22} \end{bmatrix} \\ \boldsymbol{\Omega}_0 &= \begin{bmatrix} \omega_{011} & \omega_{012} \\ \omega_{021} & \omega_{022} \end{bmatrix} \end{aligned} \right\} \tag{4-18}$$

其中,第一阶模态向量为 $\mathbf{E}_0^{(1)} = \begin{bmatrix} 1 \\ c_{021} \end{bmatrix}$,第二阶模态向量为 $\mathbf{E}_0^{(2)} = \begin{bmatrix} 1 \\ c_{022} \end{bmatrix}$。

将主复根 $\omega_1^{(1)} = \omega_{s1} + \mathrm{j}\delta_1$(或主特征根 $s_{1,0}^{(1)} = -\delta_1 + \mathrm{j}\omega_{s1}$)和第一阶模态向量 $\mathbf{E}_0^{(1)} =$

$\begin{bmatrix} 1 \\ c_{021} \end{bmatrix}$ 同时代入式（4-11），得线性方程（4-19）：

$$
\begin{bmatrix}
\Omega_{-m} & \Gamma & & & & & & & & & & & \\
\Gamma & \Omega_{-m+1} & \Gamma & & & & & & & & & & \\
& & \cdots & & & & & & & & & & \\
& & \Gamma & \Omega_{-3} & \Gamma & & & & & & & & \\
& & & \Gamma & \Omega_{-2} & \Gamma & & & & & & & \\
& & & & \Gamma & \Omega_{-1} & \mathbf{r}_1 & & & & & & \\
& & & & & \mathbf{r}_2 & \omega_{022} & \mathbf{r}_2 & & & & & \\
& & & & & & \mathbf{r}_1 & \Omega_1 & \Gamma & & & & \\
& & & & & & & \Gamma & \Omega_2 & \Gamma & & & \\
& & & & & & & & \Gamma & \Omega_3 & \Gamma & & \\
& & & & & & & & & & \cdots & & \\
& & & & & & & & & & \Gamma & \Omega_{m-1} & \Gamma \\
& & & & & & & & & & & \Gamma & \Omega_m
\end{bmatrix}
\begin{bmatrix}
\mathbf{E}^{(1)}_{-m} \\
\mathbf{E}^{(1)}_{-m+1} \\
\vdots \\
\mathbf{E}^{(1)}_{-3} \\
\mathbf{E}^{(1)}_{-2} \\
\mathbf{E}^{(1)}_{-1} \\
c_{021} \\
\mathbf{E}^{(1)}_{1} \\
\mathbf{E}^{(1)}_{2} \\
\mathbf{E}^{(1)}_{3} \\
\vdots \\
\mathbf{E}^{(1)}_{m-1} \\
\mathbf{E}^{(1)}_{m}
\end{bmatrix}
=
\begin{bmatrix}
\mathbf{0} \\
\mathbf{0} \\
\mathbf{0} \\
\mathbf{0} \\
\mathbf{0} \\
-\mathbf{r}_3 \\
-\omega_{021} \\
-\mathbf{r}_3 \\
\mathbf{0} \\
\mathbf{0} \\
\vdots \\
\mathbf{0} \\
\mathbf{0}
\end{bmatrix}
$$

$$(4-19)$$

记

$$\overline{\mathbf{W}} \cdot \overline{\mathbf{E}}^{(1)} = \overline{\Gamma} \tag{4-20}$$

其中，$\mathbf{r}_1 = (\Gamma_{12} \ \Gamma_{22})^{\mathrm{T}}$、$\mathbf{r}_2 = (\Gamma_{21} \ \Gamma_{22})$、$\mathbf{r}_3 = (\Gamma_{11} \ \Gamma_{21})^{\mathrm{T}}$，而系数矩阵 $\overline{\mathbf{W}}$ 中对角线上的元素 Ω_k 为

$$\Omega_k = \mathbf{K} + \mathbf{M}\delta_1^2 - \mathbf{M}\omega_{s1}^2 + \mathrm{j}(\mathbf{C}\omega_{s1} + \mathbf{C}k\omega_o + 2\mathbf{M}\delta_1\omega_{s1}) \tag{4-21}$$

通过逆矩阵运算，从式（4-19）解得 $\overline{\mathbf{E}}^{(1)}$，利用式 $\mathbf{E}^{(1)}_0 = \begin{bmatrix} 1 \\ c_{021} \end{bmatrix}$，重构向量 $\mathbf{E}^{(1)}_0$，于是得到各归一化谐波系数向量 $\mathbf{E}^{(1)}_k$（$k = -m, \cdots, -2, -1, 0, 1, 2, \cdots, m$）。

将主复根 $\omega_2^{(1)} = \omega_{s2} + \mathrm{j}\delta_2$（或主特征根 $s^{(1)}_{2,0} = -\delta_2 + \mathrm{j}\omega_{s2}$）和第二阶模态向量 $\mathbf{E}^{(2)}_0 = \begin{bmatrix} 1 \\ c_{022} \end{bmatrix}$ 同时代入式（4-11），得到与式（4-19）类同的方程，从而得到各归一化系数向量 $\mathbf{E}^{(2)}_k$（$k = -m, \cdots, -2, -1, 0, 1, 2, \cdots, m$）。

然后，由式（4-14）和式（4-16），得到归一化主振动模态矩阵 $\mathbf{C}_0$ 和谐波系数矩阵 $\mathbf{C}_k$。一般情况下，谐波系数矩阵 $\mathbf{C}_k$（$k = -m, \cdots, -2, -1, 0, 1, 2, \cdots, m$）是一个复矩阵。

在式（4-11）中，倒置序号 k，将向量 $\mathbf{F}^{(1)}_k$ 替代 $\mathbf{E}^{(1)}_k$，将主复根 $\omega_1^{(2)} = -\omega_{s1} + \mathrm{j}\delta_1$ 和模态向量 $\mathbf{F}^{(1)}_0 = \begin{bmatrix} 1 \\ c^*_{021} \end{bmatrix}$ 代入，得线性方程（4-22）：

$$
\begin{bmatrix}
\Omega_{-m}^* & \Gamma \\
\Gamma & \Omega_{-m+1}^* & \Gamma \\
& & \cdots \\
& & \Gamma & \Omega_{-3}^* & \Gamma \\
& & & \Gamma & \Omega_{-2}^* & \Gamma \\
& & & & \Gamma & \Omega_{-1}^* & \mathbf{r}_1 \\
& & & & & \mathbf{r}_2 & \omega_{022}^* & \mathbf{r}_2 \\
& & & & & & \mathbf{r}_1 & \Omega_1^* & \Gamma \\
& & & & & & & \Gamma & \Omega_2^* & \Gamma \\
& & & & & & & & \Gamma & \Omega_3^* & \Gamma \\
& & & & & & & & & & \cdots \\
& & & & & & & & & & \Gamma & \Omega_{m-1}^* & \Gamma \\
& & & & & & & & & & & \Gamma & \Omega_m^*
\end{bmatrix}
\begin{bmatrix}
\mathbf{F}_m^{(1)} \\
\mathbf{F}_{m-1}^{(1)} \\
\vdots \\
\mathbf{F}_3^{(1)} \\
\mathbf{F}_2^{(1)} \\
\mathbf{F}_1^{(1)} \\
c_{021}^* \\
\mathbf{F}_{-1}^{(1)} \\
\mathbf{F}_{-2}^{(1)} \\
\mathbf{F}_{-3}^{(1)} \\
\vdots \\
\mathbf{F}_{-m+1}^{(1)} \\
\mathbf{F}_{-m}^{(1)}
\end{bmatrix}
=
\begin{bmatrix}
\mathbf{0} \\
\mathbf{0} \\
\vdots \\
\mathbf{0} \\
\mathbf{0} \\
\mathbf{0} \\
-\mathbf{r}_3 \\
-\omega_{021}^* \\
-\mathbf{r}_3 \\
\mathbf{0} \\
\mathbf{0} \\
\vdots \\
\mathbf{0} \\
\mathbf{0}
\end{bmatrix}
\tag{4-22}
$$

记

$$
\overline{\mathbf{W}}^* \cdot \overline{\mathbf{F}}^{(1)} = \overline{\Gamma}^* \tag{4-23}
$$

其中

$$
\Omega_k^* = \mathbf{K} + \mathbf{M}\delta_1^2 - \mathbf{M}\omega_{s1}^2 - \mathrm{j}(\mathbf{C}\omega_{s1} + \mathbf{C}k\omega_0 + 2\mathbf{M}\delta_1\omega_{s1}) \tag{4-24}
$$

由式(4-22)求出谐波系数向量 $\overline{\mathbf{F}}^{(1)}$，利用式 $\mathbf{F}_0^{(1)} = \begin{bmatrix} 1 \\ c_{021}^* \end{bmatrix}$，重构向量 $\mathbf{F}_0^{(1)}$，于是得到各归一化系数向量 $\mathbf{F}_k^{(1)}(k = -m, \cdots, -2, -1, 0, 1, 2, \cdots, m)$。

同理，可以得到向量 $\mathbf{F}_k^{(2)}(k = -m, \cdots, -2, -1, 0, 1, 2, \cdots, m)$。然后，根据式(4-15)和式(4-17)，求出归一化主振动模态矩阵 $\mathbf{D}_0$ 和谐波系数矩阵 $\mathbf{D}_k$。

根据式(4-20)和式(4-23)知，归一化谐波系数矩阵 $\mathbf{D}_{-k}$ 与矩阵 $\mathbf{C}_k$ 互为共轭：

$$
\mathbf{D}_{-k} = \mathbf{C}_k^* \quad (k = -m, \cdots, -2, -1, 0, 1, 2, \cdots, m) \tag{4-25}
$$

因此，基于组合频率的矩阵三角级数，其自由振动响应表达为

$$
\begin{aligned}
\mathbf{X}(t) &= \sum_{k=-m}^{m} \mathbf{C}_k \begin{bmatrix} \mathrm{e}^{-\delta_1 t + \mathrm{j}(\omega_{s1} + k\omega_0)t} \\ \mathrm{e}^{-\delta_2 t + \mathrm{j}(\omega_{s2} + k\omega_0)t} \end{bmatrix} + \sum_{k=-m}^{m} \mathbf{D}_k \begin{bmatrix} \mathrm{e}^{-\delta_1 t + \mathrm{j}(-\omega_{s1} + k\omega_0)t} \\ \mathrm{e}^{-\delta_2 t + \mathrm{j}(-\omega_{s2} + k\omega_0)t} \end{bmatrix} \\
&= \sum_{k=-m}^{m} \mathbf{C}_k \begin{bmatrix} \mathrm{e}^{-\delta_1 t + \mathrm{j}(\omega_{s1} + k\omega_0)t} \\ \mathrm{e}^{-\delta_2 t + \mathrm{j}(\omega_{s2} + k\omega_0)t} \end{bmatrix} + \sum_{k=-m}^{m} \mathbf{D}_{-k} \begin{bmatrix} \mathrm{e}^{-\delta_1 t - \mathrm{j}(\omega_{s1} + k\omega_0)t} \\ \mathrm{e}^{-\delta_2 t - \mathrm{j}(\omega_{s2} + k\omega_0)t} \end{bmatrix} \\
&= \sum_{k=-m}^{m} \mathbf{C}_k \begin{bmatrix} \mathrm{e}^{-\delta_1 t + \mathrm{j}(\omega_{s1} + k\omega_0)t} \\ \mathrm{e}^{-\delta_2 t + \mathrm{j}(\omega_{s2} + k\omega_0)t} \end{bmatrix} + \sum_{k=-m}^{m} \mathbf{C}_k^* \begin{bmatrix} \mathrm{e}^{-\delta_1 t - \mathrm{j}(\omega_{s1} + k\omega_0)t} \\ \mathrm{e}^{-\delta_2 t - \mathrm{j}(\omega_{s2} + k\omega_0)t} \end{bmatrix}
\end{aligned}
\tag{4-26}
$$

对于无阻尼参数系统的自由振动响应，归一化谐波系数矩阵 $\mathbf{C}_k(k = -m, \cdots, -2, -1, 0, 1, 2, \cdots, m)$ 为实矩阵。

4.1.4　谐振模态矩阵与振型

在参数振动系统中，谐波系数矩阵 $\mathbf{C}_k$ 的物理意义是：相对于归一化主振动模态 $\mathbf{C}_0$，归一化谐波系数矩阵 $\mathbf{C}_k$ 确定了组合频率 $\omega_s + k\omega_o$ 分量振动的相对大小和方向，即谐振的振型。所以，归一化谐波系数矩阵 $\mathbf{C}_k$ 和 $\mathbf{D}_{-k}$ 即为组合频率对应的谐振模态矩阵。

两自由度参数系统与单自由度参数系统的一个重要区别，在于存在振动模态问题。基于组合频率的矩阵三角级数逼近计算与分析中，除了考虑主振动模态是实模态或复模态以外，还要分析组合频率对应的谐振模态。对于实模态和实谐振模态，可以根据参数系统的质量、弹簧结构分布和计算得到的振动模态向量，刻画出相应的主振型及谐振振型。

4.2　无阻尼参数系统

本节基于式(4-26)，构成自由振动通解，对无阻尼两自由度参数系统自由振动进行讨论，列举算例，分析主振荡频率、主模态和谐振模态、主振型与谐振型，计算在初始条件下的自由振动响应。

4.2.1　自由振动响应

对于阻尼矩阵 $\mathbf{C}=\mathbf{0}$ 的两自由度参数系统，在求解出主振荡频率 $\omega_{si}(i=1,2)$ 及归一化谐波系数矩阵 $\mathbf{C}_k(k=-m,\cdots,-2,-1,0,1,2,\cdots,m)$ 以后，自由振动响应通解可以用有限项矩阵三角级数加以逼近：

$$\mathbf{X}(t)=\sum_{k=-m}^{m}\mathbf{C}_k\begin{bmatrix}p_1\mathrm{e}^{\mathrm{j}(\omega_{s1}+k\omega_o)t}\\p_2\mathrm{e}^{\mathrm{j}(\omega_{s1}+k\omega_o)t}\end{bmatrix}+\sum_{k=-m}^{m}\mathbf{C}_k^*\begin{bmatrix}p_1\mathrm{e}^{-\mathrm{j}(\omega_{s1}+k\omega_o)t}\\p_2\mathrm{e}^{-\mathrm{j}(\omega_{s1}+k\omega_o)t}\end{bmatrix} \qquad (4-27)$$

由于谐波系数矩阵 $\mathbf{C}_k$ 是实矩阵，所以自由振动响应通解的另一种表达

$$\mathbf{X}(t)=\sum_{k=-m}^{m}\mathbf{C}_k\begin{bmatrix}a_1\cos(\omega_{s1}+k\omega_o)t+b_1\sin(\omega_{s1}+k\omega_o)t\\a_2\cos(\omega_{s2}+k\omega_o)t+b_2\sin(\omega_{s2}+k\omega_o)t\end{bmatrix} \qquad (4-28)$$

式中，p_i、q_i，a_i 和 $b_i(i=1,2)$ 为任意常数，其中 a_1 和 a_2 构成向量 $\mathbf{A}$，b_1 和 b_2 构成向量 $\mathbf{B}$：

$$\mathbf{A}=\begin{bmatrix}a_1\\a_2\end{bmatrix}=\begin{bmatrix}p_1+q_1\\p_2+q_2\end{bmatrix},\ \mathbf{B}=\begin{bmatrix}b_1\\b_2\end{bmatrix}=\mathrm{j}\begin{bmatrix}p_1-q_1\\p_2-q_2\end{bmatrix} \qquad (4-29)$$

设初始条件

$$\mathbf{X}(0)=\begin{bmatrix}x_1(0)\\x_2(0)\end{bmatrix} \qquad (4-30)$$

$$\frac{\mathrm{d}\mathbf{X}(0)}{\mathrm{d}t}=\begin{bmatrix}x_1'(0)\\x_2'(0)\end{bmatrix} \qquad (4-31)$$

将它们代入通解(4-28)，得等式

$$\sum_{k=-m}^{m}\mathbf{C}_k\begin{bmatrix}a_1\\a_2\end{bmatrix}=\mathbf{X}(0) \qquad (4-32)$$

$$\sum_{k=-m}^{m} \mathbf{C}_k \begin{bmatrix} b_1(\omega_{s1}+k\omega_o) \\ b_2(\omega_{s2}+k\omega_o) \end{bmatrix} = \mathbf{X}'(0) \qquad (4-33)$$

从而可得

$$\mathbf{A} = \begin{bmatrix} a_1 \\ a_2 \end{bmatrix} = \left[\sum_{k=-m}^{m} \mathbf{C}_k \right]^{-1} \mathbf{X}(0) \qquad (4-34)$$

$$\mathbf{B} = \begin{bmatrix} b_1 \\ b_2 \end{bmatrix} = \left[\sum_{k=-m}^{m} \mathbf{C}_k \begin{pmatrix} \omega_{s1}+k\omega_o & 0 \\ 0 & \omega_{s2}+k\omega_o \end{pmatrix} \right]^{-1} \mathbf{X}'(0) \qquad (4-35)$$

所以，无阻尼参数系统的自由振动响应 $\mathbf{X}(t)$ 为

$$\mathbf{X}(t) = \sum_{k=-m}^{m} \mathbf{C}_k \begin{bmatrix} \cos(\omega_{s1}+k\omega_o)t & 0 \\ 0 & \cos(\omega_{s2}+k\omega_o)t \end{bmatrix} \left(\sum_{k=-m}^{m} \mathbf{C}_k \right)^{-1} \mathbf{X}(0) +$$

$$\sum_{k=-m}^{m} \mathbf{C}_k \begin{bmatrix} \sin(\omega_{s1}+k\omega_o)t & 0 \\ 0 & \sin(\omega_{s2}+k\omega_o)t \end{bmatrix} \cdot$$

$$\left[\sum_{k=-m}^{m} \mathbf{C}_k \begin{pmatrix} \omega_{s1}+k\omega_o & 0 \\ 0 & \omega_{s2}+k\omega_o \end{pmatrix} \right]^{-1} \mathbf{X}'(0) \qquad (4-36)$$

若在质量 m_1 上受单位脉冲激励，示意图如图 4-3 所示。

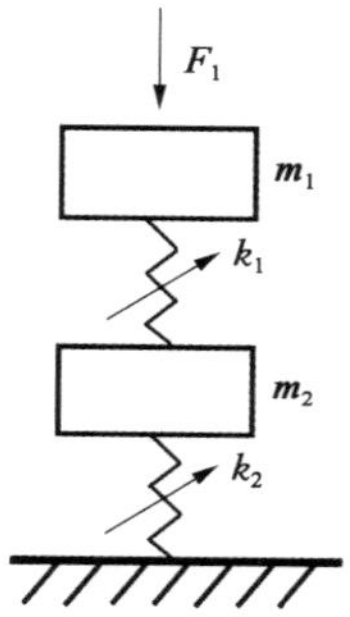

初始条件为 $\mathbf{X}(0) = \begin{bmatrix} 0 \\ 0 \end{bmatrix}$，$\dfrac{\mathrm{d}\mathbf{X}(0)}{\mathrm{d}t} = \begin{bmatrix} 1 \\ 0 \end{bmatrix}$，得

$$\mathbf{A} = 0 \qquad (4-37)$$

$$\mathbf{B} = \left[\sum_{k=-m}^{m} \mathbf{C}_k \begin{pmatrix} \omega_{s1}+k\omega_o & 0 \\ 0 & \omega_{s2}+k\omega_o \end{pmatrix} \right]^{-1} \begin{bmatrix} 1 \\ 0 \end{bmatrix} \qquad (4-38)$$

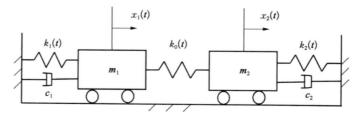

图 4-3
在质量 m_1 上单位
脉冲激励示意图

则单位脉冲振动响应 $\mathbf{H}_1(t)$ 为

$$\mathbf{H}_1(t) = \sum_{k=-m}^{m} \mathbf{C}_k \begin{pmatrix} \sin(\omega_{s1}+k\omega_o)t & 0 \\ 0 & \sin(\omega_{s2}+k\omega_o)t \end{pmatrix} \left[\sum_{k=-m}^{m} \mathbf{C}_k \begin{pmatrix} \omega_{s1}+k\omega_o & 0 \\ 0 & \omega_{s2}+k\omega_o \end{pmatrix} \right]^{-1} \begin{bmatrix} 1 \\ 0 \end{bmatrix}$$

$$(4-39)$$

4.2.2　自由振动响应算例

设两自由度质量、弹簧、阻尼系统，如图 4-4 所示。置 m_1 和 m_2 质点为坐标原点，独立坐标 x_1 和 x_2，由牛顿定律得

图 4-4　两自由度质量、弹簧、阻尼系统

$$
\left.\begin{array}{l}
m_1\ddot{x}_1 = -k_1(t)x_1 - k_0(t)(x_1-x_2) - c_1\dot{x}_1 \\
m_2\ddot{x}_2 = -k_2(t)x_2 + k_0(t)(x_1-x_2) - c_2\dot{x}_2
\end{array}\right\} \tag{4-40}
$$

设周期性时变刚度 $k_1(t)=k_1+k_1\lambda_1\cos\omega_o t$、$k_2(t)=k_2+k_2\lambda_2\cos\omega_o t$ 及恒定耦合刚度 $k_0(t)=k_0$，刚度变化系数 λ_1 和 λ_2，则方程(4-40)整理为

$$
\begin{bmatrix} m_1 & 0 \\ 0 & m_2 \end{bmatrix}\begin{bmatrix} \ddot{x}_1 \\ \ddot{x}_2 \end{bmatrix} + \begin{bmatrix} c_1 & 0 \\ 0 & c_2 \end{bmatrix}\begin{bmatrix} \dot{x}_1 \\ \dot{x}_2 \end{bmatrix} + \begin{bmatrix} k_1+k_0 & -k_0 \\ -k_0 & k_2+k_0 \end{bmatrix}\begin{bmatrix} x_1 \\ x_2 \end{bmatrix} +
$$
$$
\begin{bmatrix} k_1\lambda_1 & 0 \\ 0 & k_2\lambda_2 \end{bmatrix}\begin{bmatrix} x_1 \\ x_2 \end{bmatrix}\cos\omega_o t = 0 \tag{4-41}
$$

记刚度调制指数 $\beta_1=\dfrac{k_1\lambda_1}{k_1+k_0}$ 和 $\beta_2=\dfrac{k_2\lambda_2}{k_2+k_0}$，则

$$
\begin{bmatrix} m_1 & 0 \\ 0 & m_2 \end{bmatrix}\begin{bmatrix} \ddot{x}_1 \\ \ddot{x}_2 \end{bmatrix} + \begin{bmatrix} c_1 & 0 \\ 0 & c_2 \end{bmatrix}\begin{bmatrix} \dot{x}_1 \\ \dot{x}_2 \end{bmatrix} + \begin{bmatrix} k_1+k_0 & -k_0 \\ -k_0 & k_2+k_0 \end{bmatrix}\begin{bmatrix} x_1 \\ x_2 \end{bmatrix} +
$$
$$
\begin{bmatrix} (k_1+k_0) & 0 \\ 0 & (k_2+k_0) \end{bmatrix}\begin{bmatrix} \beta_1 & 0 \\ 0 & \beta_2 \end{bmatrix}\begin{bmatrix} x_1 \\ x_2 \end{bmatrix}\cos\omega_o t = 0 \tag{4-42}
$$

【算例 4-1】 在参数方程(4-41)中，取 $m_1=1$、$m_2=1$、$k_1=2\,100$、$k_2=400$、$k_0=400$、$c_1=0$、$c_2=0$、$\lambda_1=5/14$、$\lambda_2=0.4$，参数频率 $\omega_o=10$，则各项矩阵为

$$
\mathbf{M}=\begin{bmatrix} 1 & 0 \\ 0 & 1 \end{bmatrix},\ \mathbf{C}=\begin{bmatrix} 0 & 0 \\ 0 & 0 \end{bmatrix},\ \mathbf{K}=\begin{bmatrix} 2\,500 & -400 \\ -400 & 800 \end{bmatrix},\ \mathbf{B}=\begin{bmatrix} 750 & 0 \\ 0 & 160 \end{bmatrix},\ \mathbf{\Lambda}=\begin{bmatrix} 0.3 & 0 \\ 0 & 0.2 \end{bmatrix}
$$

利用矩阵三角级数逼近法，计算和分析该无阻尼自由参数振动响应。

步骤 1： 线性系统固有频率与模态

从对应的线性系统 ($\mathbf{B}=0$) 中解出固有频率

$$
\omega_{n1} = \pm 26.656\,805\,671\,295\,338
$$
$$
\omega_{n2} = \pm 50.886\,291\,979\,302\,214
$$

及模态矩阵

$$
\mathbf{\Psi}=\begin{bmatrix} 1 & 1 \\ 4.473\,5 & -0.223\,5 \end{bmatrix}
$$

步骤 2： 主振荡频率与主振动模态

置参数振动响应的矩阵三角级数逼近项数 $k=-28,\cdots,-2,-1,0,1,2,\cdots,18$，通过求解频率方程(4-12)，可以得出 188 个根，由识别算法得到两对主根 ω_1 和 ω_2，即自由振动主振荡频率，它们均小于对应的线性系统固有频率：

$$
\omega_1 = \omega_{s1} = \pm 26.426\,022\,670\,797\,710
$$
$$
\omega_2 = \omega_{s2} = \pm 50.696\,200\,482\,253\,523
$$

将主振荡频率 $\omega_1^{(1)}$ 和 $\omega_2^{(1)}$ 分别代入式(4-19)，得到主振动模态矩阵 $\mathbf{C}_0$ 和谐波系数矩阵 $\mathbf{C}_k$ 值，部分计算值见表 4-1。

表 4-1　【算例 4-1】中主振动模态矩阵 $\mathbf{C}_0$ 和谐波系数矩阵 $\mathbf{C}_k$ 计算值

谐波系数矩阵	计算值	谐波系数矩阵	计算值
...	...	$\mathbf{C}_1$	$\begin{bmatrix} -0.104\,7 & 0.352\,7 \\ 0.702\,7 & -0.055\,2 \end{bmatrix}$
$\mathbf{C}_{-2}$	$\begin{bmatrix} 0.076\,8 & 0.071\,8 \\ 0.137\,3 & -0.107\,4 \end{bmatrix}$	$\mathbf{C}_2$	$\begin{bmatrix} 0.077\,1 & 0.054\,7 \\ 0.018\,2 & -0.006\,3 \end{bmatrix}$
$\mathbf{C}_{-1}$	$\begin{bmatrix} -0.341\,6 & -0.401\,9 \\ -0.894\,9 & 0.157\,0 \end{bmatrix}$	...	...
$\mathbf{C}_0$	$\begin{bmatrix} 1 & 1 \\ 4.085\,7 & -0.221\,4 \end{bmatrix}$		

从计算结果知，$\mathbf{C}_0 \neq \mathbf{\Psi}$。在无阻尼条件下，参数系统主振动模态矩阵 $\mathbf{C}_0$ 还是实模态，但主振动模态矩阵 $\mathbf{C}_0$ 与对应的线性振动模态矩阵 $\mathbf{\Psi}$ 有差别。

步骤 3： 主振型和谐振振型

根据表 4-1 中的主振动模态 $\mathbf{C}_0$ 和谐波系数矩阵 $\mathbf{C}_k$ 计算值，从振动系统的质量、弹簧在空间的分布，按比例绘制第一阶主振荡频率 ω_{s1} 对应的主振型 $\mathbf{E}_0^{(1)}$ 及组合频率 $\omega_{s1} + k\omega_o$ 对应的谐振振型 $\mathbf{E}_k^{(1)}$（仅列 $k = -2, -1, 0, 1, 2$ 部分），详细见表 4-2。

同理，绘出第二阶主振荡频率 ω_{s2} 对应的主振型 $\mathbf{E}_0^{(2)}$、组合频率 $\omega_{s2} + k\omega_o$ 对应的谐振振型 $\mathbf{E}_k^{(2)}$（仅显示 $k = -2, -1, 0, 1, 2$ 部分），详细见表 4-3。

从谐波系数矩阵 $\mathbf{C}_k$ 计算结果可知，有几个组合谐波 $\omega_{si} \pm \omega_o$ 振型与 ω_{si} 主振型在数量级上接近，它们在参数振动响应中相互线性叠加在一起，极大地丰富了振动响应谐波成分。因此，在参数振动分析计算中，组合谐波 $\omega_{si} \pm \omega_o$ 振型对振动响应、频谱和相轨迹的影响不可忽视。

表 4-2　两自由度质量、弹簧、阻尼系统第一阶主振型和谐振型

频 率	模态向量	振 型
$\omega_{s1} - 2\omega_o$	$\begin{bmatrix} 0.076\,8 \\ 0.137\,3 \end{bmatrix}$	
$\omega_{s1} - \omega_o$	$\begin{bmatrix} -0.341\,6 \\ -0.894\,9 \end{bmatrix}$	

（续表）

频　率	模态向量	振　型

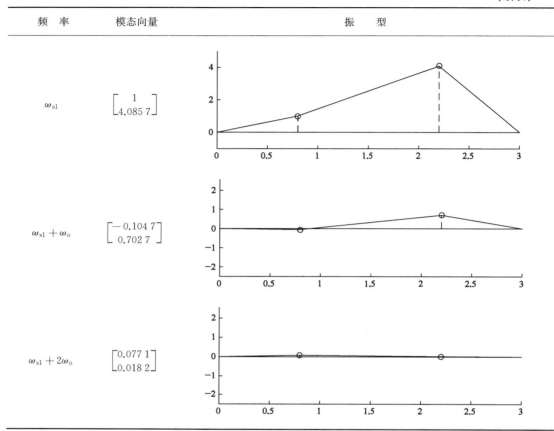

表 4 - 3　两自由度质量、弹簧、阻尼系统第二阶主振型和谐振型

频　率	模态向量	振　型

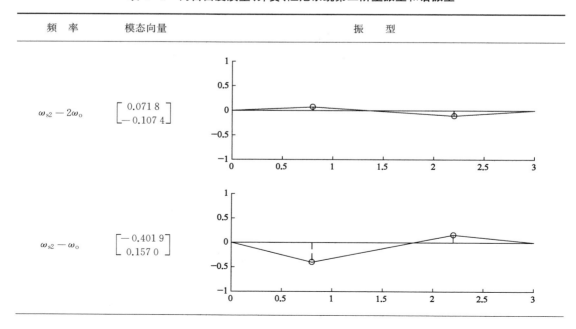

（续表）

频　率	模态向量	振　型
ω_{s2}	$\begin{bmatrix} 1 \\ -0.221\,4 \end{bmatrix}$	
$\omega_{s2}+\omega_{\mathrm{o}}$	$\begin{bmatrix} 0.352\,7 \\ -0.055\,2 \end{bmatrix}$	
$\omega_{s2}+2\omega_{\mathrm{o}}$	$\begin{bmatrix} 0.054\,7 \\ -0.006\,3 \end{bmatrix}$	

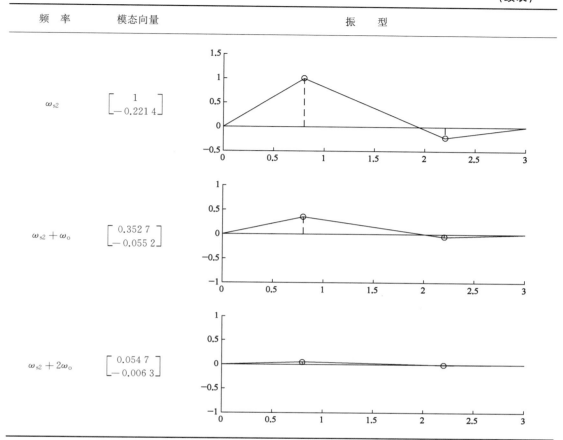

步骤 4：初始条件 $\mathbf{X}(0)=\begin{bmatrix} 1 \\ 1 \end{bmatrix}$，$\dfrac{\mathrm{d}\mathbf{X}(0)}{\mathrm{d}t}=\begin{bmatrix} 0 \\ 0 \end{bmatrix}$ 下的自由振动响应

计算相关矩阵

$$\Big[\sum_{k=-28}^{18}\mathbf{C}_k\Big]^{-1}=\begin{bmatrix} 0.049\,76 & 0.239\,53 \\ 0.896\,50 & -0.169\,53 \end{bmatrix}$$

及任意常数向量

$$\mathbf{A}=\begin{bmatrix} 0.289\,30 \\ 0.726\,97 \end{bmatrix},\ \mathbf{B}=\begin{bmatrix} 0 \\ 0 \end{bmatrix}$$

则该无阻尼参数系统自由振动响应的矩阵三角级数逼近表达为

$$\mathbf{X}(t)\approx\sum_{k=-28}^{18}\mathbf{C}_k\begin{bmatrix} 0.289\,30\cos(26.426\,02+10k)t \\ 0.726\,97\cos(50.696\,20+10k)t \end{bmatrix}$$

设置时间起点为 0，步长 0.000 1 s，总时间历程 10 s，根据上述所给自由振动的数学

表达，计算该无阻尼参数系统振动响应，其中时间历程 $\mathbf{X}(t)$、频谱 $\mathbf{X}(\omega)$ 及相轨迹如图 4-5a～c所示。

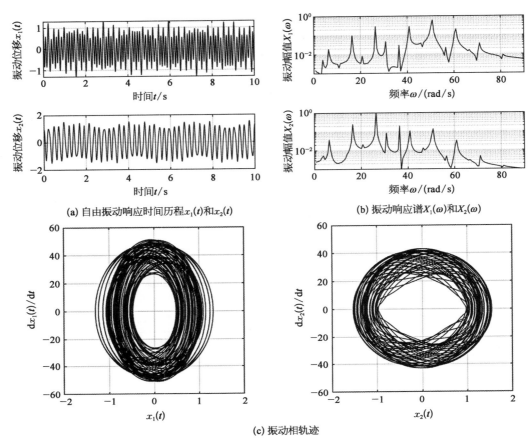

(a) 自由振动响应时间历程$x_1(t)$和$x_2(t)$　(b) 振动响应谱$X_1(\omega)$和$X_2(\omega)$

(c) 振动相轨迹

图 4-5　两自由度无阻尼参数系统自由振动响应的矩阵三角级数逼近

4.2.3　主振动模态矩阵

当刚度调制指数 $\beta_1 = \beta_2 = 0$ 时，参数系统的主振动模态矩阵 $\mathbf{C}_0$ 与对应的线性系统的模态矩阵 $\mathbf{\Psi}$ 相等；在 β_1 和 β_2 发生改变时，参数系统的主振动模态矩阵 $\mathbf{C}_0$ 将发生改变，但主振动模态形式还是实模态，当 β_1 和 β_2 数值增大，参数系统的主振动模态矩阵 $\mathbf{C}_0$ 将随之改变。在【算例 4-1】中，若取不同调制指数 β_1 和 β_2，则主振动模态矩阵 $\mathbf{C}_0$ 情况见表 4-4。

表 4-4　两自由度无阻尼参数系统在不同调制指数下的主振动模态矩阵 $\mathbf{C}_0$

调制指数	$\beta_1 = 0$ $\beta_2 = 0$	$\beta_1 = 0.1$ $\beta_2 = 0.1$	$\beta_1 = 0.4$ $\beta_2 = 0.4$	$\beta_1 = 0.5$ $\beta_2 = 0.5$
主振动模态矩阵 $\mathbf{C}_0$	$\begin{bmatrix} 1 & 1 \\ 4.4735 & -0.2235 \end{bmatrix}$	$\begin{bmatrix} 1 & 1 \\ 4.4506 & -0.2231 \end{bmatrix}$	$\begin{bmatrix} 1 & 1 \\ 3.8169 & -0.21762 \end{bmatrix}$	$\begin{bmatrix} 1 & 1 \\ 3.4031 & -0.2147 \end{bmatrix}$

4.3　欠阻尼参数系统

　　欠阻尼两自由度参数系统自由振动可能存在复模态问题,本节基于式(4-26),构成自由振动通解,对欠阻尼两自由度参数系统自由振动进行讨论。列举算例,分析主振荡频率、复模态以及复谐振模态,计算在初始条件下的自由振动响应和脉冲振动响应,并用四阶龙格-库塔法验证自由振动响应结果。

4.3.1　自由振动响应

　　在两自由度欠阻尼参数系统中,求出主特征根 $s_{i,0} = -\delta_i \pm j\omega_{si}(i=1,2)$ 和归一化谐波系数矩阵 $\mathbf{C}_k(k=-m,\cdots,-2,-1,0,1,2,\cdots,m)$ 后,自由振动响应通解的有限项矩阵三角级数逼近为

$$\mathbf{X}(t) = \sum_{k=-m}^{m} \mathbf{C}_k \begin{bmatrix} p_1 e^{-\delta_1 t + j(\omega_{s1}+k\omega_o)t} \\ p_2 e^{-\delta_2 t + j(\omega_{s2}+k\omega_o)t} \end{bmatrix} + \mathbf{C}_k^* \begin{bmatrix} q_1 e^{-\delta_1 t - j(\omega_{s1}+k\omega_o)t} \\ q_2 e^{-\delta_2 t - j(\omega_{s2}+k\omega_o)t} \end{bmatrix} \tag{4-43}$$

式中,p_1、p_2、q_1 及 q_2 为任意常数。

　　设振动初始条件为

$$\left. \begin{aligned} \mathbf{X}(0) &= \begin{bmatrix} x_1(0) \\ x_2(0) \end{bmatrix} \\ \frac{d\mathbf{X}(0)}{dt} &= \begin{bmatrix} x_1'(0) \\ x_2'(0) \end{bmatrix} \end{aligned} \right\} \tag{4-44}$$

将初始条件代入通解(4-43),得到等式

$$\sum_{k=-m}^{m} \mathbf{C}_k \begin{bmatrix} p_1 \\ p_2 \end{bmatrix} + \sum_{k=-m}^{m} \mathbf{C}_k^* \begin{bmatrix} q_1 \\ q_2 \end{bmatrix} = \mathbf{X}(0) \tag{4-45}$$

$$\sum_{k=-m}^{m} \mathbf{C}_k \begin{bmatrix} -\delta_1 + j(\omega_{s1}+k\omega_o) & 0 \\ 0 & -\delta_2 + j(\omega_{s2}+k\omega_o) \end{bmatrix} \begin{bmatrix} p_1 \\ p_2 \end{bmatrix} +$$

$$\sum_{k=-m}^{m} \mathbf{C}_k^* \begin{bmatrix} -\delta_1 - j(\omega_{s1}+k\omega_o) & 0 \\ 0 & -\delta_2 - j(\omega_{s2}+k\omega_o) \end{bmatrix} \begin{bmatrix} q_1 \\ q_2 \end{bmatrix} = \mathbf{X}'(0) \tag{4-46}$$

记

$$\mathbf{S} = \sum_{k=-m}^{m} \mathbf{C}_k \tag{4-47}$$

$$\mathbf{A}_C = \sum_{k=-m}^{m} \mathbf{C}_k \begin{bmatrix} -\delta_1 + j(\omega_{s1}+k\omega_o) & 0 \\ 0 & -\delta_2 + j(\omega_{s2}+k\omega_o) \end{bmatrix} \tag{4-48}$$

则

$$\mathbf{S}^* = \sum_{k=-m}^{m} \mathbf{C}_k^* \tag{4-49}$$

$$\mathbf{A}_C^* = \sum_{k=-m}^{m} \mathbf{C}_k^* \begin{bmatrix} -\delta_1 - j(\omega_{s1}+k\omega_o) & 0 \\ 0 & -\delta_2 - j(\omega_{s2}+k\omega_o) \end{bmatrix} \tag{4-50}$$

式(4-45)和式(4-46)改写为

$$\left. \begin{aligned} \mathbf{S}\begin{bmatrix} p_1 \\ p_2 \end{bmatrix} + \mathbf{S}^*\begin{bmatrix} q_1 \\ q_2 \end{bmatrix} = \mathbf{X}(0) \\ \mathbf{A}_C\begin{bmatrix} p_1 \\ p_2 \end{bmatrix} + \mathbf{A}_C^*\begin{bmatrix} q_1 \\ q_2 \end{bmatrix} = \mathbf{X}'(0) \end{aligned} \right\} \tag{4-51}$$

则任意常数向量为

$$\begin{bmatrix} p_1 \\ p_2 \\ q_1 \\ q_2 \end{bmatrix} = \begin{bmatrix} \mathbf{S} & \mathbf{S}^* \\ \mathbf{A}_C & \mathbf{A}_C^* \end{bmatrix}^{-1} \begin{bmatrix} \mathbf{X}(0) \\ \mathbf{X}'(0) \end{bmatrix} = \frac{\begin{bmatrix} \mathbf{A}_C^* & -\mathbf{S}^* \\ -\mathbf{A}_C & \mathbf{S} \end{bmatrix} \begin{bmatrix} \mathbf{X}(0) \\ \mathbf{X}'(0) \end{bmatrix}}{|\mathbf{S}\mathbf{A}_C^* - \mathbf{S}^*\mathbf{A}_C|} \tag{4-52}$$

式中，$\begin{bmatrix} p_1 \\ p_2 \end{bmatrix} = \dfrac{\mathbf{A}_C^*\mathbf{X}(0) - \mathbf{S}^*\mathbf{X}'(0)}{|\mathbf{S}\mathbf{A}_C^* - \mathbf{S}^*\mathbf{A}_C|}$，$\begin{bmatrix} q_1 \\ q_2 \end{bmatrix} = \dfrac{-\mathbf{A}_C\mathbf{X}(0) + \mathbf{S}\mathbf{X}'(0)}{|\mathbf{S}\mathbf{A}_C^* - \mathbf{S}^*\mathbf{A}_C|}$。

因此，两自由度欠阻尼参数系统自由振动响应为

$$\mathbf{X}(t) = \sum_{k=-m}^{m} \mathbf{C}_k \begin{bmatrix} e^{-\delta_1 t + j(\omega_{s1} + k\omega_0)t} & 0 \\ 0 & e^{-\delta_2 t + j(\omega_{s2} + k\omega_0)t} \end{bmatrix} \frac{\mathbf{A}_C^*\mathbf{X}(0) - \mathbf{S}^*\mathbf{X}'(0)}{|\mathbf{S}\mathbf{A}_C^* - \mathbf{S}^*\mathbf{A}_C|} +$$
$$\sum_{k=-m}^{m} \mathbf{C}_k^* \begin{bmatrix} e^{-\delta_1 t - j(\omega_{s1} + k\omega_0)t} & 0 \\ 0 & e^{-\delta_2 t - j(\omega_{s2} + k\omega_0)t} \end{bmatrix} \frac{-\mathbf{A}_C\mathbf{X}(0) + \mathbf{S}\mathbf{X}'(0)}{|\mathbf{S}\mathbf{A}_C^* - \mathbf{S}^*\mathbf{A}_C|} \tag{4-53}$$

如果在质量 m_1 上作用一个单位脉冲激励，这时 $\mathbf{X}(0) = \begin{bmatrix} 0 \\ 0 \end{bmatrix}$、$\mathbf{X}'(0) = \begin{bmatrix} 1 \\ 0 \end{bmatrix}$，由式(4-52)

可得任意常数向量

$$\begin{bmatrix} p_1 \\ p_2 \\ q_1 \\ q_2 \end{bmatrix} = \frac{\begin{bmatrix} -\mathbf{S}^*\mathbf{X}'(0) \\ \mathbf{S}\mathbf{X}'(0) \end{bmatrix}}{|\mathbf{S}\mathbf{A}_C^* - \mathbf{S}^*\mathbf{A}_C|} \tag{4-54}$$

则参数系统的单位脉冲振动响应 $\mathbf{H}_1(t)$ 可以表示为

$$\mathbf{H}_1(t) = -\sum_{k=-m}^{m} \mathbf{C}_k \begin{bmatrix} e^{-\delta_1 t + j(\omega_{s1} + k\omega_0)t} & 0 \\ 0 & e^{-\delta_2 t + j(\omega_{s2} + k\omega_0)t} \end{bmatrix} \frac{\mathbf{S}^*\mathbf{X}'(0)}{|\mathbf{S}\mathbf{A}_C^* - \mathbf{S}^*\mathbf{A}_C|} +$$
$$\sum_{k=-m}^{m} \mathbf{C}_k^* \begin{bmatrix} e^{-\delta_1 t - j(\omega_{s1} + k\omega_0)t} & 0 \\ 0 & e^{-\delta_2 t - j(\omega_{s2} + k\omega_0)t} \end{bmatrix} \frac{\mathbf{S}\mathbf{X}'(0)}{|\mathbf{S}\mathbf{A}_C^* - \mathbf{S}^*\mathbf{A}_C|} \tag{4-55}$$

4.3.2　自由振动响应算例

【算例 4-2】　在图 4-4 所示的振动系统中，设阻尼系数 $c_1 = 0.5$、$c_2 = 0.3$，其他物理参数同【算例 4-1】，则各矩阵表达为

$$\mathbf{M} = \begin{bmatrix} 1 & 0 \\ 0 & 1 \end{bmatrix}, \quad \mathbf{C} = \begin{bmatrix} 0.5 & 0 \\ 0 & 0.3 \end{bmatrix}, \quad \mathbf{K} = \begin{bmatrix} 2\,500 & -400 \\ -400 & 800 \end{bmatrix}, \quad \mathbf{B} = \begin{bmatrix} 750 & 0 \\ 0 & 160 \end{bmatrix}$$

利用矩阵三角级数逼近,计算和分析其自由振动响应。

步骤 1:线性系统自然频率与模态

求出对应线性系统(**B** = 0)的复自然频率

$$\omega_{r1} = \pm 26.656\,369\,293\,469\,705 + j0.154\,759\,181\,209\,693$$

$$\omega_{r2} = \pm 50.885\,676\,467\,484\,785 + j\,0.245\,240\,818\,790\,307$$

对应的模态矩阵

$$\boldsymbol{\Psi} = \begin{bmatrix} 1 & 1 \\ 4.473\,5 + j0.012\,7 & -0.223\,5 + j0.001\,2 \end{bmatrix}$$

步骤 2:主复根与主振动模态矩阵

置矩阵三角级数逼近项数为 47($k = -28, \cdots, -2, -1, 0, 1, 2, \cdots, 18$),求解频率方程(4-12),得到 188 个根,从而得到两对主复根:

$$\omega_1 = \pm 26.425\,579\,246\,502\,474 + j0.155\,825\,657\,257\,489$$

$$\omega_2 = \pm 50.695\,571\,798\,984\,780 + j0.244\,174\,342\,744\,071$$

将主复根 $\omega_1^{(1)}$ 和 $\omega_2^{(1)}$ 分别代入式(4-19),求出归一化谐波系数向量 $\mathbf{E}_k^{(1)}$ 和 $\mathbf{E}_k^{(2)}$,得到归一化模态矩阵 $\mathbf{C}_0$ 和谐振模态矩阵 $\mathbf{C}_k$。 其中主振动模态 $\mathbf{C}_0$ 和部分谐波系数矩阵 $\mathbf{C}_k$ 计算结果见表 4-5。

表 4-5　【算例 4-2】中主振动模态矩阵 $\mathbf{C}_0$ 和部分谐波系数矩阵 $\mathbf{C}_k$ 计算值

谐波系数矩阵	$\mathbf{C}_k$ 值
…	…
$\mathbf{C}_{-2}$	$\begin{bmatrix} 0.076\,8 + j0.000\,0 & 0.071\,9 + j0.000\,6 \\ 0.137\,3 + j0.000\,3 & -0.107\,4 + j0.001\,8 \end{bmatrix}$
$\mathbf{C}_{-1}$	$\begin{bmatrix} -0.341\,6 - j0.000\,0 & -0.401\,9 - j0.000\,5 \\ -0.894\,9 - j0.002\,4 & 0.157\,0 - j0.000\,9 \end{bmatrix}$
$\mathbf{C}_0$	$\begin{bmatrix} 1 & 1 \\ 4.085\,7 + j0.013\,9 & -0.221\,4 + j0.001\,2 \end{bmatrix}$
$\mathbf{C}_1$	$\begin{bmatrix} -0.104\,7 + j0.001\,5 & 0.352\,7 + j0.000\,1 \\ 0.702\,7 + j0.000\,5 & -0.055\,2 + j0.000\,2 \end{bmatrix}$
$\mathbf{C}_2$	$\begin{bmatrix} 0.077\,1 - j0.002\,3 & 0.054\,7 + j0.000\,0 \\ 0.018\,2 + j0.000\,7 & -0.006\,3 + j0.000\,0 \end{bmatrix}$
…	…

显然，两自由度欠阻尼参数系统的主振荡频率不等于对应的线性系统自然振荡频率，即 $\omega_{s1} < \omega_{d1}$、$\omega_{s2} < \omega_{d2}$；其主振动模态矩阵也不等于对应线性系统模态矩阵，即

$$\mathbf{C}_0 = \begin{bmatrix} 1 & 1 \\ 4.085\,7 + j0.013\,9 & -0.221\,4 + j0.001\,2 \end{bmatrix} \neq \mathbf{\Psi}$$

步骤 3：初始条件 $\mathbf{X}(0) = \begin{bmatrix} 1 \\ 1 \end{bmatrix}$，$\dfrac{\mathrm{d}\mathbf{X}(0)}{\mathrm{d}t} = \begin{bmatrix} 0 \\ 0 \end{bmatrix}$ 下的自由振动响应

计算与任意常数有关的矩阵

$$\mathbf{S} = \begin{bmatrix} 0.759\,6 - j0.001\,2 & 1.073\,3 + j0.000\,2 \\ 4.016\,9 + j0.013\,0 & -0.223\,0 + j0.001\,9 \end{bmatrix}$$

$$\mathbf{A}_C = \begin{bmatrix} -0.040\,2 + j24.960\,4 & -0.269\,32 + j62.062\,5 \\ -1.012\,3 + j120.154\,4 & 0.029\,1 - j11.735\,7 \end{bmatrix}$$

由式(4-52)，可以得到任意常数 p_1、p_2、q_1 和 q_2：

$$\begin{bmatrix} p_1 \\ p_2 \\ q_1 \\ q_2 \end{bmatrix} = \begin{bmatrix} 0.144\,6 - j0.001\,4 \\ 0.363\,5 - j0.001\,1 \\ 0.144\,6 + j0.001\,4 \\ 0.363\,5 + j0.001\,1 \end{bmatrix}$$

因此，该两自由度欠阻尼参数系统自由振动响应为

$$\mathbf{X}(t) = \sum_{k=-28}^{18} \mathbf{C}_k \begin{bmatrix} (0.144\,6 - j0.001\,4)\mathrm{e}^{-0.155\,8t + j(26.425\,6 + 10k)t} \\ (0.363\,5 - j0.001\,1)\mathrm{e}^{-0.244\,2t + j(50.695\,6 + 10k)t} \end{bmatrix} +$$
$$\sum_{k=-28}^{18} \mathbf{C}_k^* \begin{bmatrix} (0.144\,6 + j0.001\,4)\mathrm{e}^{-0.155\,8t - j(26.425\,6 + 10k)t} \\ (0.363\,5 + j0.001\,1)\mathrm{e}^{-0.244\,2t - j(50.695\,6 + 10k)t} \end{bmatrix}$$

设置时间起点为 0，步长 0.000 1 s，总时间历程为 10 s，利用上述自由振动数学表达，计算该欠阻尼参数系统自由振动响应，其中振动响应时间历程 $\mathbf{X}(t)$、频谱 $\mathbf{X}(\omega)$ 和相轨迹如图 4-6a～c 所示。

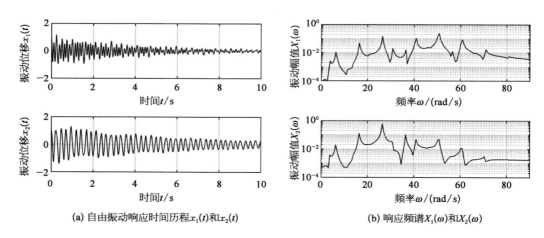

(a) 自由振动响应时间历程 $x_1(t)$ 和 $x_2(t)$　　(b) 响应频谱 $X_1(\omega)$ 和 $X_2(\omega)$

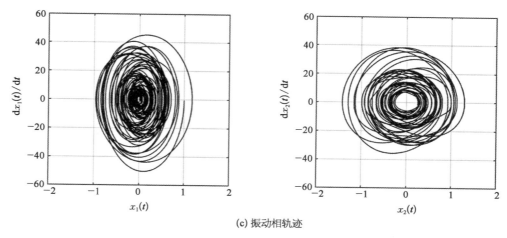

(c) 振动相轨迹

图 4-6　两自由度欠阻尼参数系统自由振动响应的矩阵三角级数逼近

步骤 4：作用在质量 m_1 上的单位脉冲振动响应

由式(4-54)，得到单位脉冲激励下的任意常数 p_1、p_2、q_1 和 q_2：

$$\begin{bmatrix} p_1 \\ p_2 \\ q_1 \\ q_2 \end{bmatrix} = \begin{bmatrix} -5.851\,2\mathrm{e}-6 - \mathrm{j}7.570\,9\mathrm{e}-4 \\ 3.946\,9\mathrm{e}-6 - \mathrm{j}7.751\,9\mathrm{e}-3 \\ -5.851\,2\mathrm{e}-6 + \mathrm{j}7.570\,9\mathrm{e}-4 \\ 3.946\,9\mathrm{e}-6 + \mathrm{j}7.751\,9\mathrm{e}-3 \end{bmatrix}$$

当单位脉冲作用在质量 m_1 时，该两自由度欠阻尼参数系统单位脉冲振动响应 $h_{11}(t)$ 和 $h_{12}(t)$ 的矩阵三角级数表达为

$$h(t) = \begin{bmatrix} h_{11}(t) \\ h_{12}(t) \end{bmatrix} = \sum_{k=-28}^{18} \mathbf{C}_k \begin{bmatrix} (-5.851\,2\mathrm{e}-6 - \mathrm{j}7.570\,9\mathrm{e}-4)\mathrm{e}^{-0.155\,8t + \mathrm{j}(26.425\,6 + 10k)t} \\ (3.946\,9\mathrm{e}-6 - \mathrm{j}7.751\,9\mathrm{e}-3)\mathrm{e}^{-0.244\,2t + \mathrm{j}(50.695\,6 + 10k)t} \end{bmatrix} +$$

$$\sum_{k=-28}^{18} \mathbf{C}_k^* \begin{bmatrix} (-5.851\,2\mathrm{e}-6 + \mathrm{j}7.570\,9\mathrm{e}-4)\mathrm{e}^{-0.155\,8t - \mathrm{j}(26.425\,6 + 10k)t} \\ (3.946\,9\mathrm{e}-6 + \mathrm{j}7.751\,9\mathrm{e}-3)\mathrm{e}^{-0.244\,2t - \mathrm{j}(50.695\,6 + 10k)t} \end{bmatrix}$$

设置时间起点为 0，步长 0.000 1 s，时间历程为 10 s，根据上述单位脉冲振动的数学表达，计算作用在质量 m_1 上的单位脉冲振动响应和频率特性，其中脉冲振动响应的时间历程 $h_{11}(t)$ 和 $h_{12}(t)$、幅频特性 $|H_{11}(\omega)|$ 和 $|H_{12}(\omega)|$、相频特性 $\phi_{11}(\omega)$ 和 $\phi_{12}(\omega)$ 分别列于图 4-7～图 4-8 中。

从两自由度参数振动频响特性曲线可知：频响特性同样具有多模态特征，占优势的模态频率为主振动模态频率 ω_{s1}、ω_{s2} 以及谐振模态频率 $\omega_{s1} - \omega_o$、$\omega_{s1} + \omega_o$、$\omega_{s2} - \omega_o$ 和 $\omega_{s2} + \omega_o$；周期时变刚度的激励不仅影响了振动系统的幅频特性，同时还改变了系统的相频特性。

步骤 5：主振荡频率与刚度调制指数

设参数系统中阻尼系数 $c = c_1 = c_2$、刚度调制指数 $\beta = \beta_1 = \beta_2$，其他物理参数不变，该欠阻尼参数系统中的主振荡频率 ω_{s1} 和 ω_{s2} 与刚度调制指数 β 之间的相关性如图 4-9 所示，从图中可以观察到如下方面：

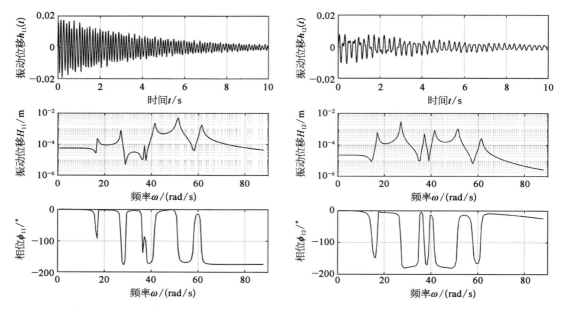

图 4-7 参数系统单位脉冲振动响应时间历程 $h_{11}(t)$、 **图 4-8** 参数系统单位脉冲振动响应时间历程 $h_{12}(t)$、
幅频图 $|H_{11}(\omega)|$ 和相频图 $\phi_{11}(\omega)$ 幅频图 $|H_{12}(\omega)|$ 和相频图 $\phi_{12}(\omega)$

（1）若 $\beta=0$，系统的主振荡频率 ω_{si} 即为欠阻尼线性系统的自然频率 ω_{di}。

（2）当刚度调制指数 β 较小时，系统的主振荡频率 ω_{si} 呈减小趋势，但变化不大。

（3）当刚度调制指数 β 比较大时，系统的主振荡频率 ω_{si} 减小明显。

（4）与线性系统类同，阻尼系数 c 对主振荡频率大小有影响。在刚度调制指数 β 值不变时，阻尼系数 c 增大，则主振荡频率 $\omega_{si}(i=1,2)$ 减小。

值得注意的是，图 4-9 中主振荡频率 ω_{s1} 和 ω_{s2} 的曲线趋势，在两自由度参数系统中不具有普遍性，仅代表个例特性。在单自由度参数系统中，主振荡频率 ω_{s} 随刚度调制指数 β 增大单调下降（图 2-5）。而在不同类型的两自由度参数系统中，其主振荡频率 ω_{s1}、ω_{s2} 的迁移与刚度调制指数 β 有着不同的相关性。

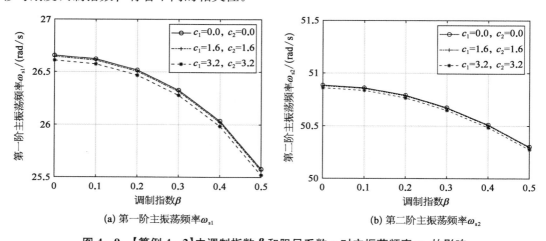

（a）第一阶主振荡频率 ω_{s1} （b）第二阶主振荡频率 ω_{s2}

图 4-9 【算例 4-2】中调制指数 β 和阻尼系数 c 对主振荡频率 ω_{si} 的影响

步骤 6：四阶龙格-库塔法计算自由振动响应

设置时间起点为 0，步长 0.000 01 s，控制精度为 e - 7，时间历程 10 s，根据初始条件 $\mathbf{X}(0)=\begin{bmatrix}1\\1\end{bmatrix}$、$\dfrac{\mathrm{d}\mathbf{X}(0)}{\mathrm{d}t}=\begin{bmatrix}0\\0\end{bmatrix}$，由四阶龙格-库塔法计算所给的欠阻尼参数系统自由振动响应 $x_1(t)$、$x_2(t)$，频谱 $X_1(\omega)$、$X_2(\omega)$ 和相轨迹，其结果如图 4 - 10a～c 所示。

对比图 4 - 10 与图 4 - 6 可以看到，基于两种方法得到的结果，在振动响应时间历程、频谱、振动相轨迹上相互吻合。

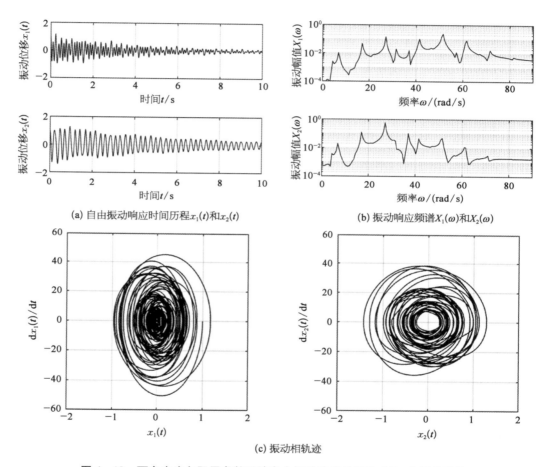

(a) 自由振动响应时间历程 $x_1(t)$ 和 $x_2(t)$

(b) 振动响应频谱 $X_1(\omega)$ 和 $X_2(\omega)$

(c) 振动相轨迹

图 4 - 10   两自由度欠阻尼参数系统自由振动响应的四阶龙格-库塔法计算

4.4   周期性时变耦合刚度

当两自由度参数系统具有周期性时变耦合刚度时，周期系数矩阵为对称刚度矩阵，并且周期系数矩阵中所有元素为非零值。这样一来，主振荡频率迁移与周期性时变刚度系统中的有差别。

【**算例 4 - 3**】   在图 4 - 4 所示两自由度振动系统中，设恒定刚度 $k_1(t)=k_1$ 和 $k_2(t)=$

k_2，及周期性时变耦合刚度 $k_0(t) = k_0 + k_0\lambda_3 \cos\omega_0 t$，则动力学方程为

$$\begin{bmatrix} m_1 & 0 \\ 0 & m_2 \end{bmatrix}\begin{bmatrix} \ddot{x}_1 \\ \ddot{x}_2 \end{bmatrix} + \begin{bmatrix} c_1 & 0 \\ 0 & c_2 \end{bmatrix}\begin{bmatrix} \dot{x}_1 \\ \dot{x}_2 \end{bmatrix} + \begin{bmatrix} k_1 + k_0 & -k_0 \\ -k_0 & k_2 + k_0 \end{bmatrix}\begin{bmatrix} x_1 \\ x_2 \end{bmatrix} +$$

$$\begin{bmatrix} k_0\lambda_3 & -k_0\lambda_3 \\ -k_0\lambda_3 & k_0\lambda_3 \end{bmatrix}\begin{bmatrix} x_1 \\ x_2 \end{bmatrix}\cos\omega_0 t = 0 \qquad (4-56)$$

其中，刚度周期系数矩阵为对称矩阵，所有元素为非零值，即

$$\mathbf{B} = \begin{bmatrix} k_0\lambda_3 & -k_0\lambda_3 \\ -k_0\lambda_3 & k_0\lambda_3 \end{bmatrix} = k_0\lambda_3\begin{bmatrix} 1 & -1 \\ -1 & 1 \end{bmatrix} \qquad (4-57)$$

在方程(4-56)中，取物理参数 $m_1 = 1$、$m_2 = 1$、$k_1 = 2\,100$、$k_2 = 400$、$k_0 = 400$、$c_1 = 0$、$c_2 = 0$、$\lambda_3 = 0.3$，参数频率 $\omega_0 = 10$，则各项矩阵为

$$\mathbf{M} = \begin{bmatrix} 1 & 0 \\ 0 & 1 \end{bmatrix}, \mathbf{C} = \begin{bmatrix} 0 & 0 \\ 0 & 0 \end{bmatrix}, \mathbf{K} = \begin{bmatrix} 2\,500 & -400 \\ -400 & 800 \end{bmatrix}, \mathbf{B} = \begin{bmatrix} 120 & -120 \\ -120 & 120 \end{bmatrix}$$

应用矩阵三角级数逼近法，分析其主振荡频率与主振动模态。

取级数项 $k = -28, \cdots, -2, -1, 0, 1, 2, \cdots, 18$，利用式(4-12)，求得主振荡频率 ω_1 和 ω_2：

$$\omega_1 = \omega_{s1} = \pm 26.571\,797\,698\,149\,556$$

$$\omega_2 = \omega_{s2} = \pm 50.912\,159\,491\,370\,690$$

由式(4-14)和式(4-16)，求得主振动模态矩阵 $\mathbf{C}_0$ 和谐波系数矩阵 $\mathbf{C}_k$，见表4-6。

表4-6 【算例4-3】中主振动模态矩阵 $\mathbf{C}_0$ 和谐波系数矩阵 $\mathbf{C}_k$ 计算值

谐波系数矩阵	计算值	谐波系数矩阵	计算值
...	...	$\mathbf{C}_1$	$\begin{bmatrix} 0.255\,3 & 0.072\,6 \\ 0.207\,7 & -0.035\,3 \end{bmatrix}$
$\mathbf{C}_{-2}$	$\begin{bmatrix} -0.005\,3 & 0.005\,8 \\ 0.030\,5 & 0.011\,9 \end{bmatrix}$	$\mathbf{C}_2$	$\begin{bmatrix} -0.008\,0 & 0.002\,8 \\ 0.000\,3 & -0.001\,8 \end{bmatrix}$
$\mathbf{C}_{-1}$	$\begin{bmatrix} 0.026\,8 & -0.105\,6 \\ -0.389\,6 & -0.035\,3 \end{bmatrix}$	...	...
$\mathbf{C}_0$	$\begin{bmatrix} 1 & 1 \\ 4.554\,5 & -0.224\,5 \end{bmatrix}$		

显然，该参数系统的刚度周期系数矩阵 $\mathbf{B}$ 不同于【算例4-1】中的，它为非对角矩阵。周期系数矩阵 $\mathbf{B}$ 的不同类型，影响参数系统主振荡频率 ω_{si} 的迁移趋势，详见表4-7。该算例中，第一阶主振荡频率 ω_{s1} 比对应的线性系统第一阶固有频率 ω_{n1} 低些，而第二阶主振荡频率 ω_{s2} 比对应的线性系统第二阶固有频率 ω_{n2} 高些(其中，$\omega_{n1} = 26.656\,805\,671\,295\,338$ 和 $\omega_{n2} = 50.886\,291\,979\,302\,214$ 为【算例4-1】中对应线性系统的计算结果)。

表 4-7　周期系数矩阵 B 类型影响主振荡频率迁移

内　　容	【算例 4-1】	【算例 4-3】
刚度周期系数矩阵 $\mathbf{B}$	对角刚度阵	对称刚度阵
第一阶主振荡频率 ω_{s1}	$\omega_{s1} < \omega_{n1}$	$\omega_{s1} < \omega_{n1}$
第二阶主振荡频率 ω_{s2}	$\omega_{s2} < \omega_{n2}$	$\omega_{s2} > \omega_{n2}$

另外，该参数系统的主振动模态 $\mathbf{C}_0$ 也不等于对应的线性系统的模态 $\mathbf{\Psi}$：

$$\mathbf{C}_0 = \begin{bmatrix} 1 & 1 \\ 4.554\ 5 & -0.224\ 5 \end{bmatrix} \neq \mathbf{\Psi}$$

4.5　逼近计算误差

对于响应逼近解 $\hat{\mathbf{X}}$，根据参数振动方程(4-1)，引入偏差矢量 $\mathbf{e}(t)$：

$$\mathbf{e}(t) = \mathbf{K}^{-1} \mathbf{M}\,\ddot{\hat{\mathbf{X}}} + \mathbf{K}^{-1} \mathbf{C}\,\dot{\hat{\mathbf{X}}} + \hat{\mathbf{X}} + \mathbf{K}^{-1} \mathbf{B}\hat{\mathbf{X}}\cos \omega_0 t - \mathbf{K}^{-1}\mathbf{P}(t) \tag{4-58}$$

式中，逼近误差 $\mathbf{e}(t)$ 的物理量纲为位移或角位移。

对于两自由度参数系统的振动响应逼近，定义逼近计算误差

$$\mathbf{\varepsilon}(t) = \begin{bmatrix} \varepsilon_1(t) \\ \varepsilon_2(t) \end{bmatrix} = \begin{bmatrix} e_1(t)/\mid x_1 \mid_{\max} \\ e_2(t)/\mid x_2 \mid_{\max} \end{bmatrix} \tag{4-59}$$

逼近计算误差估计值 ε_r，即

$$\varepsilon_r = \max\{\mid \varepsilon_1 \mid_{\max},\ \mid \varepsilon_2 \mid_{\max}\} \tag{4-60}$$

在【算例 4-2】中，自由振动矩阵三角级数逼近计算误差的时间历程如图 4-11a 所示。由四阶龙格-库塔法得到的计算误差时间历程如图 4-11b 所示，在计算误差中，残余的谐波分量明显多些。

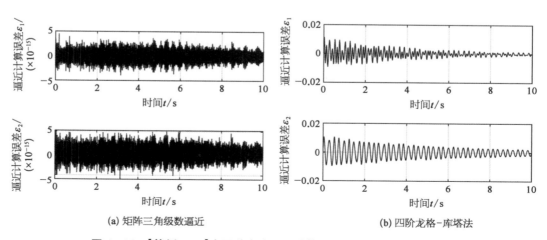

(a) 矩阵三角级数逼近　　　　　　　　　(b) 四阶龙格-库塔法

图 4-11　【算例 4-2】中两种方法逼近计算误差时间历程 $\varepsilon_r(t)$ 的比较

在【算例 4-1】至【算例 4-3】的自由振动响应计算中,基于组合频率的矩阵三角级数逼近与四阶龙格-库塔法仿真的逼近计算误差 ε_r 估计,见表 4-8。显然,利用矩阵三角级数对自由振动响应的逼近,其计算精度的优越性是不可比拟的。

表 4-8   算例中逼近计算误差 ε_r

计算方法	【算例 4-1】	【算例 4-2】	【算例 4-3】
基于组合频率的矩阵三角级数逼近法	5.985 1e-15	1.050 0e-14	8.827 8e-15
四阶龙格-库塔法	1.140e-2	1.136 7e-2	1.052 0e-2

在两自由度参数系统的自由振动响应矩阵三角级数逼近中,调制指数(置 $\beta=\beta_1=\beta_2$)和级数逼近项数 $(2m+1)$ 将影响逼近计算误差 ε_r。 如图 4-12 所示,与单自由度参数系统类似,响应逼近计算误差 ε_r 与调制指数 β 和逼近项数 $(2m+1)$ 相关。逼近项数越多,逼近计算误差越小。 当逼近项数多到一定数目时,逼近计算误差将会达到稳定值。

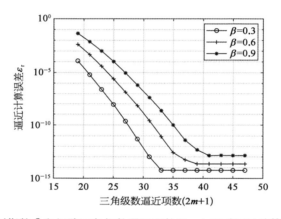

图 4-12   调制指数 β 和矩阵三角级数逼近项数 $(2m+1)$ 对逼近计算误差 ε_r 的影响

4.6   比例阻尼与模态

众所周知,在两自由度线性系统中,对于比例黏性阻尼,其振动模态为实模态;但是,在参数系统中,即使存在比例黏性阻尼,其主振动模态不一定保证为实模态。

【算例 4-4】   设两自由度比例黏性阻尼参数系统,参数频率 $\omega_0=10$,各项矩阵为

$$\mathbf{M}=\begin{bmatrix}1 & 0\\0 & 1\end{bmatrix},\ \mathbf{K}=\begin{bmatrix}2\,500 & -400\\-400 & 800\end{bmatrix},\ \mathbf{B}=\begin{bmatrix}750 & 0\\0 & 160\end{bmatrix}$$

(1)若比例黏性阻尼矩阵为 $\mathbf{C}=0.2\mathbf{M}+0.000\,5\mathbf{K}=\begin{bmatrix}1.45 & -0.2\\-0.2 & 0.6\end{bmatrix}$,考察参数系统的主复根和主振动模态矩阵。

对应的比例黏性阻尼线性系统（$\mathbf{B}=0$）的复自然频率为

$$\omega_{r1}=\pm 26.655\,359\,707\,139\,578+j0.277\,646\,322\,149\,301$$

$$\omega_{r2}=\pm 50.880\,803\,589\,202\,479+j0.747\,353\,677\,850\,699$$

其中振动模态是一个实模态：

$$\boldsymbol{\Psi}=\begin{bmatrix}1 & 1\\ 4.473\,54 & -0.223\,54\end{bmatrix}$$

但是，在比例黏性阻尼参数系统中，其主复根为

$$\omega_1=\pm 26.424\,688\,111\,412\,363+j0.280\,725\,580\,395\,242$$

$$\omega_2=\pm 50.690\,483\,583\,915\,914+j0.744\,274\,419\,611\,108$$

主振动模态矩阵为

$$\mathbf{C}_0=\begin{bmatrix}1 & 1\\ 4.086\,39+j0.015\,04 & -0.221\,38-j0.000\,19\end{bmatrix}$$

可见，【算例 4-4】中的两自由度比例黏性阻尼参数系统，其主振动模态出现了复模态。

（2）若比例黏性阻尼矩阵为 $\mathbf{C}=0.2\mathbf{M}=\begin{bmatrix}0.2 & 0\\ 0 & 0.2\end{bmatrix}$，则对应的线性系统（$\mathbf{B}=0$）的复自然频率

$$\omega_{r1}=\pm 26.656\,618\,101\,274\,649+j0.1$$

$$\omega_{r2}=\pm 50.886\,193\,720\,918\,023+j0.1$$

其模态矩阵

$$\boldsymbol{\Psi}=\begin{bmatrix}1 & 1\\ 4.473\,54 & -0.223\,54\end{bmatrix}$$

而比例黏性阻尼参数振动的主复根为

$$\omega_1=\pm 26.425\,831\,791\,278\,460+j0.1$$

$$\omega_2=\pm 50.696\,100\,619\,588\,793+j0.1$$

其主振动模态矩阵

$$\mathbf{C}_0=\begin{bmatrix}1 & 1\\ 4.085\,74 & -0.221\,37\end{bmatrix}$$

对于特殊比例黏性阻尼情况，即使参数系统的主振动模态是实模态，参数系统的主复根与对应的线性系统的复自然频率仍然不相等：$\omega_{s1}\neq\omega_{d1}$，$\omega_{s2}\neq\omega_{d2}$；主振动模态矩阵和对应线性系统的模态矩阵也不相等：$\mathbf{C}_0\neq\boldsymbol{\Psi}$。

第 5 章
多自由度参数系统自由振动

与第 4 章类似,本章采用矩阵三角级数逼近,对多自由度参数系统自由振动进行讨论,着重叙述多自由度参数系统中的基本理论与逼近中的算法。以耦合倒立双摆为例,分析主振动振型和谐振振型、模态正交性、方程解耦、振动稳定性,给出初始条件下的自由振动响应。

5.1 自 由 振 动

5.1.1 矩阵三角级数解

一个含周期性时变刚度激励的多自由度参数系统,其刚度可视为在系统刚度基础上叠加一项周期性时变刚度,其动力学方程表达为

$$\mathbf{M}\ddot{\mathbf{X}} + \mathbf{C}\dot{\mathbf{X}} + (\mathbf{K} + \mathbf{B}\cos \omega_o t)\mathbf{X} = \mathbf{0} \tag{5-1}$$

式中,$\mathbf{M}$ 为 $n \times n$ 惯量矩阵;$\mathbf{C}$ 为 $n \times n$ 阻尼矩阵;$\mathbf{K}$ 为 $n \times n$ 刚度矩阵;$\mathbf{B}$ 为 $n \times n$ 刚度周期系数矩阵;$\mathbf{X}$ 为 $n \times 1$ 自由振动响应向量;ω_o 为参数频率。

在特殊情况下,设刚度矩阵 $\mathbf{K}$ 的对角线元素组成的对角矩阵为 $\mathbf{K}'$,另一个对角矩阵即调制指数矩阵 $\mathbf{\Lambda}$,其主对角线上的元素 β_1、β_2、$\cdots$、β_n 称为刚度调制系数,则刚度周期系数矩阵 $\mathbf{B} = \mathbf{K}'\mathbf{\Lambda}$ 为对角矩阵。在一般情况下,$\mathbf{B}$ 为对称矩阵。

将方程(5-1)中含参数频率 ω_o 的项移至方程的右边,则方程改写为

$$\mathbf{M}\ddot{\mathbf{X}} + \mathbf{C}\dot{\mathbf{X}} + \mathbf{K}\mathbf{X} = -\mathbf{B}\mathbf{X}\cos \omega_o t \tag{5-2}$$

基于方程(5-2),多自由度参数系统的振动响应问题,可由图 5-1 的一个等效动力学模型加以描述。根据图示调制反馈控制系统,n 维自由度参数系统可以视为由一个多自由度线性系统单元和一个调制环节组成。当 $\mathbf{P}(t) = 0$ 时,输出 $\mathbf{X}(t)$ 即为参数系统的自由振动响应。参数系统自由振动响应的主振荡频率为 $\omega_{si}(i=1, 2, \cdots, n)$,由于系统中存在反馈回路,主振荡频率 ω_{si} 有别于对应的线性系统自然频率 ω_{di}。

又由于系统存在调制环节,输出信号 $\mathbf{X}(t)$ 被调制,频率裂解和组合现象连续发生在多自由度系统中。通过频率裂解和组合,在系统响应中形成许多组合频率谐波,其过程如图 4-2 所示。因此,在系统的输出端存在一系列由主振荡频率 $\omega_{si}(i=1, 2, \cdots, n)$ 和参数频率 ω_o 线性组合的谐波。

设多自由度参数系统的振荡频率为 $\omega_{si} + k\omega_o(k=-\infty, \cdots, -1, 0, 1, \cdots, \infty)$,则自由振动响应可以用基于组合频率的矩阵三角级数加以逼近:

$$\mathbf{X}(t) = \sum_{k=-\infty}^{\infty} \mathbf{C}_k \begin{bmatrix} \mathrm{e}^{-\delta_1 t + \mathrm{j}(\omega_{s1} + k\omega_0)t} \\ \mathrm{e}^{-\delta_2 t + \mathrm{j}(\omega_{s2} + k\omega_0)t} \\ \vdots \\ \mathrm{e}^{-\delta_{n-1} t + \mathrm{j}(\omega_{s(n-1)} + k\omega_0)t} \\ \mathrm{e}^{-\delta_n t + \mathrm{j}(\omega_{sn} + k\omega_0)t} \end{bmatrix} = \sum_{k=-\infty}^{\infty} \mathbf{C}_k \begin{bmatrix} \mathrm{e}^{\mathrm{j}(\omega_1 + k\omega_0)t} \\ \mathrm{e}^{\mathrm{j}(\omega_2 + k\omega_0)t} \\ \vdots \\ \mathrm{e}^{\mathrm{j}(\omega_{(n-1)} + k\omega_0)t} \\ \mathrm{e}^{\mathrm{j}(\omega_n + k\omega_0)t} \end{bmatrix} \tag{5-3}$$

式中，$\mathbf{C}_k$ 为 $n \times n$ 谐波系数矩阵；$\mathrm{e}^{-\delta_i t}$ 反映系统振动响应衰减项；δ_i 为衰减率；j 为虚数单位；$\omega_{si}(i=1,2,\cdots,n)$ 为自由振动响应的主振荡频率。

由于自由振动响应能量的有限性，其能量主要分布在自然频率 ω_{si} 附近，所以响应 $\mathbf{X}(t)$ 具有窄带性。当 $k \to \infty$ 时，谐波系数矩阵 $\mathbf{C}_k$ 趋于 $\mathbf{0}$ 矩阵。因此，在参数系统自由振动响应的矩阵三角级数逼近中，可以用有限项级数计算替代无限项级数逼近。

对于多自由度参数系统(5-1)自由振动响应的求解问题，可以归结于方程(5-3)中主复根 $\omega_i(i=1,2,\cdots,n)$ 和谐波系数矩阵 $\mathbf{C}_k$ 的确定。

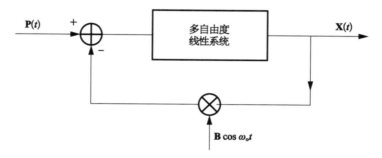

图 5-1　调制反馈控制系统(等效动力学模型)

5.1.2　频率方程

将欧拉公式代入参数振动方程(5-1)，可得

$$\mathbf{M}\ddot{\mathbf{X}} + \mathbf{C}\dot{\mathbf{X}} + \mathbf{K}\mathbf{X} + \frac{1}{2}\mathbf{B}\mathbf{X}(\mathrm{e}^{\mathrm{j}\omega_0 t} + \mathrm{e}^{-\mathrm{j}\omega_0 t}) = \mathbf{0} \tag{5-4}$$

设自由振动响应

$$\mathbf{X}(t) = \sum_{k=-\infty}^{\infty} E_k \mathrm{e}^{\mathrm{j}(\omega + k\omega_0)t} \tag{5-5}$$

式中，$\mathbf{E}_k$ 为 n 阶谐波系数向量。

将响应 $\mathbf{X}(t)$ 代入方程(5-4)，得到

$$-\mathbf{M}\sum_{k=-\infty}^{\infty} \mathbf{E}_k(\omega + k\omega_0)^2 \mathrm{e}^{\mathrm{j}(\omega + k\omega_0)t} + \mathrm{j}\mathbf{C}\sum_{k=-\infty}^{\infty} \mathbf{E}_k(\omega + k\omega_0)\mathrm{e}^{\mathrm{j}(\omega + k\omega_0)t} + \mathbf{K}\sum_{k=-\infty}^{\infty} \mathbf{E}_k \mathrm{e}^{\mathrm{j}(\omega + k\omega_0)t} +$$

$$\frac{1}{2}\mathbf{B}\sum_{k=-\infty}^{\infty} \mathbf{E}_k \mathrm{e}^{\mathrm{j}[\omega + (k+1)\omega_0]t} + \frac{1}{2}\mathbf{B}\sum_{k=-\infty}^{\infty} \mathbf{E}_k \mathrm{e}^{\mathrm{j}[\omega + (k-1)\omega_0]t} = \mathbf{0} \tag{5-6}$$

对等式(5-6)进行谐波平衡，得到谐波系数向量 $\mathbf{E}_k$ 的递推式

$$\frac{1}{2}\mathbf{B}\mathbf{E}_{k-1} + \left[\mathbf{K} - \mathbf{M}(\omega + k\omega_\circ)^2 + \mathrm{j}\mathbf{C}(\omega + k\omega_\circ)\right]\mathbf{E}_k + \frac{1}{2}\mathbf{B}\mathbf{E}_{k+1} = \mathbf{0}$$

$$(k = -\infty, \cdots, -2, -1, 0, 1, 2, \cdots, \infty) \quad (5-7)$$

记

$$\left.\begin{aligned}\mathbf{\Gamma} &= \frac{1}{2}\mathbf{B} \\ \Omega_k &= \mathbf{K} - \mathbf{M}(\omega + k\omega_\circ)^2 + \mathrm{j}\mathbf{C}(\omega + k\omega_\circ)\end{aligned}\right\} \quad (5-8)$$

集合 $2m+1$ 个谐波系数向量 $\mathbf{E}_k$ 递推式,得到线性方程(5-9):

$$\begin{bmatrix} \Omega_{-m} & \mathbf{\Gamma} & & & & & & & & & \\ \mathbf{\Gamma} & \Omega_{-m+1} & \mathbf{\Gamma} & & & & & & & & \\ & & \cdots & & & & & & & & \\ & & \mathbf{\Gamma} & \Omega_{-2} & \mathbf{\Gamma} & & & & & & \\ & & & \mathbf{\Gamma} & \Omega_{-1} & \mathbf{\Gamma} & & & & & \\ & & & & \mathbf{\Gamma} & \Omega_0 & \mathbf{\Gamma} & & & & \\ & & & & & \mathbf{\Gamma} & \Omega_1 & \mathbf{\Gamma} & & & \\ & & & & & & \mathbf{\Gamma} & \Omega_2 & \mathbf{\Gamma} & & \\ & & & & & & & & \cdots & & \\ & & & & & & & & \mathbf{\Gamma} & \Omega_{m-1} & \mathbf{\Gamma} \\ & & & & & & & & & \mathbf{\Gamma} & \Omega_m \end{bmatrix} \begin{bmatrix} \mathbf{E}_{-m} \\ \mathbf{E}_{-m+1} \\ \vdots \\ \mathbf{E}_{-2} \\ \mathbf{E}_{-1} \\ \mathbf{E}_0 \\ \mathbf{E}_1 \\ \mathbf{E}_2 \\ \vdots \\ \mathbf{E}_{m-1} \\ \mathbf{E}_m \end{bmatrix} = \begin{bmatrix} -\mathbf{\Gamma}\mathbf{E}_{-m-1} \\ 0 \\ \vdots \\ 0 \\ 0 \\ 0 \\ 0 \\ 0 \\ \vdots \\ 0 \\ -\mathbf{\Gamma}\mathbf{E}_{m+1} \end{bmatrix}$$

$$(5-9)$$

当方程(5-9)的阶数趋于足够高,即 $m \to \infty$ 时,谐波系数向量 $\mathbf{E}_{-m-1}$ 和 $\mathbf{E}_{m+1}$ 均为 $\mathbf{0}$ 向量。所以,方程(5-9)可以简化成一个齐次代数方程

$$\mathbf{W}\mathbf{E} = \mathbf{0} \quad (5-10)$$

式中,$\mathbf{W}$ 为方程(5-9)中的系数矩阵。

若齐次方程(5-10)有解,其充要条件是该矩阵 $\mathbf{W}$ 的行列式为 0,即得到频率方程为

$$\det(\mathbf{W}) = 0 \quad (5-11)$$

求解频率方程(5-11),可得 $n(2m+1)$ 对复根,但只有 n 对与主振荡频率有关的主复根 $\omega_i(i=1, 2, 3, \cdots, n)$ 才是所需的解。其主特征根

$$s_{i,0} = \mathrm{j}\omega_i = -\delta_i \pm \mathrm{j}\omega_{si} \quad (i=1, 2, 3, \cdots, n) \quad (5-12)$$

5.1.3　谐波系数矩阵与模态矩阵

在 $k=0$ 时,设谐波系数矩阵 $\mathbf{C}_0$ 是一个 $n \times n$ 归一化的主振动模态矩阵:

$$\mathbf{C}_0 = \begin{bmatrix} 1 & 1 & \cdots & 1 \\ c_{021} & \ddots & \cdots & c_{02n} \\ \vdots & & \ddots & \vdots \\ c_{0n1} & & \cdots & c_{0nn} \end{bmatrix} \quad (5-13)$$

记方程(5-9)中的子矩阵 $\boldsymbol{\Omega}_0$、$\boldsymbol{\Gamma}$ 和向量 $\mathbf{E}_0^{(1)}$：

$$\boldsymbol{\Omega}_0 = \begin{bmatrix} \boldsymbol{\omega}_1 \\ \boldsymbol{\omega}_2 \\ \vdots \\ \boldsymbol{\omega}_n \end{bmatrix} = \begin{bmatrix} \omega_{011} & \omega_{012} & \cdots & \omega_{01n} \\ \omega_{021} & \ddots & \cdots & \omega_{02n} \\ \vdots & & \ddots & \vdots \\ \omega_{0n1} & & \cdots & \omega_{0nn} \end{bmatrix} \tag{5-14}$$

$$\boldsymbol{\Gamma} = \begin{bmatrix} \boldsymbol{\Gamma}_{11} & \boldsymbol{\Gamma}_{12} & \cdots & \boldsymbol{\Gamma}_{1n} \\ \boldsymbol{\Gamma}_{21} & \ddots & \cdots & \boldsymbol{\Gamma}_{2n} \\ \vdots & & \ddots & \vdots \\ \boldsymbol{\Gamma}_{n1} & & \cdots & \boldsymbol{\Gamma}_{nn} \end{bmatrix} \tag{5-15}$$

$$\mathbf{E}_0^{(1)} = \begin{bmatrix} 1 \\ c_{021} \\ \vdots \\ c_{0n1} \end{bmatrix} \tag{5-16}$$

将第一阶主复根 $\omega_1^{(1)} = \omega_{s1} + \mathrm{j}\delta_1$（或第一阶主特征根中的 $s_{1,0}^{(1)} = -\delta_1 + \mathrm{j}\omega_{s1}$）和待求的第一个归一化主振动模态向量 $\mathbf{E}_0^{(1)}$ 同时代入方程(5-10)，整理后得到线性方程(5-17)：

$$\begin{bmatrix} \boldsymbol{\Omega}_{-m} & \boldsymbol{\Gamma} & & & & & & & & & \\ \boldsymbol{\Gamma} & \boldsymbol{\Omega}_{-m+1} & \boldsymbol{\Gamma} & & & & & & & & \\ & & \cdots & & & & & & & & \\ & & \boldsymbol{\Gamma} & \boldsymbol{\Omega}_{-2} & \boldsymbol{\Gamma} & & & & & & \\ & & & \boldsymbol{\Gamma} & \boldsymbol{\Omega}_{-1} & \mathbf{r}_1 & & & & & \\ & & & & \mathbf{r}_2 & \mathbf{P} & \mathbf{r}_2 & & & & \\ & & & & & \mathbf{r}_1 & \boldsymbol{\Omega}_1 & \boldsymbol{\Gamma} & & & \\ & & & & & & \boldsymbol{\Gamma} & \boldsymbol{\Omega}_2 & \boldsymbol{\Gamma} & & \\ & & & & & & & & \cdots & & \\ & & & & & & & & \boldsymbol{\Gamma} & \boldsymbol{\Omega}_{m-1} & \boldsymbol{\Gamma} \\ & & & & & & & & & \boldsymbol{\Gamma} & \boldsymbol{\Omega}_m \end{bmatrix} \begin{bmatrix} \mathbf{E}_{-m}^{(1)} \\ \mathbf{E}_{-m+1}^{(1)} \\ \vdots \\ \mathbf{E}_{-2}^{(1)} \\ \mathbf{E}_{-1}^{(1)} \\ \mathbf{G} \\ \mathbf{E}_1^{(1)} \\ \mathbf{E}_2^{(1)} \\ \vdots \\ \mathbf{E}_{m-1}^{(1)} \\ \mathbf{E}_m^{(1)} \end{bmatrix} = \begin{bmatrix} 0 \\ 0 \\ \vdots \\ 0 \\ -\mathbf{r}_3 \\ \mathbf{Q} \\ -\mathbf{r}_3 \\ 0 \\ \vdots \\ 0 \\ 0 \end{bmatrix} \tag{5-17}$$

其中子矩阵 $\mathbf{r}_1$、$\mathbf{r}_2$、$\mathbf{r}_3$、$\mathbf{P}$、$\mathbf{G}$ 和 $\mathbf{Q}$ 分别为

$$\mathbf{r}_1 = \begin{bmatrix} \boldsymbol{\Gamma}_{12} & \boldsymbol{\Gamma}_{13} & \cdots & \boldsymbol{\Gamma}_{1n} \\ \boldsymbol{\Gamma}_{22} & \ddots & \cdots & \boldsymbol{\Gamma}_{2n} \\ \vdots & & \ddots & \vdots \\ \boldsymbol{\Gamma}_{n2} & \boldsymbol{\Gamma}_{n3} & \cdots & \boldsymbol{\Gamma}_{nn} \end{bmatrix} \tag{5-18a}$$

$$\mathbf{r}_2 = \begin{bmatrix} \boldsymbol{\Gamma}_{21} & \boldsymbol{\Gamma}_{22} & \cdots & \boldsymbol{\Gamma}_{2n} \\ \boldsymbol{\Gamma}_{31} & \ddots & \cdots & \boldsymbol{\Gamma}_{3n} \\ \vdots & & \ddots & \vdots \\ \boldsymbol{\Gamma}_{n1} & \boldsymbol{\Gamma}_{n2} & \cdots & \boldsymbol{\Gamma}_{nn} \end{bmatrix} \tag{5-18b}$$

$$\mathbf{r}_3 = \begin{bmatrix} \mathbf{\Gamma}_{11} \\ \mathbf{\Gamma}_{21} \\ \vdots \\ \mathbf{\Gamma}_{n1} \end{bmatrix} \tag{5-18c}$$

$$\mathbf{P} = \begin{bmatrix} \omega_{022} & \omega_{0n2} & \cdots & \omega_{02n} \\ \omega_{032} & \ddots & & \vdots \\ \vdots & & \ddots & \vdots \\ \omega_{0n2} & \omega_{0n3} & \cdots & \omega_{0nn} \end{bmatrix} \tag{5-19}$$

$$\mathbf{G} = \begin{bmatrix} c_{021} \\ c_{031} \\ \vdots \\ c_{0n1} \end{bmatrix} \tag{5-20}$$

$$\mathbf{Q} = \begin{bmatrix} \omega_{021} \\ \omega_{031} \\ \vdots \\ \omega_{0n1} \end{bmatrix} \tag{5-21}$$

通过对方程(5-17)中矩阵求逆运算,得向量 $\mathbf{G}$ 和 $\mathbf{E}_k^{(1)}$ ($k=\pm1,\pm2,\cdots,m$)。利用式 $\mathbf{E}_0^{(1)} = \begin{bmatrix} 1 \\ \mathbf{G} \end{bmatrix}$,重构主振动模态向量 $\mathbf{E}_0^{(1)}$,得归一化谐波系数向量 $\mathbf{E}_k^{(1)}$ ($k=0,\pm1,\pm2,\cdots,m$)。

重复以上步骤,将其余主复根 $\omega_2^{(1)}$, $\omega_3^{(1)}$, $\cdots$, $\omega_n^{(1)}$ 和待求的归一化主振动模态向量 $\mathbf{E}_0^{(2)}$, $\mathbf{E}_0^{(3)}$, $\cdots$, $\mathbf{E}_0^{(n)}$ 分别代入方程(5-10);通过求逆运算,重构主振动模态向量 $\mathbf{E}_0^{(2)}$, $\mathbf{E}_0^{(3)}$, $\cdots$, $\mathbf{E}_0^{(n)}$,确定谐波系数向量 $\mathbf{E}_k^{(2)}$, $\mathbf{E}_k^{(3)}$, $\cdots$, $\mathbf{E}_k^{(n)}$;从而获得归一化主振动模态矩阵 $\mathbf{C}_0$ 及谐波系数矩阵 $\mathbf{C}_k = \begin{bmatrix} \mathbf{E}_k^{(1)} & \mathbf{E}_k^{(2)} & \cdots & \mathbf{E}_k^{(n)} \end{bmatrix}$。

同理,将另一组主复根 $\omega_1^{(2)}$, $\omega_2^{(2)}$, $\omega_3^{(2)}$, $\cdots$, $\omega_n^{(2)}$ 值和待求的归一化模态向量 $\mathbf{F}_0^{(1)}$, $\mathbf{F}_0^{(2)}$, $\cdots$, $\mathbf{F}_0^{(n)}$ 分别代入方程(5-10),可确定主振动模态向量 $\mathbf{F}_0^{(1)}$, $\mathbf{F}_0^{(2)}$, $\cdots$, $\mathbf{F}_0^{(n)}$ 和谐波系数向量 $\mathbf{F}_k^{(1)}$, $\mathbf{F}_k^{(2)}$, $\cdots$, $\mathbf{F}_k^{(n)}$,获得另一个归一化主振动模态矩阵 $\mathbf{D}_0$ 及谐波系数矩阵 $\mathbf{D}_{-k}$。其中,谐波系数矩阵 $\mathbf{D}_{-k}$ 和 $\mathbf{C}_k$ 互为共轭。

5.1.4 自由振动响应

1) 复指数形式

对多自由参数系统,在求解出主复根 ω_i ($i=1,2,\cdots,n$) 主振动模态矩阵 $\mathbf{C}_0$ 和归一化谐波系数矩阵 $\mathbf{C}_k$ 以后,可得到自由振动响应通解的矩阵三角级数逼近:

$$\mathbf{X}(t) = \sum_{k=-m}^{m} \mathbf{C}_k \begin{bmatrix} p_1 \mathrm{e}^{-\delta_1 t + \mathrm{j}(\omega_{s1}+k\omega_o)t} \\ p_2 \mathrm{e}^{-\delta_2 t + \mathrm{j}(\omega_{s2}+k\omega_o)t} \\ \vdots \\ p_n \mathrm{e}^{-\delta_n t + \mathrm{j}(\omega_{sn}+k\omega_o)t} \end{bmatrix} + \sum_{k=-m}^{m} \mathbf{C}_k^* \begin{bmatrix} q_1 \mathrm{e}^{-\delta_1 t - \mathrm{j}(\omega_{s1}+k\omega_o)t} \\ q_2 \mathrm{e}^{-\delta_2 t - \mathrm{j}(\omega_{s2}+k\omega_o)t} \\ \vdots \\ q_n \mathrm{e}^{-\delta_n t - \mathrm{j}(\omega_{sn}+k\omega_o)t} \end{bmatrix} \tag{5-22}$$

式中,p_1, p_2, $\cdots$, p_n 和 q_1, q_2, $\cdots$, q_n 为任意常数。

2）三角函数形式

如果谐波系数矩阵 $\mathbf{C}_k$ 为实矩阵，则自由振动响应通解表达为

$$\mathbf{X}(t) = \sum_{k=-m}^{m} \mathbf{C}_k \begin{Bmatrix} \mathrm{e}^{-\delta_1 t}\left[a_1\cos(\omega_{s1}+k\omega_o)t + b_1\sin(\omega_{s1}+k\omega_o)t\right] \\ \mathrm{e}^{-\delta_2 t}\left[a_2\cos(\omega_{s2}+k\omega_o)t + b_2\sin(\omega_{s2}+k\omega_o)t\right] \\ \cdots\cdots \\ \mathrm{e}^{-\delta_n t}\left[a_n\cos(\omega_{sn}+k\omega_o)t + b_n\sin(\omega_{sn}+k\omega_o)t\right] \end{Bmatrix} \tag{5-23}$$

式中，a_1，a_2，$\cdots$，a_n 和 b_1，b_2，$\cdots$，b_n 为任意常数。

3）自由振动响应

设初始条件

$$\mathbf{X}(0) = \begin{bmatrix} x_1(0) & x_2(0) & \cdots & x_n(0) \end{bmatrix}^{\mathrm{T}} \tag{5-24}$$

$$\frac{\mathrm{d}\mathbf{X}(0)}{\mathrm{d}t} = \begin{bmatrix} x_1'(0) & x_2'(0) & \cdots & x_n'(0) \end{bmatrix}^{\mathrm{T}} \tag{5-25}$$

将初始条件(5-24)代入通解(5-22)，得

$$\sum_{k=-m}^{m} \mathbf{C}_k \mathbf{P} + \sum_{k=-m}^{m} \mathbf{C}_k^* \mathbf{Q} = \mathbf{X}(0) \tag{5-26}$$

记

$$\mathbf{S}\mathbf{P} + \mathbf{S}^* \mathbf{Q} = \mathbf{X}(0) \tag{5-27}$$

其中

$$\mathbf{P} = \begin{bmatrix} p_1 \\ p_2 \\ \vdots \\ p_n \end{bmatrix}, \quad \mathbf{Q} = \begin{bmatrix} q_1 \\ q_2 \\ \vdots \\ q_n \end{bmatrix}, \quad \mathbf{S} = \sum_{k=-m}^{m} \mathbf{C}_k \tag{5-28}$$

将初始条件(5-25)代入通解(5-22)，得

$$\sum_{k=-m}^{m} \mathbf{C}_k \begin{bmatrix} -\delta_1+\mathrm{j}(\omega_{s1}+k\omega_o) & 0 & \cdots & 0 \\ 0 & -\delta_2+\mathrm{j}(\omega_{s2}+k\omega_o) & \cdots & 0 \\ \vdots & \vdots & & \vdots \\ 0 & 0 & \cdots & -\delta_n+\mathrm{j}(\omega_{sn}+k\omega_o) \end{bmatrix} \begin{bmatrix} p_1 \\ p_2 \\ \vdots \\ p_n \end{bmatrix} +$$

$$\sum_{k=-m}^{m} \mathbf{C}_k^* \begin{bmatrix} -\delta_1-\mathrm{j}(\omega_{s1}+k\omega_o) & 0 & \cdots & 0 \\ 0 & -\delta_2-\mathrm{j}(\omega_{s2}+k\omega_o) & \cdots & 0 \\ \vdots & \vdots & & \vdots \\ 0 & 0 & \cdots & -\delta_n-\mathrm{j}(\omega_{sn}+k\omega_o) \end{bmatrix} \begin{bmatrix} q_1 \\ q_2 \\ \vdots \\ q_2 \end{bmatrix} = \mathbf{X}'(0) \tag{5-29}$$

记

$$\mathbf{A}_\mathrm{C}\mathbf{P} + \mathbf{A}_\mathrm{C}^* \mathbf{Q} = \mathbf{X}'(0) \tag{5-30}$$

其中

$$\mathbf{A}_{\mathrm{C}} = \sum_{k=-m}^{m} \mathbf{C}_k \begin{bmatrix} -\delta_1 + \mathrm{j}(\omega_{s1} + k\omega_{\mathrm{o}}) & 0 & \cdots & 0 \\ 0 & -\delta_2 + \mathrm{j}(\omega_{s2} + k\omega_{\mathrm{o}}) & \cdots & 0 \\ \vdots & \vdots & & \vdots \\ 0 & 0 & \cdots & -\delta_n + \mathrm{j}(\omega_{sn} + k\omega_{\mathrm{o}}) \end{bmatrix}$$

$$(5-31)$$

根据方程(5-27)和方程(5-30),求出任意常数 $\mathbf{P}$ 和 $\mathbf{Q}$ 向量:

$$\begin{bmatrix} \mathbf{P} \\ \mathbf{Q} \end{bmatrix} = \begin{bmatrix} \mathbf{S} & \mathbf{S}^* \\ \mathbf{A}_{\mathrm{C}} & \mathbf{A}_{\mathrm{C}}^* \end{bmatrix}^{-1} \begin{bmatrix} \mathbf{X}(0) \\ \mathbf{X}'(0) \end{bmatrix} \tag{5-32}$$

任意常数 $\mathbf{P}$ 和 $\mathbf{Q}$ 向量可分别写为

$$\mathbf{P} = \begin{bmatrix} \mathbf{I}_{n\times n} & 0_{n\times n} \end{bmatrix} \begin{bmatrix} \mathbf{S} & \mathbf{S}^* \\ \mathbf{A}_{\mathrm{C}} & \mathbf{A}_{\mathrm{C}}^* \end{bmatrix}^{-1} \begin{bmatrix} \mathbf{X}(0) \\ \mathbf{X}'(0) \end{bmatrix} \tag{5-33}$$

$$\mathbf{Q} = \begin{bmatrix} 0_{n\times n} & \mathbf{I}_{n\times n} \end{bmatrix} \begin{bmatrix} \mathbf{S} & \mathbf{S}^* \\ \mathbf{A}_{\mathrm{C}} & \mathbf{A}_{\mathrm{C}}^* \end{bmatrix}^{-1} \begin{bmatrix} \mathbf{X}(0) \\ \mathbf{X}'(0) \end{bmatrix} \tag{5-34}$$

将方程(5-33)和方程(5-34)代入方程(5-22),得多自由度参数系统自由振动响应表达:

$$\mathbf{X}(t) = \sum_{k=-m}^{m} \mathbf{C}_k \mathbf{Diag}\left[\mathrm{e}^{-\delta_i t + \mathrm{j}(\omega_{si} + k\omega_{\mathrm{o}})t} \right] \begin{bmatrix} \mathbf{I}_{n\times n} & 0_{n\times n} \end{bmatrix} \begin{bmatrix} \mathbf{S} & \mathbf{S}^* \\ \mathbf{A}_{\mathrm{C}} & \mathbf{A}_{\mathrm{C}}^* \end{bmatrix}^{-1} \begin{bmatrix} \mathbf{X}(0) \\ \mathbf{X}'(0) \end{bmatrix} +$$

$$\sum_{k=-m}^{m} \mathbf{C}_k^* \mathbf{Diag}\left[\mathrm{e}^{-\delta_i t - \mathrm{j}(\omega_{si} + k\omega_{\mathrm{o}})t} \right] \begin{bmatrix} 0_{n\times n} & \mathbf{I}_{n\times n} \end{bmatrix} \begin{bmatrix} \mathbf{S} & \mathbf{S}^* \\ \mathbf{A}_{\mathrm{C}} & \mathbf{A}_{\mathrm{C}}^* \end{bmatrix}^{-1} \begin{bmatrix} \mathbf{X(0)} \\ \mathbf{X'(0)} \end{bmatrix} \tag{5-35}$$

4) 单位脉冲振动响应

设一个 n 维自由度参数系统,在质量 m_r 上作用一个单位脉冲激励 F,如图 5-2 所示,初始条件为

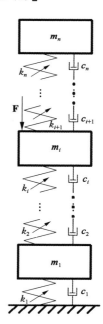

$$\mathbf{X}(0) = \begin{bmatrix} x_1(0) \\ x_2(0) \\ \vdots \\ x_n(0) \end{bmatrix} = \begin{bmatrix} 0 \\ 0 \\ \vdots \\ 0 \end{bmatrix} \tag{5-36}$$

$$\mathbf{X}'(0) = \begin{bmatrix} x_1'(0) \\ \vdots \\ x_{r-1}'(0) \\ x_r'(0) \\ x_{r+1}'(0) \\ \vdots \\ x_n'(0) \end{bmatrix} = \begin{bmatrix} 0 \\ \vdots \\ 0 \\ 1 \\ 0 \\ \vdots \\ 0 \end{bmatrix} \tag{5-37}$$

将初始条件代入响应表达(5-35),直接得到 n 维自由度参数系统的单位脉冲振动响应 $H_r(t)$,即单点脉冲激励多点振动响应:

图 5-2
作用于 m_r 上的单位脉冲激励示意图

$$\mathbf{H}_r(t) = \sum_{k=-m}^{m} \mathbf{C}_k \left[\mathbf{Diag}(e^{-\delta_i t + j(\omega_{si} + k\omega_0)t}) \quad 0_{n \times n} \right] \begin{bmatrix} \mathbf{S} & \mathbf{S}^* \\ \mathbf{A}_C & \mathbf{A}_C^* \end{bmatrix}^{-1} \begin{bmatrix} 0 \\ \mathbf{X}'(0) \end{bmatrix} +$$

$$\sum_{k=-m}^{m} \mathbf{C}_k^* \left[0_{n \times n} \quad \mathbf{Diag}(e^{-\delta_i t - j(\omega_{si} + k\omega_0)t}) \right] \begin{bmatrix} \mathbf{S} & \mathbf{S}^* \\ \mathbf{A}_C & \mathbf{A}_C^* \end{bmatrix}^{-1} \begin{bmatrix} 0 \\ \mathbf{X}'(0) \end{bmatrix} \qquad (5-38)$$

5.2　模态矩阵与正交性

多自由度参数系统自由振动的矩阵三角级数解逼近解中有三个重要理论问题,即谐振模态矩阵单调性、模态正交性、方程解耦条件。

5.2.1　谐振模态矩阵

在多自由度参数系统中,$\mathbf{C}_0$ 是归一化主振动模态矩阵;而谐波系数矩阵 $\mathbf{C}_k$ 的物理意义是:相对于主振动模态 $\mathbf{C}_0$,谐波系数矩阵 $\mathbf{C}_k$ 确定了谐振动的相对大小和方向,即组合频率 $\omega_s + k\omega_0$ 对应振动的振型。

根据振动响应能量有限性,当阶数 $k \to \infty$ 时,谐振模态矩阵 $\mathbf{C}_k$ 趋于 0 矩阵,但是它不一定是单调地趋于零。当刚度周期系数矩阵 $\mathbf{B}$ 中的元素绝对值增大时,谐波系数矩阵 $\mathbf{C}_k$ 和 $\mathbf{D}_k(k = \pm 1, \pm 2, \cdots, m)$ 中的元素绝对值不一定是单调地趋于零。

【算例 5-1】　设一个两自由度参数系统,参数频率 $\omega_0 = 10$,质量、阻尼、刚度和刚度周期系数矩阵分别为

$$\mathbf{M} = \begin{bmatrix} 1 & 0 \\ 0 & 1 \end{bmatrix}, \ \mathbf{C} = \begin{bmatrix} 0 & 0 \\ 0 & 0 \end{bmatrix}, \ \mathbf{K} = \begin{bmatrix} 5\,625 & -70 \\ -70 & 4\,900 \end{bmatrix}, \ \mathbf{B} = \begin{bmatrix} 2\,250 & 0 \\ 0 & 1\,960 \end{bmatrix}$$

分析谐振模态矩阵。

对该无阻尼参数系统,谐振模态矩阵 $\mathbf{C}_k$ 计算值见表 5-1。当 $k = -1$ 时,谐振模态矩阵 $\mathbf{C}_{-1}$ 中的元素计算值出现 $-14.425\,6$,其绝对值大于主振动模态矩阵 $\mathbf{C}_0$ 中的任意一个元素,$\mathbf{C}_k$ 中的元素绝对值随着 k 增大呈现非单调地趋于零。在这种情况下,组合谐波成分在参数系统自由振动响应的能量占比会特别大。

表 5-1　主振动模态 $\mathbf{C}_0$ 和谐振模态矩阵 $\mathbf{C}_k$ 计算值

k	$\mathbf{C}_k$	k	$\mathbf{C}_k$
...	...	1	$\begin{bmatrix} 1.074\,6 & 1.511\,8 \\ -0.107\,6 & 12.954\,6 \end{bmatrix}$
-2	$\begin{bmatrix} 0.575\,4 & 0.720\,5 \\ -0.031\,4 & 6.543\,9 \end{bmatrix}$	2	$\begin{bmatrix} 0.402\,4 & 0.680\,0 \\ -0.035\,3 & 4.421\,8 \end{bmatrix}$
-1	$\begin{bmatrix} -1.180\,6 & -1.390\,4 \\ 0.097\,7 & -14.425\,6 \end{bmatrix}$	...	...
0	$\begin{bmatrix} 1 & 1 \\ -0.129\,7 & 13.866\,8 \end{bmatrix}$		

5.2.2　主振动模态和谐振模态正交性

下面将沿用线性振动系统模态理论,描述参数系统主振动模态和谐振模态正交性,简要

表达如下：

若参数系统主振动模态 $\mathbf{C}_0$ 和 $\mathbf{D}_0$ 是实模态,在一般情况下,归一化模态向量 $\mathbf{E}_0^{(i)}$ 与 $\mathbf{E}_0^{(j)}$ 互不正交。除了 $i=j$ 以外,还存在着以下关系：

$$\left.\begin{aligned}
\Gamma_{\mathbf{M}}(i,j) &= \mathbf{E}_0^{(i)\,\mathrm{T}}\mathbf{M}\mathbf{E}_0^{(j)} \neq 0 \\
\Gamma_{\mathbf{K}}(i,j) &= \mathbf{E}_0^{(i)\,\mathrm{T}}\mathbf{K}\mathbf{E}_0^{(j)} \neq 0 \\
(i=1,2,\cdots,n\,&;\,j=1,2,\cdots,n)
\end{aligned}\right\} \tag{5-39}$$

相应的归一化谐振模态向量 $\mathbf{E}_k^{(i)}$ 与 $\mathbf{E}_k^{(j)}$ 互不正交,除了 $i=j$ 以外,还存在着以下关系：

$$\left.\begin{aligned}
\Gamma_{\mathbf{M}}^{(k)}(i,j) &= \mathbf{E}_k^{(i)\,\mathrm{T}}\mathbf{M}\mathbf{E}_k^{(j)} \neq 0 \\
\Gamma_{\mathbf{K}}^{(k)}(i,j) &= \mathbf{E}_k^{(i)\,\mathrm{T}}\mathbf{K}\mathbf{E}_k^{(j)} \neq 0 \\
(i=1,2,\cdots,n\,&;\,j=1,2,\cdots,n)
\end{aligned}\right\} \tag{5-40}$$

如果参数系统主振动模态 $\mathbf{C}_0$ 和 $\mathbf{D}_0$ 是复模态,在状态空间中设一个向量 $\mathbf{Y}=[\dot{\mathbf{X}}\quad\mathbf{X}]^{\mathrm{T}}$,对应于复特征根 r_i 的特征向量,即第 i 阶复模态向量

$$\Phi_0^{(i)} = \begin{bmatrix} r_i\mathbf{E}_0^{(i)} \\ \mathbf{E}_0^{(i)} \end{bmatrix} \tag{5-41}$$

则复模态向量 $\Phi_0^{(i)}$ 与 $\Phi_0^{(j)}$ 互不正交。除了 $i=j$ 以外,还存在着以下关系：

$$\left.\begin{aligned}
\Gamma_{\mathbf{A}}(i,j) &= \Phi_0^{(i)\,\mathrm{T}}\widetilde{\mathbf{M}}\Phi_0^{(j)} \neq 0 \\
\Gamma_{\mathbf{B}}(i,j) &= \Phi_0^{(i)\,\mathrm{T}}\widetilde{\mathbf{K}}\Phi_0^{(j)} \neq 0 \\
(i=1,2,\cdots,n\,&;\,j=1,2,\cdots,n)
\end{aligned}\right\} \tag{5-42}$$

其中

$$\widetilde{\mathbf{M}} = \begin{bmatrix} 0 & \mathbf{M} \\ \mathbf{M} & \mathbf{C} \end{bmatrix},\ \widetilde{\mathbf{K}} = \begin{bmatrix} -\mathbf{M} & 0 \\ 0 & \mathbf{K} \end{bmatrix} \tag{5-43}$$

是状态空间中的矩阵。

对于归一化复谐波模态 $\mathbf{C}_k$ 和 $\mathbf{D}_k$,可以较容易地得到类似于式(5-42)中的正交性表达。

在一般情况下,随着刚度周期系数矩阵 $\mathbf{B}$ 中的元素绝对值增大或调制指数矩阵 $\mathbf{\Lambda}$ 中元素的绝对值增大,主振动模态向量 $\mathbf{E}_0^{(i)}$ 与 $\mathbf{E}_0^{(j)}$ 或 $\Phi_0^{(i)}$ 与 $\Phi_0^{(j)}$ 以及谐波模态向量 $\mathbf{E}_k^{(i)}$ 与 $\mathbf{E}_k^{(j)}$ 或 $\Phi_k^{(i)}$ 与 $\Phi_k^{(j)}$ 正交性变差。

可见,在一般情况下,n 阶自由度参数振动方程不能进行解耦变换。

5.2.3　比例周期系数矩阵与方程解耦

由线性振动系统理论可知,无阻尼线性振动系统

$$\mathbf{M}\ddot{\mathbf{X}} + \mathbf{K}\mathbf{X} = \mathbf{0} \tag{5-44}$$

其模态矩阵为 $\mathbf{\Psi}$,对于坐标变换

$$\mathbf{X} = \mathbf{\Psi}\mathbf{Q} \tag{5-45}$$

则式(5-44)中质量矩阵和刚度矩阵可对角化：

$$\boldsymbol{\Psi}^{\mathrm{T}}\mathbf{M}\boldsymbol{\Psi} = \begin{bmatrix} m_1 & 0 & \cdots & 0 \\ 0 & m_2 & \cdots & 0 \\ \vdots & \vdots & \ddots & \vdots \\ 0 & 0 & \cdots & m_n \end{bmatrix}, \quad \boldsymbol{\Psi}^{\mathrm{T}}\mathbf{K}\boldsymbol{\Psi} = \begin{bmatrix} k_1 & 0 & \cdots & 0 \\ 0 & k_2 & \cdots & 0 \\ \vdots & \vdots & \ddots & \vdots \\ 0 & 0 & \cdots & k_n \end{bmatrix} \tag{5-46}$$

引入比例黏性阻尼 $\mathbf{C} = \alpha\mathbf{M} + \lambda\mathbf{K}$，则参数振动方程(5-1)表达为

$$\mathbf{M}\ddot{\mathbf{X}} + (\alpha\mathbf{M} + \lambda\mathbf{K})\dot{\mathbf{X}} + \mathbf{K}\mathbf{X} + \mathbf{B}\mathbf{X}\cos\omega_{\mathrm{o}}t = \mathbf{0} \tag{5-47}$$

将式(5-45)代入等式(5-47)，则

$$\mathbf{M}\boldsymbol{\Psi}\ddot{\mathbf{Q}} + (\alpha\mathbf{M} + \lambda\mathbf{K})\boldsymbol{\Psi}\dot{\mathbf{Q}} + \mathbf{K}\boldsymbol{\Psi}\mathbf{Q} + \mathbf{B}\boldsymbol{\Psi}\mathbf{Q}\cos\omega_{\mathrm{o}}t = \mathbf{0} \tag{5-48}$$

用 $\boldsymbol{\Psi}^{\mathrm{T}}$ 左乘等式(5-48)，得

$$\boldsymbol{\Psi}^{\mathrm{T}}\mathbf{M}\boldsymbol{\Psi}\ddot{\mathbf{Q}} + \boldsymbol{\Psi}^{\mathrm{T}}(\alpha\mathbf{M} + \lambda\mathbf{K})\boldsymbol{\Psi}\dot{\mathbf{Q}} + \boldsymbol{\Psi}^{\mathrm{T}}\mathbf{K}\boldsymbol{\Psi}\mathbf{Q} + \boldsymbol{\Psi}^{\mathrm{T}}\mathbf{B}\boldsymbol{\Psi}\mathbf{Q}\cos\omega_{\mathrm{o}}t = \mathbf{0} \tag{5-49}$$

根据模态向量正交性，在等式(5-49)中，前三项矩阵已被对角化。如果在等式(5-49)中的 $\boldsymbol{\Psi}^{\mathrm{T}}\mathbf{B}\boldsymbol{\Psi}$ 能够对角化，则参数振动方程可得以解耦。

根据模态矩阵 $\boldsymbol{\Psi}$ 的正交性，若取刚度周期系数矩阵 $\mathbf{B}$ 是质量矩阵 $\mathbf{M}$ 和刚度矩阵 $\mathbf{K}$ 的线性组合，即 $\mathbf{B} = \mu\mathbf{M} + \nu\mathbf{K}$，则可使 $\boldsymbol{\Psi}^{\mathrm{T}}\mathbf{B}\boldsymbol{\Psi}$ 对角化，从而可以得到在模态坐标下一组 n 个相互独立的参数振动方程。

5.3　主特征根分布与识别

在 $n(2m+1)$ 阶频率方程解中存在 $2n(2m+1)$ 复根，n 对主复根混叠于诸多主复根与参数频率组合的复根中，即待求主复根隐藏于方程解的众多复根中。下面根据多自由度参数系统特征根分布规律，建立识别算法，对主复根进行甄别。

5.3.1　特征根分布

在多自由度参数系统中，存在 n 对主复根，第 i 对主特征根为

$$s_{i,0} = \mathrm{j}\omega_i = -\delta_i \pm \mathrm{j}\omega_{si} \quad (i = 1, 2, 3, \cdots, n) \tag{5-50}$$

对应于一组特征根序列

$$s_{i,k} = -\delta_i \pm \mathrm{j}(\omega_{si} + k\omega_{\mathrm{o}})$$
$$(k = -m, \cdots, -2, -1, 0, 1, 2, \cdots, m) \tag{5-51}$$

主特征根混叠于诸多特征根序列中，当参数系统在稳定状态下，衰减率 $\delta_i > 0$，每组特征根序列分布在复平面的左边，以直线排列，不同的衰减率 δ_i 对应着不同位置排列。如图 5-3

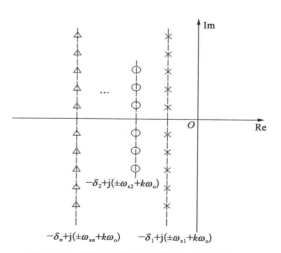

图 5-3　多自由度参数系统在稳态状态下特征根序列分布示意图

所示,它们分别表示为从"×"到"△"的根序列,共 n 对共轭特征根序列。

5.3.2 主特征根识别算法

当参数系统特征根为复根、实部为 $-\delta_i$ 时,由于各组衰减率互异,可以依据特征根实部的数值,将特征根归类为 n 组共轭根序列对。

当参数系统无阻尼时,特征根只剩下虚根,相当于各阶衰减率均相等且为零,即 $\delta_1 = \cdots = \delta_i = \cdots = \delta_n = 0$。$n$ 组特征根序列对同时落在虚轴上,形成相互交融分布的点。当各阶衰减率相等时,所有特征根同样分布在一条直线上,主特征根识别算法与无阻尼情况类同。因此,主特征根识别算法分为两种情况,即衰减率相异和衰减率等同,具体介绍如下:

1)衰减率相异

当参数系统有阻尼时,特征根序列表达为式(5-51)。在每一组特征根序列 $s_{i,k}$ 中,如果 k 的取值区间为 $[-m, m]$,特征根 $s_{i,k}$ 的个数为 $2(2m+1)$,主特征根 $s_{i,0}$ 只有 1 对。因此,从频率方程计算得到的诸多复特征根中,识别主特征根的步骤有:

(1)从方程 $2n(2m+1)$ 特征根中的实部,分离得到 n 个衰减率 δ_i。

(2)根据 n 个衰减率,依次取出 n 组特征根序列对 $s_{i,k}$,形成每组实部相同的序列对。

(3)在每组特征序列对 $s_{i,k}$ 中取复根的虚部,记为 $\text{Im}(s_{i,k})$。将复根的虚部元素 $\text{Im}(s_{i,k})$ 按大小排列。

(4)特征根虚部序列理论最大值 $\max[\text{Im}(s_{i,k})]$ 为 $\omega_{si} + m\omega_0$,从而获得主振荡频率 $\omega_{si} = \max[\text{Im}(s_{i,k})] - m\omega_0$。

(5)完成每个衰减率 δ_i 对应的主振荡频率 $\omega_{si}(i = 1, 2, \cdots, n)$ 的识别。

(6)振荡频率按从小至大顺序排列,依次得到 n 阶主振荡频率 ω_{s1}、ω_{s2}、$\cdots$、ω_{sn},最终可以确定参数系统主特征根 $s_{i,k} = -\delta_i \pm j\omega_{si}(i = 1, 2, \cdots, n)$。

2)衰减率等同

由于主振荡频率的阶数是按照其大小排序,所以特征根虚部中的最大值一定是最大振荡频率 ω_{sn} 与 $m\omega_0$ 的线性组合;这样,识别主特征根的步骤有:

(1)计算得到的特征根的虚部 $\text{Im}(s)$ 元素按大小排列,从虚部 $\text{Im}(s)$ 元素中取最大值,即 $\max[\text{Im}(s)] = \omega_{sn} + m\omega_0$,从而获得振动第 n 阶主振荡频率 $\omega_{sn} = \max[\text{Im}(s)] - m\omega_0$。

(2)对剩余特征根 s' 进行更新,剔除所有第 n 阶主振荡频率对应的组合特征根 $s_{n,k} = \pm j(\omega_{sn} + k\omega_0)(k = -m, \cdots, -2, -1, 0, 1, 2, \cdots, m)$。

(3)更新后的特征根 s' 的虚部元素的最大值是 $\omega_{s(n-1)} + m\omega_0$,这样得到第 $n-1$ 阶主振荡频率 $\omega_{s(n-1)} = \max[\text{Im}(s')] - m\omega_0$。

(4)重复步骤(3),获得参数系统振动其余主振荡频率,即 $\omega_{s(n-2)}$、$\omega_{s(n-3)}$、$\cdots$、ω_{s1},系统主振荡频率识别结果按大小顺序排列,序列颠倒以后即为所求结果,即 ω_{s1}、ω_{s2}、$\cdots$、ω_{sn}。

5.3.3 特征根识别中计算容差

在理论上,组合频率的相邻间隔为 ω_0。在矩阵三角级数逼近计算中,由于采用有限项级数逼近,因此,在计算中存在截断误差,数值计算结果与理论分析有一定差别。在特征根序列中,随着 k 值增大,衰减率 δ_i 和频率间隔 ω_0 误差增大,导致理论分析值与计算值的不一致。因此,在特征根识别算法中引入计算容差的概念。

1）衰减率

按衰减率 δ_i 大小对特征根计算值进行分类时，对于衰减率 δ_i，设置一个计算容差 $\pm\Delta_\delta$：

$$||\operatorname{Re}(s_{i,k})|-\delta_i|<\Delta_\delta \qquad (5-52)$$

2）频率间隔

利用频率间隔 ω_o 进行特征根序列对搜索时，对于频率间隔 ω_o，设置一个计算容差 $\pm\Delta_\omega$：

$$|\operatorname{Im}(s_{i,k})-\omega_o|<\Delta_\omega \qquad (5-53)$$

将特征根序列对分成两组：A 组频率从最大值开始，按降序排列，记为 A_1、A_2、$\cdots$、A_n。B 组频率从最小值开始，按升序排列，记为 B_1、B_2、$\cdots$、B_n。由于存在如下关系：

$$\left.\begin{array}{l} A_{m+1}=\omega_s \\ B_{m+1}=-\omega_s \end{array}\right\} \qquad (5-54)$$

搜索主特征根等价于确定 A_{m+1} 或 B_{m+1}。如图 5-4 所示，将特征根序列进行降序排列，最大值为 A_1，最小值为 B_1。以 A_1 为初始值、$\omega_o\pm\Delta_\omega$ 为间隔向下搜索，第 $m+1$ 个根为主特征根 A_{m+1}。以 B_1 为初始值、$\omega_o\pm\Delta_\omega$ 为间隔向上搜索，第 $m+1$ 个根为主特征根 B_{m+1}。

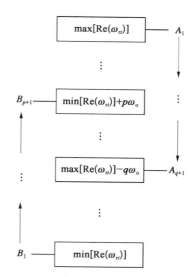

图 5-4　主特征根搜索示意图

【算例 5-2】　一个两自由度参数系统，设参数频率 $\omega_o=6$，质量、阻尼、刚度和刚度周期系数矩阵分别为

$$\mathbf{M}=\begin{bmatrix}1 & 0 \\ 0 & 1\end{bmatrix},\ \mathbf{C}=\begin{bmatrix}0.4 & 0 \\ 0 & 0.1\end{bmatrix},\ \mathbf{K}=\begin{bmatrix}400 & -250 \\ -250 & 1\,600\end{bmatrix},\ \mathbf{B}=\begin{bmatrix}80 & 0 \\ 0 & 480\end{bmatrix}$$

识别参数振动的主特征根。

首先，计算出对应线性系统（$\mathbf{B}=0$）的两个特征根：

$$r_{n1}=-\delta_1\pm\mathrm{j}\omega_{d1}=-0.194\,2\pm\mathrm{j}18.707\,3$$

$$r_{n2}=-\delta_2\pm\mathrm{j}\omega_{d2}=-0.055\,8\pm\mathrm{j}40.620\,1$$

取 $k=-10,\cdots,-2,-1,0,1,2,\cdots,10$ 时，参数振动的特征根计算值的分布如图 5-5 所示，两对特征根序列对关于横轴 $x=0$ 上下对称，分布在复平面左边。显然，由于计算截断误差影响，特别在直线的两端，计算得到的特征根序列在复平面上分布不完全在一条直线上，频率间隔 ω_o 也有差别。

根据衰减率 δ_1 和 δ_2，置计算容差值 $\Delta_\delta=\pm0.002$，通过搜索，将特征根计算值 s_{ik} 分成两

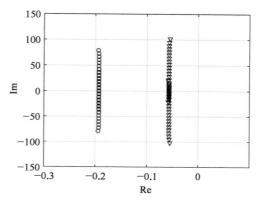

图 5-5　两自由度参数系统振动特征根计算值在复平面上的分布

组根序列对。在图 5-5 中,"○"序列为一阶主振荡频率所在特征根序列,"▽"序列为二阶主振荡频率所在特征根序列,将两组虚部序列分别按降序排列和升序排列,排列方式见表 5-2。

表 5-2　特征根计算值排列(k 从 −10 至 10)

特征根序号	$s_{1,k}$				$s_{2,k}$			
	$\mathrm{Re}(s_{1,k})$	$\mathrm{Im}(s_{1,k})$	A组	B组	$\mathrm{Re}(s_{2,k})$	$\mathrm{Im}(s_{2,k})$	A组	B组
1	−0.194 4	78.895 2	A1		−0.054 8	101.753 0	A1	
2	−0.193 4	72.562 3	A2		−0.056 1	94.598 0	A2	
3	−0.193 3	66.543 7	A3		−0.056 6	88.457 7	A3	
4	−0.193 3	60.542 9	A4		−0.056 7	82.450 0	A4	
5	−0.193 3	54.542 9	A5		−0.056 7	76.449 8	A5	
6	−0.193 3	48.542 9	A6		−0.056 7	70.449 8	A6	
7	−0.193 3	42.542 9	A7		−0.056 7	64.449 8	A7	
8	−0.193 1	41.655 1		B21	−0.056 7	58.449 8	A8	
9	−0.193 3	36.542 9	A8		−0.056 7	52.449 8	A9	
10	−0.193 3	35.459 4		B20	−0.056 7	46.449 8	A10	
11	−0.193 3	30.542 9	A9		**−0.056 7**	**40.449 8**	**A11**	
12	−0.193 3	29.457 1		B19	−0.056 7	34.449 8	A12	
13	−0.193 3	24.542 9	A10		−0.056 7	28.449 8	A13	
14	−0.193 3	23.457 2		B18	−0.056 7	22.449 8	A14	
15	**−0.193 3**	**18.542 9**	**A11**		−0.058 1	20.740 5		B21
16	−0.193 3	17.457 1		B17	−0.056 7	16.449 8	A15	
17	−0.193 3	12.542 9	A12		−0.056 9	13.646 9		B20
18	−0.193 3	11.457 1		B16	−0.056 7	10.449 8	A16	
19	−0.193 3	6.542 9	A13		−0.056 7	7.553 2		B19
20	−0.193 3	5.457 1		B15	−0.056 7	4.449 8	A17	
21	−0.193 3	0.542 9	A14		−0.056 7	1.550 3		B18
22	−0.193 3	−0.542 9		B14	−0.056 7	−1.550 3	A18	
23	−0.193 3	−5.457 1	A15		−0.056 7	−4.449 8		B17
24	−0.193 3	−6.542 9		B13	−0.056 7	−7.553 2	A19	
25	−0.193 3	−11.457 1	A16		−0.056 7	−10.449 8		B16
26	−0.193 3	−12.542 9		B12	−0.056 9	−13.646 9	A20	
27	−0.193 3	−17.457 1	A17		−0.056 7	−16.449 8		B15
28	**−0.193 3**	**−18.542 9**		**B11**	−0.058 1	−20.740 5	A21	
29	−0.193 3	−23.457 2	A18		−0.056 7	−22.449 8		B14
30	−0.193 3	−24.542 9		B10	−0.056 7	−28.449 8		B13
31	−0.193 3	−29.457 1	A19		−0.056 7	−34.449 8		B12
32	−0.193 3	−30.542 9		B9	**−0.056 7**	**−40.449 8**		**B11**
33	−0.193 3	−35.459 4	A20		−0.056 7	−46.449 8		B10
34	−0.193 3	−36.542 9		B8	−0.056 7	−52.449 8		B9
35	−0.193 1	−41.655 1	A21		−0.056 7	−58.449 8		B8
36	−0.193 3	−42.542 9		B7	−0.056 7	−64.449 8		B7
37	−0.193 3	−48.542 9		B6	−0.056 7	−70.449 8		B6
38	−0.193 3	−54.542 9		B5	−0.056 7	−76.449 8		B5
39	−0.193 3	−60.542 9		B4	−0.056 7	−82.450 0		B4
40	−0.193 3	−66.543 7		B3	−0.056 6	−88.457 7		B3
41	−0.193 4	−72.562 3		B2	−0.056 1	−94.598 0		B2
42	−0.194 4	−78.895 2		B1	−0.054 8	−101.753 0		B1

在 $\mathrm{Im}(s_{1,k})$ 序列对中,对于 $\delta_1 = 0.1933, A_{m+1} = A_{11} = 18.5429, B_{m+1} = B_{11} = -18.5429$, 所以主振动频率 $\omega_{s1} = 18.5429$。 所给的参数系统第一对振动主特征值为 $s_{1,0} = -\delta_1 \pm \mathrm{j}\omega_{s1} = -0.1933 \pm \mathrm{j}18.5429$。

同理,在 $\mathrm{Im}(s_{2,k})$ 序列对中,对于 $\delta_2 = 0.0567$, $A_{m+1} = A_{11} = 40.4498$, $B_{m+1} = B_{11} = -40.4498$,所以 $\omega_{s2} = 40.4498$。 所给的参数系统振动的第二对主特征值为 $s_{2,0} = -\delta_2 \pm \mathrm{j}\omega_{s2} = -0.0567 \pm \mathrm{j}40.4498$。

5.4　耦合倒立双摆系统自由振动

在直升机前行运动中,其旋翼叶片会不断受到周期性时变力的作用,从而引起参数振动问题。针对直升机机翼的构件,学者 S. C. Sinha 进行了简化处理,建立了如图 5-6 所示耦合倒立双摆动力学模型,它是一个典型的两自由度参数系统。

其中,双摆与固定基础之间由弹性系数为 k_1 和 k_2 的扭弹簧连接,双摆杆中间位置由弹性系数为 k 的弹簧连接耦合,摆杆转动过程中存在阻尼 c_1 和 c_2,摆杆顶部存在集中质量 m_1 和 m_2,集中质量位置分别受到时变载荷 $P_1 \cos \omega_0 t$ 和 $P_2 \cos \omega_0 t$ 扰动。

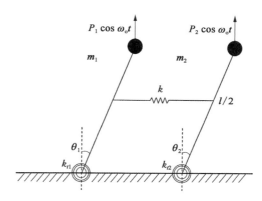

图 5-6　耦合倒立双摆动力学模型

这样,耦合倒立双摆模型的动力学方程为

$$\left.\begin{array}{l} m_1 l^2 \ddot{\theta}_1 + c_1 \dot{\theta}_1 + k_1 \theta_1 + \dfrac{l^2}{4} k(\theta_1 - \theta_2) + P_1 l \cos \omega_0 t \sin \theta_1 = 0 \\[2mm] m_2 l^2 \ddot{\theta}_2 + c_2 \dot{\theta}_2 + k_2 \theta_2 + \dfrac{l^2}{4} k(\theta_2 - \theta_1) + P_2 l \cos \omega_0 t \sin \theta_2 = 0 \end{array}\right\} \qquad (5-55)$$

在转角 θ 很小的情况下,可对其正弦值做近似,即 $\sin \theta \approx \theta$。 基于近似,将上述方程改写成矩阵形式、并做归一化处理:

$$\begin{bmatrix} \ddot{\theta}_1 \\ \ddot{\theta}_2 \end{bmatrix} + \begin{bmatrix} \dfrac{c_1}{m_1 l^2} & 0 \\[3mm] 0 & \dfrac{c_2}{m_2 l^2} \end{bmatrix} \begin{bmatrix} \dot{\theta}_1 \\ \dot{\theta}_2 \end{bmatrix} + \begin{bmatrix} \dfrac{4k_1 + kl^2}{4m_1 l^2} & \dfrac{-kl^2}{4m_1 l^2} \\[3mm] \dfrac{-kl^2}{4m_2 l^2} & \dfrac{4k_2 + kl^2}{4m_2 l^2} \end{bmatrix} \begin{bmatrix} \theta_1 \\ \theta_2 \end{bmatrix} + \begin{bmatrix} \dfrac{P_1}{m_1 l} & 0 \\[3mm] 0 & \dfrac{P_2}{m_2 l} \end{bmatrix} \begin{bmatrix} \theta_1 \\ \theta_2 \end{bmatrix} \cos \omega_0 t = \mathbf{0}$$

$$(5-56)$$

记

$$\boldsymbol{\theta} = \begin{bmatrix} \theta_1 \\ \theta_2 \end{bmatrix}, \ \mathbf{M} = \begin{bmatrix} 1 & 0 \\ 0 & 1 \end{bmatrix}, \ \mathbf{C} = \begin{bmatrix} c_{11} & 0 \\ 0 & c_{22} \end{bmatrix}, \ \mathbf{K} = \begin{bmatrix} k_{11} & k_{12} \\ k_{21} & k_{22} \end{bmatrix},$$

$$\mathbf{B} = \begin{bmatrix} b_1 & 0 \\ 0 & b_2 \end{bmatrix}, \ \boldsymbol{\Lambda} = \begin{bmatrix} \beta_1 & 0 \\ 0 & \beta_2 \end{bmatrix}$$

其中

$$c_{11}=\frac{c_1}{m_1l^2},\ c_{22}=\frac{c_2}{m_2l^2},\ k_{11}=\frac{4k_1+kl^2}{4m_1l^2},\ k_{12}=\frac{-k}{4m_1},\ k_{21}=\frac{-k}{4m_2},$$
$$k_{22}=\frac{4k_2+kl^2}{4m_2l^2},\ b_1=\frac{P_1}{m_1l},\ b_2=\frac{P_2}{m_2l},\ \beta_1=\frac{4P_1l}{4k_1+kl^2},\ \beta_2=\frac{4P_2l}{4k_2+kl^2}$$

$$(5-57)$$

则耦合倒立双摆模型振动方程可简化为

$$\mathbf{M}\ddot{\boldsymbol{\theta}}+\mathbf{C}\dot{\boldsymbol{\theta}}+(\mathbf{K}+\mathbf{B}\cos\omega_0 t)\boldsymbol{\theta}=0 \qquad (5-58)$$

式中,刚度$(\mathbf{K}+\mathbf{B}\cos\omega_0 t)$是一个随时间变化的周期性量。所以,方程$(5-58)$是一个刚度周期性时变的参数振动方程。

5.4.1　无阻尼参数振动

【算例5-3】　考虑耦合倒立双摆参数系统$(5-58)$的阻尼系数c_{11}和c_{22}为0时,采用矩阵三角级数逼近法,给出参数系统主振荡频率、主振动模态及组合频率谐振模态,讨论模态向量正交性,求解自由振动响应,以及在比例刚度周期系数矩阵条件下的解耦变换。

在参数振动模型中,物理参数取值见表5-3。

表5-3　耦合倒立双摆模型中各物理参数

参数	c_{11}	c_{22}	k_{11}	k_{12}	k_{21}	k_{22}	b_1	b_2	β_1	β_2	ω_0
取值	0	0	25	−7	−7	9	2.5	0.9	0.1	0.1	2π

这样,参数振动方程$(5-58)$中各矩阵表达为

$$\mathbf{M}=\begin{bmatrix}1 & 0\\ 0 & 1\end{bmatrix},\ \mathbf{C}=\begin{bmatrix}0 & 0\\ 0 & 0\end{bmatrix},\ \mathbf{K}=\begin{bmatrix}25 & -7\\ -7 & 9\end{bmatrix},\ \mathbf{B}=\begin{bmatrix}2.5 & 0\\ 0 & 0.9\end{bmatrix},\ \mathbf{\Lambda}=\begin{bmatrix}0.1 & 0\\ 0 & 0.1\end{bmatrix}$$

振动方程$(5-58)$对应线性系统$(\mathbf{B}=0)$的特征根分别为

$$r_{d1}=\pm j\omega_{n1}=\pm j2.523\,857\,006\,105\,011$$
$$r_{d2}=\pm j\omega_{n2}=\pm j5.256\,438\,510\,316\,149$$

模态矩阵为

$$\mathbf{\Psi}=\begin{bmatrix}1 & 1\\ 2.661\,4 & -0.375\,7\end{bmatrix}$$

步骤1:主特征根

取自由振动响应的矩阵三角级数逼近项数为41项$(k=-20,\cdots,-2,-1,0,1,2,\cdots,20)$,进行振动特征值求解。

参数系统振动特征值分布如图5-7所示,所有的特征根分布在复平面纵轴上。根据5.2

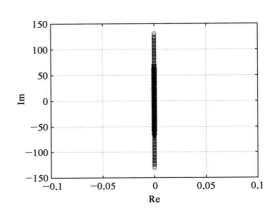

图5-7　无阻尼倒立双摆系统振动特征根在复平面上的分布

节介绍的衰减率等同识别算法,识别出参数系统的两个主特征根,它们分别为

$$s_{1,0} = \pm j\omega_{s1} = \pm j2.531\ 694\ 663\ 231\ 213$$

$$s_{2,0} = \pm j\omega_{s2} = \pm j5.251\ 719\ 241\ 591\ 597$$

其中,参数系统的第一阶主振荡频率 ω_{s1} 大于对应线性系统的固有频率 ω_{n1},而第二阶主振荡频率 ω_{s2} 略小于对应线性系统的固有频率 ω_{n2}。

步骤 2:主振动模态与谐振模态正交性

将两个主振荡频率分别代入方程(5-17),求出谐波系数向量 $\mathbf{E}_0^{(1)}$ 和 $\mathbf{E}_0^{(2)}$ 以及 $\mathbf{E}_k^{(1)}$ 和 $\mathbf{E}_k^{(2)}$,得到主振动模态矩阵 $\mathbf{C}_0$ 及谐波系数矩阵 $\mathbf{C}_k$。主振动模态和谐振模态为实模态 $\mathbf{C}_k$,但是参数系统主振动模态 $\mathbf{C}_0$ 与对应的线性系统振动模态 $\mathbf{\Psi}$ 有差别,而且主振动模态向量 $\mathbf{E}_0^{(1)}$ 和 $\mathbf{E}_0^{(2)}$ 之间正交性差:

$$\Gamma_{\mathbf{M}}(1,2) = \mathbf{E}_0^{(1)\mathrm{T}} \mathbf{M} \mathbf{E}_0^{(2)} = -0.005\ 6 \neq 0$$

$$\Gamma_{\mathbf{K}}(1,2) = \mathbf{E}_0^{(1)\mathrm{T}} \mathbf{K} \mathbf{E}_0^{(2)} = -0.049\ 3 \neq 0$$

在谐振模态 $\mathbf{C}_k$ 中,谐振模态向量 $\mathbf{E}_k^{(1)}$ 与 $\mathbf{E}_k^{(2)}$ 之间也相互不正交,具体计算见表 5-4。

表 5-4 向量 $\mathbf{E}_k^{(1)}$ 与向量 $\mathbf{E}_k^{(2)}$ 正交性计算

k	$\mathbf{E}_k^{(1)}$	$\mathbf{E}_k^{(2)}$	$\Gamma_{\mathbf{M}}^{(k)}(1,2)$	$\Gamma_{\mathbf{K}}^{(k)}(1,2)$
...	...	...	...	...
-2	$\begin{bmatrix} 0.000\ 2 \\ 0.001\ 0 \end{bmatrix}$	$\begin{bmatrix} -0.002\ 7 \\ 0.000\ 1 \end{bmatrix}$	$0.847\ 1$	$-6.765\ 2$
-1	$\begin{bmatrix} 0.019\ 6 \\ 0.209\ 2 \end{bmatrix}$	$\begin{bmatrix} -0.061\ 7 \\ -0.033\ 1 \end{bmatrix}$	$6.710\ 8$	$-2.016\ 1$
0	$\begin{bmatrix} 1 \\ 2.663\ 2 \end{bmatrix}$	$\begin{bmatrix} 1 \\ -0.377\ 6 \end{bmatrix}$	$-0.005\ 6$	$-0.049\ 3$
1	$\begin{bmatrix} 0.021\ 7 \\ 0.015\ 2 \end{bmatrix}$	$\begin{bmatrix} 0.011\ 7 \\ -0.002\ 0 \end{bmatrix}$	$0.878\ 2$	$20.203\ 9$
2	$\begin{bmatrix} 0.000\ 1 \\ 0 \end{bmatrix}$	$\begin{bmatrix} 0.000\ 1 \\ 0 \end{bmatrix}$	$0.983\ 3$	$23.994\ 8$
...	...	...	...	...

调制指数矩阵 $\mathbf{\Lambda}$ 中元素数值对主振荡频率、主振动模态和模态向量正交性的影响见表 5-5。在给定的参数系统中,如果刚度调制指数 β_1 和 β_2 从 0 增大至 0.5,则振动第一阶主振荡频率 ω_{s1} 逐渐增大,而振动第二阶主振荡频率 ω_{s2} 逐渐减小。主振动模态矩阵从 $\mathbf{\Psi} = \begin{bmatrix} 1 & 1 \\ 2.661\ 4 & -0.375\ 74 \end{bmatrix}$ 改变为 $\mathbf{C}_0 = \begin{bmatrix} 1 & 1 \\ 2.793\ 0 & -0.419\ 4 \end{bmatrix}$,振型差别增大;同时,正交性计算值 $\Gamma_{\mathbf{M}}(1,2)$ 和 $\Gamma_{\mathbf{K}}(1,2)$ 随着调制指数 β_1 和 β_2 增大,其绝对值增大,因此,主振动模态向量 $\mathbf{E}_0^{(1)}$ 与 $\mathbf{E}_0^{(2)}$ 之间的正交性随之变差。

步骤 3:主振型与谐振振型

根据耦合倒立双摆的质量、弹簧在空间的分布,由主振动模态矩阵和谐振模态矩阵可以绘制出主振动振型和谐振振型,见表 5-6、表 5-7。

表 5-5　调制指数矩阵 Λ 中元素数值对主振荡频率、主振动模态和模态向量正交性的影响

β_1 和 β_2 取值	主振荡频率 ω_{s1}, ω_{s2}	主振动模态 $\mathbf{C}_0$	$\Gamma_M(1,2)$	$\Gamma_K(1,2)$
$\beta_1=0$ $\beta_2=0$	$\omega_{n1}=2.523\,7$ $\omega_{n2}=5.256\,4$	$\begin{bmatrix} 1 & 1 \\ 2.661\,4 & -0.375\,7 \end{bmatrix}$	0	0
$\beta_1=0.1$ $\beta_2=0.1$	$\omega_{s1}=2.531\,7$ $\omega_{s2}=5.251\,7$	$\begin{bmatrix} 1 & 1 \\ 2.663\,2 & -0.377\,6 \end{bmatrix}$	$-0.005\,6$	$-0.049\,3$
$\beta_1=0.3$ $\beta_2=0.3$	$\omega_{s1}=2.598\,5$ $\omega_{s2}=5.215\,2$	$\begin{bmatrix} 1 & 1 \\ 2.684\,6 & -0.392\,1 \end{bmatrix}$	$-0.052\,6$	$-0.520\,7$
$\beta_1=0.5$ $\beta_2=0.5$	$\omega_{s1}=2.766\,8$ $\omega_{s2}=5.148\,3$	$\begin{bmatrix} 1 & 1 \\ 2.793\,0 & -0.419\,4 \end{bmatrix}$	$-0.171\,4$	$-2.158\,9$

表 5-6　耦合倒立双摆第一阶主振动振型和谐振振型

组合频率	模　态	振　型
⋯	⋯	⋯
$\omega_{s1}-2\omega_o$ $=-10.034\,6$	$\mathbf{E}^{(1)}_{-2}/\mathbf{F}^{(1)}_{-2}=\begin{bmatrix} 0.000\,2 \\ 0.001\,0 \end{bmatrix}$	
$\omega_{s1}-\omega_o$ $=-3.751\,49$	$\mathbf{E}^{(1)}_{-1}/\mathbf{F}^{(1)}_{-1}=\begin{bmatrix} 0.019\,6 \\ 0.209\,2 \end{bmatrix}$	
ω_{s1} $=2.531\,69$	$\mathbf{E}^{(1)}_{0}/\mathbf{F}^{(1)}_{0}=\begin{bmatrix} 1 \\ 2.663\,2 \end{bmatrix}$	
$\omega_{s1}+\omega_o$ $=8.814\,85$	$\mathbf{E}^{(1)}_{1}/\mathbf{F}^{(1)}_{1}=\begin{bmatrix} 0.021\,7 \\ 0.015\,2 \end{bmatrix}$	
$\omega_{s1}+2\omega_o$ $=15.098\,0$	$\mathbf{E}^{(1)}_{2}/\mathbf{F}^{(1)}_{2}=\begin{bmatrix} 0.000\,1 \\ 0 \end{bmatrix}$	
⋯	⋯	⋯

表 5-7　耦合倒立双摆第二阶主振动振型和谐振振型

组合频率	模　态	振　型
...	...	...
$\omega_{s2} - 2\omega_o$ $= -7.314\ 65$	$\mathbf{E}_{-2}^{(2)}/\mathbf{F}_{-2}^{(2)} = \begin{bmatrix} -0.002\ 7 \\ 0.000\ 1 \end{bmatrix}$	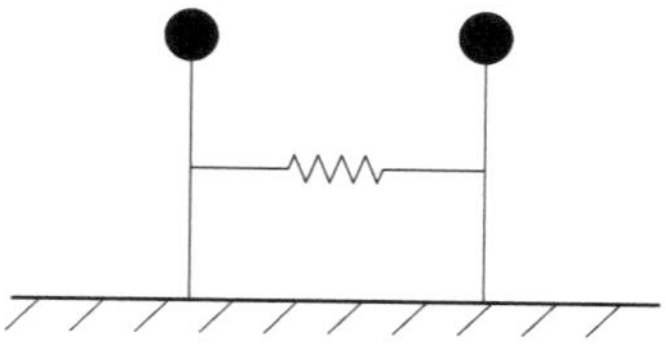
$\omega_{s2} - \omega_o$ $= -1.031\ 47$	$\mathbf{E}_{-1}^{(2)}/\mathbf{F}_{-1}^{(2)} = \begin{bmatrix} -0.061\ 7 \\ -0.033\ 1 \end{bmatrix}$	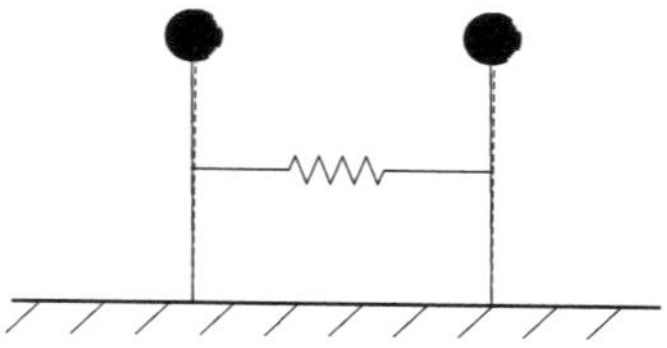
ω_{s2} $= 5.251\ 72$	$\mathbf{E}_{0}^{(2)}/\mathbf{F}_{0}^{(2)} = \begin{bmatrix} 1 \\ -0.377\ 6 \end{bmatrix}$	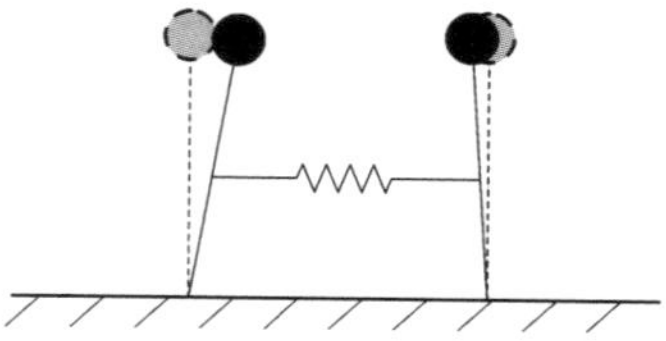
$\omega_{s2} + \omega_o$ $= 11.534\ 9$	$\mathbf{E}_{1}^{(2)}/\mathbf{F}_{1}^{(2)} = \begin{bmatrix} 0.011\ 7 \\ -0.002\ 0 \end{bmatrix}$	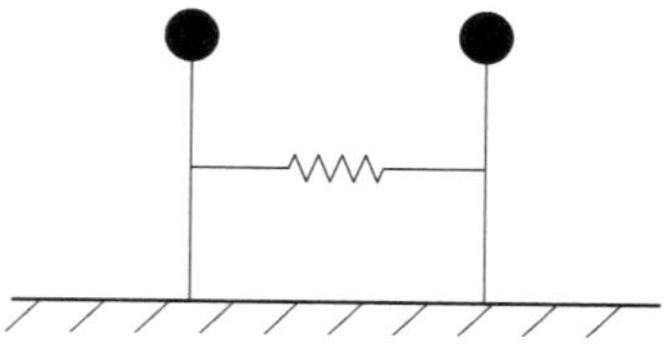
$\omega_{s2} + 2\omega_o$ $= 17.818\ 1$	$\mathbf{E}_{2}^{(2)}/\mathbf{F}_{2}^{(2)} = \begin{bmatrix} 0.000\ 1 \\ 0 \end{bmatrix}$	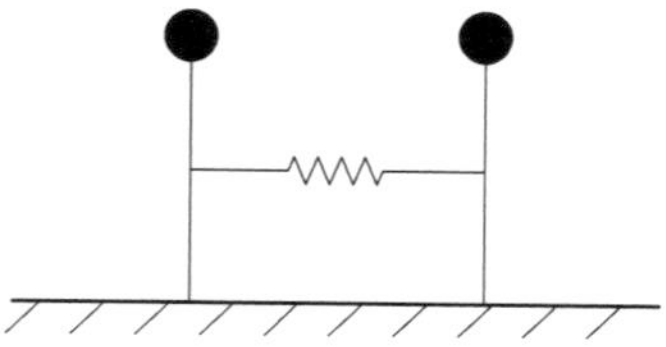
...	...	...

在【算例 5-3】中,参数系统主振荡频率 ω_{s1} 和 ω_{s2} 对应的主振型是优势振型,对振动响应幅值的贡献最大。同时参数系统振动会出现组合频率对应的谐振振型,谐振振型的数量级与主振型相比虽然小一些,但它们仍不能被忽略。组合频率距离主振荡频率越远,对应的谐振振型幅值越小。

步骤 4: 自由振动响应

设初始条件

$$\boldsymbol{\theta}(0) = \begin{bmatrix} \theta_1(0) \\ \theta_2(0) \end{bmatrix} = \begin{bmatrix} 1 \\ 1 \end{bmatrix}$$

$$\boldsymbol{\theta}'(0) = \begin{bmatrix} \theta_1'(0) \\ \theta_2'(0) \end{bmatrix} = \begin{bmatrix} 0 \\ 0 \end{bmatrix}$$

根据式(5‑33),得到自由振动条件下的任意常数向量

$$\begin{bmatrix} p_1 \\ p_2 \\ q_1 \\ q_2 \end{bmatrix} = \begin{bmatrix} 0.214\ 8 \\ 0.291\ 7 \\ 0.214\ 8 \\ 0.291\ 7 \end{bmatrix}$$

因此,在无阻尼条件下,耦合倒立双摆系统自由振动响应为

$$\boldsymbol{\theta}(t) = \sum_{k=-20}^{20} \mathbf{C}_k \begin{bmatrix} 0.214\ 8\mathrm{e}^{\mathrm{j}(2.531\ 7+2k\pi)t} \\ 0.291\ 7\mathrm{e}^{\mathrm{j}(5.261\ 7+2k\pi)t} \end{bmatrix} + \mathbf{C}_k^* \begin{bmatrix} 0.214\ 8\mathrm{e}^{-\mathrm{j}(2.531\ 7+2k\pi)t} \\ 0.291\ 7\mathrm{e}^{-\mathrm{j}(5.261\ 7+2k\pi)t} \end{bmatrix}$$

整理得

$$\boldsymbol{\theta}(t) = \sum_{k=-20}^{20} \mathbf{C}_k \begin{bmatrix} 0.429\ 6\cos(2.531\ 7+2k\pi)t \\ 0.583\ 4\cos(5.261\ 7+2k\pi)t \end{bmatrix}$$

设时间 t 的起点时刻为 0,步长为 $0.001\ \mathrm{s}$,时间历程为 $100\ \mathrm{s}$,根据上述数学表达,计算该无阻尼倒立双摆系统的自由振动响应,其中时间历程 $\theta_1(t)$ 和 $\theta_2(t)$、振动频谱 $\Theta_1(\omega)$ 和 $\Theta_2(\omega)$ 及振动响应相轨迹如图 5‑8a~c 所示。

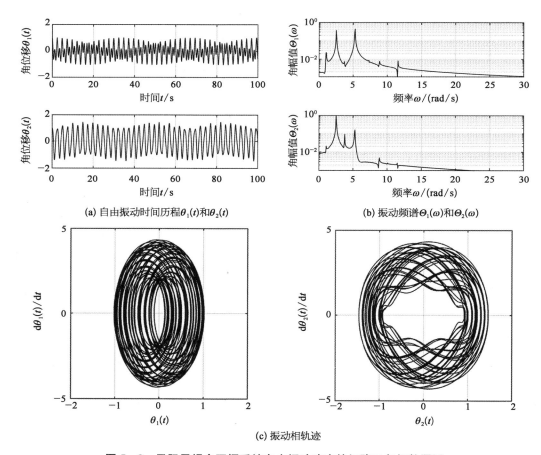

(a) 自由振动时间历程$\theta_1(t)$和$\theta_2(t)$ (b) 振动频谱$\Theta_1(\omega)$和$\Theta_2(\omega)$

(c) 振动相轨迹

图 5‑8   无阻尼耦合双摆系统自由振动响应的矩阵三角级数逼近

步骤 5：比例刚度周期系数矩阵 B

如果不考虑具体振动系统几何结构，取刚度周期系数矩阵 $\mathbf{B}=\mu\mathbf{M}+\nu\mathbf{K}$，分析比例刚度周期系数矩阵 $\mathbf{B}$ 对无阻尼参数系统的影响。主振荡频率、主振动模态和部分模态向量正交性计算结果归纳见表 5－8。

计算结果表明：随着刚度周期系数矩阵的比例系数 μ 和 ν 的增大，所给参数振动第一阶主振荡频率 ω_{s1} 逐渐增大，第二阶主振荡频率 ω_{s2} 逐渐减小；但是，主振动模态不变 $\mathbf{C}_0=\mathbf{\Psi}$，仍为实模态，并且主振动模态向量 $\mathbf{E}_0^{(1)}$ 与 $\mathbf{E}_0^{(2)}$ 之间相互正交。

表 5－8　比例刚度周期系数矩阵 B 对主振荡频率 ω_{si} 和主振动模态 $\mathbf{C}_0$ 的影响

μ 和 ν 取值	主振荡频率 ω_{s1}，ω_{s2}	主振动模态 $\mathbf{C}_0$	$\Gamma_{\mathbf{M}}(1,2)$	$\Gamma_{\mathbf{K}}(1,2)$
$\mu=0.1$ $\nu=0.1$	$\omega_{s1}=2.527\,7$ $\omega_{s2}=5.251\,0$	$\begin{bmatrix} 1 & 1 \\ 2.661\,4 & -0.375\,7 \end{bmatrix}$	0	0
$\mu=0.2$ $\nu=0.2$	$\omega_{s1}=2.539\,4$ $\omega_{s2}=5.234\,8$	$\begin{bmatrix} 1 & 1 \\ 2.661\,4 & -0.375\,7 \end{bmatrix}$	0	0
$\mu=0.3$ $\nu=0.3$	$\omega_{s1}=2.559\,3$ $\omega_{s2}=5.208\,5$	$\begin{bmatrix} 1 & 1 \\ 2.661\,4 & -0.375\,7 \end{bmatrix}$	0	0
$\mu=0.4$ $\nu=0.4$	$\omega_{s1}=2.588\,2$ $\omega_{s2}=5.173\,0$	$\begin{bmatrix} 1 & 1 \\ 2.661\,4 & -0.375\,7 \end{bmatrix}$	0	0

例如，比例刚度周期系数矩阵 $\mathbf{B}$ 中的比例系数为 $\mu=0.4$、$\nu=0.4$，部分谐振模态矩阵 $\mathbf{C}_k$ 及向量 $\mathbf{E}_k^{(1)}$ 与 $\mathbf{E}_k^{(2)}$ 之间正交性计算列于表 5－9；谐振模态 $\mathbf{C}_k$ 保持实模态，谐振模态向量 $\mathbf{E}_k^{(1)}$ 与 $\mathbf{E}_k^{(2)}$ 之间也相互正交。

表 5－9　向量 $\mathbf{E}_k^{(1)}$ 与向量 $\mathbf{E}_k^{(2)}$ 正交性计算（$\mu=0.4$，$\nu=0.4$）

k	$\mathbf{E}_k^{(1)}$	$\mathbf{E}_k^{(2)}$	$\Gamma_{\mathbf{M}}^{(k)}(1,2)$	$\Gamma_{\mathbf{K}}^{(k)}(1,2)$
…	…	…	…	…
-2	$\begin{bmatrix} 0.003\,2 \\ 0.008\,5 \end{bmatrix}$	$\begin{bmatrix} -0.044\,3 \\ 0.016\,6 \end{bmatrix}$	0	0
-1	$\begin{bmatrix} 0.203\,0 \\ 0.540\,4 \end{bmatrix}$	$\begin{bmatrix} -0.207\,3 \\ 0.077\,9 \end{bmatrix}$	0	0
0	$\begin{bmatrix} 1 \\ 2.661\,4 \end{bmatrix}$	$\begin{bmatrix} 1 \\ -0.375\,7 \end{bmatrix}$	0	0
1	$\begin{bmatrix} 0.020\,4 \\ 0.054\,2 \end{bmatrix}$	$\begin{bmatrix} 0.055\,3 \\ -0.020\,8 \end{bmatrix}$	0	0
2	$\begin{bmatrix} 0.000\,1 \\ 0.000\,4 \end{bmatrix}$	$\begin{bmatrix} 0.001\,1 \\ -0.000\,4 \end{bmatrix}$	0	0
…	…	…	…	…

比例刚度周期系数矩阵 **B** 为

$$\mathbf{B} = \mu\mathbf{M} + v\mathbf{K} = 0.4\begin{bmatrix} 1 & 0 \\ 0 & 1 \end{bmatrix} + 0.4\begin{bmatrix} 25 & -7 \\ -7 & 9 \end{bmatrix} = \begin{bmatrix} 10.4 & -2.8 \\ -2.8 & 4 \end{bmatrix}$$

设模态坐标变换 $\mathbf{X} = \mathbf{\Psi Q}$，得

$$\mathbf{\Psi}^{\mathrm{T}}\mathbf{M}\mathbf{\Psi} = \begin{bmatrix} 1 & 1 \\ 2.661\,4 & -0.375\,7 \end{bmatrix}^{\mathrm{T}}\begin{bmatrix} 1 & 0 \\ 0 & 1 \end{bmatrix}\begin{bmatrix} 1 & 1 \\ 2.661\,4 & -0.375\,7 \end{bmatrix} = \begin{bmatrix} 8.083\,3 & 0 \\ 0 & 1.141\,2 \end{bmatrix}$$

$$\mathbf{\Psi}^{\mathrm{T}}\mathbf{K}\mathbf{\Psi} = \begin{bmatrix} 1 & 1 \\ 2.661\,4 & -0.375\,7 \end{bmatrix}^{\mathrm{T}}\begin{bmatrix} 25 & -7 \\ -7 & 9 \end{bmatrix}\begin{bmatrix} 1 & 1 \\ 2.661\,4 & -0.375\,7 \end{bmatrix} = \begin{bmatrix} 51.489\,5 & 0 \\ 0 & 31.530\,9 \end{bmatrix}$$

$$\mathbf{\Psi}^{\mathrm{T}}\mathbf{B}\mathbf{\Psi} = \begin{bmatrix} 1 & 1 \\ 2.661\,4 & -0.375\,7 \end{bmatrix}^{\mathrm{T}}\begin{bmatrix} 10.4 & -2.8 \\ -2.8 & 4 \end{bmatrix}\begin{bmatrix} 1 & 1 \\ 2.661\,4 & -0.375\,7 \end{bmatrix} = \begin{bmatrix} 23.829\,1 & 0 \\ 0 & 13.068\,8 \end{bmatrix}$$

因此，在比例刚度周期系数情况下，无阻尼参数振动方程解耦为

$$\begin{bmatrix} 8.083\,3 & 0 \\ 0 & 1.141\,2 \end{bmatrix}\begin{bmatrix} q_1'' \\ q_2'' \end{bmatrix} + \begin{bmatrix} 51.489\,5 & 0 \\ 0 & 31.530\,9 \end{bmatrix}\begin{bmatrix} q_1 \\ q_2 \end{bmatrix} + \begin{bmatrix} 23.829\,1 & 0 \\ 0 & 13.068\,8 \end{bmatrix}\begin{bmatrix} q_1 \\ q_2 \end{bmatrix}\cos\omega_{\mathrm{o}}t = 0$$

方程正则化以后

$$\begin{bmatrix} 1 & 0 \\ 0 & 1 \end{bmatrix}\begin{bmatrix} q_1'' \\ q_2'' \end{bmatrix} + \begin{bmatrix} 6.369\,8 & 0 \\ 0 & 27.630\,1 \end{bmatrix}\begin{bmatrix} q_1 \\ q_2 \end{bmatrix} + \begin{bmatrix} 2.947\,9 & 0 \\ 0 & 11.452\,0 \end{bmatrix}\begin{bmatrix} q_1 \\ q_2 \end{bmatrix}\cos\omega_{\mathrm{o}}t = 0$$

5.4.2 欠阻尼参数振动

【算例 5-4】 考虑欠阻尼耦合倒立双摆系统，参数频率 $\omega_{\mathrm{o}} = 2\pi$，方程(5-58)中各矩阵为

$$\mathbf{M} = \begin{bmatrix} 1 & 0 \\ 0 & 1 \end{bmatrix}, \quad \mathbf{C} = \begin{bmatrix} 0.5 & 0 \\ 0 & 0.3 \end{bmatrix}, \quad \mathbf{K} = \begin{bmatrix} 25 & -7 \\ -7 & 9 \end{bmatrix}, \quad \mathbf{B} = \begin{bmatrix} 2.5 & 0 \\ 0 & 0.9 \end{bmatrix}$$

利用矩阵三角级数逼近，分析参数振动特征值分布，计算主振荡频率、主振动模态和谐振模态以及模态向量正交性。

根据对应线性系统（**B**=0），其振动特征根分别为

$$r_{\mathrm{d1}} = -0.162\,4 \pm \mathrm{j}2.518\,885\,197\,367\,511$$

$$r_{\mathrm{d2}} = -0.237\,6 \pm \mathrm{j}5.250\,528\,061\,091\,782$$

模态矩阵为

$$\mathbf{\Psi} = \begin{bmatrix} 1 & 1 \\ 2.657\,2 + \mathrm{j}0.063\,0 & -0.375\,8 + \mathrm{j}0.018\,6 \end{bmatrix}$$

步骤 1：主特征根

设自由振动响应矩阵三角级数逼近项数为 41 项（$k = -20, \cdots, -2, -1, 0, 1, 2, \cdots, 20$），参数系统的特征值分布如图 5-9 所示。在复平面的左侧上，分布着两组实部不同的特征根序列对，它们分别为 $s_{1,k} = -\delta_1 \pm \mathrm{j}(\omega_{\mathrm{s1}} + k\omega_{\mathrm{o}})$ 和 $s_{2,k} = -\delta_2 \pm \mathrm{j}(\omega_{\mathrm{s2}} + k\omega_{\mathrm{o}})(k =$

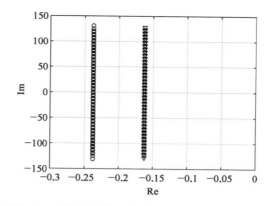

图 5-9　欠阻尼参数系统特征根在复平面上的分布

$-20, \cdots, -2, -1, 0, 1, 2, \cdots, 20$），振动响应为稳定状态。

根据衰减率相异识别算法，确定欠阻尼参数系统中两个阻尼衰减系数 δ_1 和 δ_2。它们分别是 $\delta_1 = 0.162\,5$、$\delta_2 = 0.237\,5$，并得到主特征根

$$s_{1,0} = -0.162\,5 \pm \mathrm{j}2.526\,680\,421\,390\,423$$

$$s_{2,0} = -0.237\,5 \pm \mathrm{j}5.245\,778\,860\,225\,041$$

其中，第一阶主振荡频率 $\omega_{s1} > \omega_{d1}$，第二阶主振荡频率 $\omega_{s2} < \omega_{d2}$。

步骤 2：主振动模态、谐振模态及正交性

计算得到的参数系统谐波系数矩阵（谐振模态矩阵）为复矩阵，部分系数向量 $\mathbf{E}_k^{(1)}$、$\mathbf{E}_k^{(2)}$ 列于表 5-10 中。其中 $k=0$ 时，得系统的主振动模态矩阵为

$$\mathbf{C}_0 = \begin{bmatrix} \mathbf{E}_0^{(1)} & \mathbf{E}_0^{(2)} \end{bmatrix} = \begin{bmatrix} 1 & 1 \\ 2.658\,8 + \mathrm{j}0.064\,0 & -0.377\,6 + \mathrm{j}0.018\,7 \end{bmatrix} \neq \mathbf{\Psi}$$

即所给参数振动的主振动模态矩阵 $\mathbf{C}_0$ 不等于线性系统的模态矩阵 $\mathbf{\Psi}$。

表 5-10　欠阻尼参数振动的系数向量 $\mathbf{E}_k^{(1)}$ 和 $\mathbf{E}_k^{(2)}$

k	$\mathbf{E}_k^{(1)}$	$\mathbf{E}_k^{(2)}$
...	...	...
-2	$\begin{bmatrix} 0.000\,2 + \mathrm{j}0.000\,1 \\ 0.001\,0 \end{bmatrix}$	$\begin{bmatrix} -0.002\,7 \\ 0.000\,1 \end{bmatrix}$
-1	$\begin{bmatrix} 0.018\,6 + \mathrm{j}0.003\,8 \\ 0.207\,7 + \mathrm{j}0.004\,2 \end{bmatrix}$	$\begin{bmatrix} -0.062\,1 - \mathrm{j}0.000\,2 \\ -0.033\,5 - \mathrm{j}0.000\,5 \end{bmatrix}$
0	$\begin{bmatrix} 1 \\ 2.658\,8 + \mathrm{j}0.064\,0 \end{bmatrix}$	$\begin{bmatrix} 1 \\ -0.377\,6 + \mathrm{j}0.018\,7 \end{bmatrix}$
1	$\begin{bmatrix} 0.021\,7 + \mathrm{j}0.000\,6 \\ 0.015\,2 + \mathrm{j}0.000\,3 \end{bmatrix}$	$\begin{bmatrix} 0.011\,7 \\ -0.002\,0 + \mathrm{j}0.000\,1 \end{bmatrix}$
2	$\begin{bmatrix} 0.000\,1 \\ 0 \end{bmatrix}$	$\begin{bmatrix} 0.000\,1 \\ 0 \end{bmatrix}$
...	...	...

在状态空间中,计算矩阵

$$\widetilde{\mathbf{M}} = \begin{bmatrix} 0 & \mathbf{M} \\ \mathbf{M} & \mathbf{C} \end{bmatrix} = \begin{bmatrix} 0 & 0 & 1 & 0 \\ 0 & 0 & 0 & 1 \\ 1 & 0 & 0.5 & 0 \\ 0 & 1 & 0 & 0.3 \end{bmatrix}$$

$$\widetilde{\mathbf{K}} = \begin{bmatrix} -\mathbf{M} & 0 \\ 0 & \mathbf{K} \end{bmatrix} = \begin{bmatrix} -1 & 0 & 0 & 0 \\ 0 & -1 & 0 & 0 \\ 0 & 0 & 25 & -7 \\ 0 & 0 & -7 & 9 \end{bmatrix}$$

然后,计算复模态向量 $\boldsymbol{\Phi}_0^{(1)} = \begin{bmatrix} r_{10}\mathbf{E}_0^{(1)} \\ \mathbf{E}_0^{(1)} \end{bmatrix}$ 与 $\boldsymbol{\Phi}_0^{(2)} = \begin{bmatrix} r_{20}\mathbf{E}_0^{(2)} \\ \mathbf{E}_0^{(2)} \end{bmatrix}$ 正交性,得

$$\Gamma_{\mathbf{A}}(1,\ 2) = \boldsymbol{\Phi}_0^{(1)\mathrm{T}}\widetilde{\mathbf{M}}\,\boldsymbol{\Phi}_0^{(2)} = -0.002\ 3 - \mathrm{j}0.022\ 9 \neq 0$$

$$\Gamma_{\mathbf{B}}(1,\ 2) = \boldsymbol{\Phi}_0^{(1)\mathrm{T}}\widetilde{\mathbf{K}}\,\boldsymbol{\Phi}_0^{(2)} = -0.047\ 4 - \mathrm{j}0.003\ 2 \neq 0$$

因此,该参数系统的复模态向量 $\boldsymbol{\Phi}_0^{(1)}$ 与 $\boldsymbol{\Phi}_0^{(2)}$ 之间正交性差。

【算例 5-5】 考虑欠阻尼耦合倒立双摆系统,阻尼数相等即 $c_{11} = c_{22}$,时变载荷幅度相等即 $P_1 = P_2$,参数频率 $\omega_{\circ} = 2\pi$,方程(5-58)中各矩阵为

$$\mathbf{M} = \begin{bmatrix} 1 & 0 \\ 0 & 1 \end{bmatrix},\ \mathbf{C} = \begin{bmatrix} 0.2 & 0 \\ 0 & 0.2 \end{bmatrix},\ \mathbf{K} = \begin{bmatrix} 25 & -7 \\ -7 & 9 \end{bmatrix},\ \mathbf{B} = \begin{bmatrix} 2.7 & 0 \\ 0 & 2.7 \end{bmatrix}$$

在该系统中,$\mathbf{C} = 0.2\mathbf{M}$,$\mathbf{B} = 2.7\mathbf{M}$,阻尼矩阵和刚度周期系数矩阵均与质量矩阵成比例关系。利用矩阵三角级数逼近法,计算欠阻尼耦合倒立双摆参数系统主振荡频率、振动模态与谐振模态,分析模态向量正交性以及参数方程解耦变换。

对应比例黏性阻尼线性系统($\mathbf{B} = 0$)的振动特征根为

$$r_{\mathrm{d}1} = -0.1 \pm \mathrm{j}2.521\ 875\ 133\ 162\ 892$$

$$r_{\mathrm{d}2} = -0.1 \pm \mathrm{j}5.255\ 487\ 209\ 834\ 560$$

模态矩阵

$$\boldsymbol{\Psi} = \begin{bmatrix} 1 & 1 \\ 2.661\ 4 & -0.375\ 7 \end{bmatrix}$$

步骤 1: 主特征根及主振动模态矩阵

利用矩阵三角级数逼近,计算比例黏性阻尼和刚度周期系数参数系统的主特征根及主振动模态矩阵。在复平面的左侧(图5-10),分布着两组实部相同的特征根序列对,振动响应为稳定状态。特征根序列分别为 $s_{1,k} = -\delta_1 \pm \mathrm{j}(\omega_{\mathrm{s}1} + k\omega_{\circ})$ 和 $s_{2,k} = -\delta_2 \pm \mathrm{j}(\omega_{\mathrm{s}2} + k\omega_{\circ})$ $(k = -20,\ \cdots,\ -2,\ -1,\ 0,\ 1,\ 2,\ \cdots,\ 20)$。

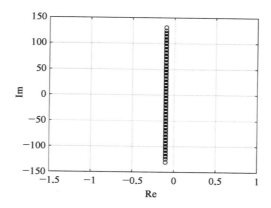

图 5-10 耦合倒立摆振动特征根在复平面上的分布(C=0.2M, B=2.7M)

确定衰减率 $\delta_1 = \delta_2 = 0.1$；根据衰减率等同识别算法，主特征根分别为

$$s_{1,0} = -0.1 \pm j2.575\ 356\ 592\ 048\ 042$$

$$s_{2,0} = -0.1 \pm j5.250\ 617\ 520\ 443\ 003$$

在比例黏性阻尼和比例刚度周期系数的参数系统中，第一阶主振荡频率 ω_{s1} 比对应的线性系统的自然频率 ω_{d1} 高一些；而第二阶主振荡频率 ω_{s2} 比对应的线性系统的自然频率 ω_{d2} 低一些。但是，该参数系统的主振动模态与对应线性振动系统的模态相同：

$$\mathbf{C}_0 = \begin{bmatrix} 1 & 1 \\ 2.661\ 4 & -0.375\ 7 \end{bmatrix} = \mathbf{\Psi}$$

所给的比例黏性阻尼和比例刚度周期系数参数系统，主振动模态矩阵 $\mathbf{C}_0$ 和谐振模态矩阵 $\mathbf{C}_k$ 计算值列于表 5-11 中。由此可见，谐振模态矩阵也都为实矩阵。

表 5-11 主振动模态矩阵 $\mathbf{C}_0$ 和谐振模态矩阵 $\mathbf{C}_k$ 正交性计算

k	$\mathbf{C}_k$	$\Gamma_M^{(k)}(1, 2)$	$\Gamma_K^{(k)}(1, 2)$
...	...	...	...
-2	$\begin{bmatrix} 0.002\ 6 & -0.002\ 6 \\ 0.007\ 0 & 0.001\ 0 \end{bmatrix}$	0	0
-1	$\begin{bmatrix} 0.183\ 2 & -0.050\ 7 \\ 0.487\ 6 & 0.019\ 1 \end{bmatrix}$	0	0
0	$\begin{bmatrix} 1 & 1 \\ 2.661\ 4 & -0.375\ 7 \end{bmatrix}$	0	0
1	$\begin{bmatrix} 0.018\ 7 & 0.012\ 8 \\ 0.049\ 8 & -0.004\ 8 \end{bmatrix}$	0	0
2	$\begin{bmatrix} 1.133\ 8e-4 & 5.966\ 1e-5 \\ 3.017\ 79-4 & -2.241\ 6-5 \end{bmatrix}$	0	0
...	...	...	...

步骤 2： 模态向量正交性

在比例黏性阻尼（$\alpha = 0.2$，$\lambda = 0$）和比例刚度周期系数（$\mu = 2.7$，$\nu = 0$）条件下，得到的主振动模态是实模态，按实模态向量 $\mathbf{E}_0^{(1)}$ 与 $\mathbf{E}_0^{(2)}$ 进行正交性计算：

$$\Gamma_{\mathbf{M}}(1, 2) = 0$$

$$\Gamma_{\mathbf{K}}(1, 2) = 0$$

对谐振模态向量 $\mathbf{E}_0^{(k)}$ 与 $\mathbf{E}_0^{(k)}$ 进行正交性计算：

$$\Gamma_{\mathbf{M}}^{(k)}(1, 2) = 0$$

$$\Gamma_{\mathbf{K}}^{(k)}(1, 2) = 0$$

$$(k = -20, \cdots, -2, -1, 0, 1, 2, \cdots, 20)$$

可见，该系统主振动模态向量、谐振模态向量之间正交性好，具体计算数据归纳见表 5-11。

步骤 3： 方程解耦变换

设模态坐标变换 $\mathbf{X} = \mathbf{\Psi}\mathbf{Q}$，得

$$\mathbf{\Psi}^{\mathrm{T}}\mathbf{M}\mathbf{\Psi} = \begin{bmatrix} 8.083\,3 & 0 \\ 0 & 1.141\,2 \end{bmatrix}$$

$$\mathbf{\Psi}^{\mathrm{T}}\mathbf{C}\mathbf{\Psi} = \begin{bmatrix} 1.616\,7 & 0 \\ 0 & 0.228\,2 \end{bmatrix}$$

$$\mathbf{\Psi}^{\mathrm{T}}\mathbf{K}\mathbf{\Psi} = \begin{bmatrix} 51.489\,5 & 0 \\ 0 & 31.530\,9 \end{bmatrix}$$

$$\mathbf{\Psi}^{\mathrm{T}}\mathbf{B}\mathbf{\Psi} = \begin{bmatrix} 21.824\,9 & 0 \\ 0 & 3.081\,2 \end{bmatrix}$$

所以，在比例黏性阻尼和比例刚度周期系数条件下，该欠阻尼耦合倒立双摆参数振动方程可以解耦为

$$\begin{bmatrix} 8.083\,3 & 0 \\ 0 & 1.141\,2 \end{bmatrix} \begin{bmatrix} q_1'' \\ q_2'' \end{bmatrix} + \begin{bmatrix} 1.616\,7 & 0 \\ 0 & 0.228\,2 \end{bmatrix} \begin{bmatrix} q_1' \\ q_2' \end{bmatrix} + \begin{bmatrix} 51.489\,5 & 0 \\ 0 & 31.530\,9 \end{bmatrix} \begin{bmatrix} q_1 \\ q_2 \end{bmatrix} + \\ \begin{bmatrix} 21.824\,9 & 0 \\ 0 & 3.081\,2 \end{bmatrix} \begin{bmatrix} q_1 \\ q_2 \end{bmatrix} \cos \omega_0 t = 0$$

方程正则化以后

$$\begin{bmatrix} 1 & 0 \\ 0 & 1 \end{bmatrix} \begin{bmatrix} q_1'' \\ q_2'' \end{bmatrix} + \begin{bmatrix} 0.2 & 0 \\ 0 & 0.2 \end{bmatrix} \begin{bmatrix} q_1' \\ q_2' \end{bmatrix} + \begin{bmatrix} 6.369\,9 & 0 \\ 0 & 27.630\,1 \end{bmatrix} \begin{bmatrix} q_1 \\ q_2 \end{bmatrix} + \begin{bmatrix} 2.7 & 0 \\ 0 & 2.7 \end{bmatrix} \begin{bmatrix} q_1 \\ q_2 \end{bmatrix} \cos \omega_0 t = 0$$

5.5　多自由度参数系统振动稳定性

Floquet-Liapunov 理论是常用的研究周期系数微分方程稳定性的一种分析方法。通过

检验系统的单值状态传递矩阵的特征值,可判定系统的稳定性。本节以耦合倒立双摆系统为例进行稳定性分析,可以确定该系统的稳定区域,得出各参数对系统稳定性的影响。而利用矩阵三角级数逼近法,可求解得出耦合倒立双摆系统振动的不稳定响应时间历程。

5.5.1　Liapunov 运动稳定性

对于参数系统振动,系统的位移用独立广义坐标集 q 表示,以状态方程形式的运动方程为

$$\dot{\mathbf{Q}} = \mathbf{A}(t)\mathbf{Q} \tag{5-59}$$

式中,$\mathbf{Q} = \begin{bmatrix} \mathbf{X} \\ \dot{\mathbf{X}} \end{bmatrix}$,$\mathbf{A}(t) = \begin{bmatrix} \mathbf{0} & \mathbf{I} \\ -\mathbf{M}^{-1}\mathbf{K} - \mathbf{M}^{-1}\mathbf{B}\cos\omega_{\mathrm{o}}t & -\mathbf{M}^{-1}\mathbf{C} \end{bmatrix}$。

在状态空间中,$\mathbf{Q}$ 代表系统的一个运动状态,包含位移和速度。用原点 $\mathbf{Q}=\mathbf{0}$ 表示系统的无扰运动或平衡态。偏离态为 $\mathbf{Q}(t)$,到原点的距离 $\parallel \mathbf{Q}(t) \parallel$ 表示偏离的大小。

Liapunov 运动稳定性定义:对任意给定的 $\varepsilon > 0$,若可以找到 $\delta(\varepsilon) > 0$,使得当初扰动 $\mathbf{Q}(\mathbf{0})$ 与原点的距离 $\parallel \mathbf{Q}(0) \parallel < \delta$ 时,恒存在 $\parallel \mathbf{Q}(t) \parallel < \varepsilon$,则平衡态 $\mathbf{Q}=\mathbf{0}$ 是 Liapunov 稳定的。若 $\lim\limits_{t \to \infty} \mathbf{Q}(t) = 0$,则 $\mathbf{Q}=\mathbf{0}$ 是渐进稳定的。

Liapunov 稳定性定理:如果存在一个具有连续偏导数的标量函数 $V(x,t)$,并且满足条件:① $V(q,t)$ 是正定的;② $\dot{V}(q,t)$ 是半负定的。那么系统在原点处的平衡状态 $\mathbf{Q}=\mathbf{0}$ 是稳定的。如果 $\dot{V}(q,t)$ 是严格负定的,则 $\mathbf{Q}=\mathbf{0}$ 是渐进稳定的。

其中,$V(x,t)$ 叫作 Liapunov 函数,需要指出的是,到目前为止,虽然 Lyapunov 稳定性理论研究一直为人们所重视,并且已经有了许多卓有成效的结果,但是就一般而论,还没有一个简便地寻找 Liapunov 函数的统一方法。

5.5.2　周期解稳定性的 Floquet 理论

Floquet 理论用于研究周期变系数线性常微分方程,该类方程对应于非线性动力系统中的参数激励系统。Floquet 理论的核心为 Floquet-Liapunov 定理,可用于判断参数系统的稳定性。

由式(5-59)可知,$\mathbf{A}(t)$ 为分段连续的周期函数矩阵,根据 Floquet 理论,总存在常数矩阵 $\mathbf{H}$ 使下式成立:

$$\mathbf{X}(t+T) = \mathbf{H}\mathbf{X}(t) \tag{5-60}$$

式中,$\mathbf{H}$ 为状态传递矩阵,它的特征值称为 Floquet 乘子,记为 ρ_i。方程(5-1)的零解稳定性可根据矩阵 $\mathbf{H}$ 的特性来判断,其判断准则见表 5-12。

表 5-12　动力稳定性判别准则

Floquet 乘子	扰动解特性
$\max(\mid \rho_i \mid) > 1$	$t \to \infty$,$x \to \infty$,系统不稳定
$\max(\mid \rho_i \mid) < 1$	$t \to \infty$,$x \to 0$,系统渐进稳定
$\max(\mid \rho_i \mid) = 1$	临界状态

把参数系统一个时间周期 T 分成等间隔的离散时刻 t_1，t_2，t_3，$\cdots$，t_m，求出每一个时刻的矩阵 $\mathbf{D}(t_k)$，而后一时刻 t_{k+1} 的状态向量 $\mathbf{X}(t_{k+1})$ 与前一时刻 t_k 的状态向量 $\mathbf{X}(t_k)$ 存在关系

$$\mathbf{X}(t_{k+1}) = \mathbf{D}(t_k)\mathbf{X}(t_k) \tag{5-61}$$

式中，矩阵 $\mathbf{D}(t_k) = \mathrm{e}^{\mathbf{A}(t_k)\Delta t}$，其中 $\mathbf{A}(t_k)$ 表示 t_k 时刻的状态矩阵、Δt 表示时间间隔。于是该周期内的初始时刻 t_1 与末时刻 t_m 的响应满足关系

$$\mathbf{X}(t_m) = \mathbf{D}(t_{m-1})\mathbf{X}(t_{m-1}) = \prod_{k=1}^{m-1}\mathbf{D}(t_k)\mathbf{X}(t_1) \tag{5-62}$$

式中，矩阵 $\mathbf{D}(t_k)$ 的累积即为状态传递矩阵 $\mathbf{H}$。

5.5.3 耦合倒立双摆系统稳定性

【算例 5-6】 考虑耦合倒立双摆，阻尼数相等即 $c_{11} = c_{22}$，时变载荷幅度相等即 $P_1 = P_2$，方程（5-58）中各矩阵为

$$\mathbf{M} = \begin{bmatrix} 1 & 0 \\ 0 & 1 \end{bmatrix}, \mathbf{C} = \begin{bmatrix} 0.2 & 0 \\ 0 & 0.2 \end{bmatrix}, \mathbf{K} = \begin{bmatrix} 25 & -7 \\ -7 & 9 \end{bmatrix}$$

在刚度周期系数 $\mathbf{B}$ 作用下，分析欠阻尼耦合倒立双摆振动的稳定性。

为了确定刚度时变性对稳定性区域的影响，分别改变参数频率 $\omega_\circ$ 从 0 至 12 rad/s，步长 0.005 rad/s；调制指数矩阵 $\mathbf{\Lambda} = \begin{bmatrix} \beta & 0 \\ 0 & \beta \end{bmatrix}$ 中的元素 β 从 0 至 0.5，步长 0.005；计算耦合倒立双摆参数系统状态传递矩阵 $\mathbf{H}$ 的特征值。

根据 Floquet-Liapunov 判断，确定两个参数下的振动系统稳定区域，阴影部分是系统不稳定区域，其余则是稳定区域，如图 5-11 所示，该欠阻尼耦合倒立双摆系统稳定性受到调制指数矩阵 $\mathbf{\Lambda}$ 中元素 β 和参数频率 $\omega_\circ$ 的影响。

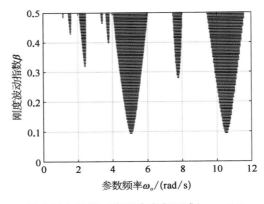

图 5-11 耦合倒立双摆系统振动稳定区域（$c_{11} = 0.2$，$c_{22} = 0.2$）

当参数频率 $\omega_\circ$ 在 5、7.8 及 10.5 附近时，欠阻尼耦合倒立双摆系统处于不稳定区域，系统将发生主参振及和型组合参振。其中，$\omega_\circ \approx \omega_{s1} + \omega_{s2} = 7.8$，系统出现和型组合不稳定区，这是多自由度参数系统中发生的特有现象。当参数频率 $\omega_\circ$ 在 0 至 4 之间时，系统还存在一

些高阶不稳定区域,将出现高阶参振。

　　当参数频率 $\omega_{\circ}=5$,即 2 倍左右的耦合倒立双摆第一阶固有频率,取刚度调制指数 $\beta=0.15$ 时,耦合倒立双摆振动处于不稳定区域。

　　根据参数系统振动响应的矩阵三角级数逼近方法,取级数项 $k=-10$,$\cdots$,-2,-1,0,1,2,$\cdots$,10,计算欠阻尼耦合倒立双摆振动系统的特征根,部分特征根落在复平面上的右侧,特征根分布如图 5-12 所示,振荡频率为 2.5,这时耦合倒立双摆的振动将进入不稳定状态。

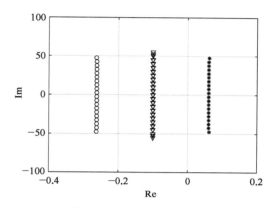

图 5-12　欠阻尼耦合倒立双摆在失稳状态下振动特征根分布

　　其中,主特征根计算值分别为

$$s_{1,0}^{(1)}=0.062\,3+\mathrm{j}2.50$$
$$s_{1,0}^{(2)}=-0.261\,7-\mathrm{j}2.50$$
$$s_{2,0}=-0.1\pm\mathrm{j}5.247\,0$$

置振动初始条件

$$\boldsymbol{\theta}(0)=\begin{bmatrix}\theta_1(0)\\\theta_2(0)\end{bmatrix}=\begin{bmatrix}1\\1\end{bmatrix}$$

$$\boldsymbol{\theta}'(0)=\begin{bmatrix}\theta_1'(0)\\\theta_2'(0)\end{bmatrix}=\begin{bmatrix}0\\0\end{bmatrix}$$

任意常数值为

$$\begin{bmatrix}p_1\\p_2\\q_1\\q_2\end{bmatrix}=\begin{bmatrix}-5.063\,3\mathrm{e}13+\mathrm{j}4.025\,9\mathrm{e}13\\0.180\,6-\mathrm{j}0.025\,9\\-5.063\,3\mathrm{e}13-\mathrm{j}4.025\,9\mathrm{e}13\\0.180\,6+\mathrm{j}0.025\,9\end{bmatrix}$$

这样,欠阻尼耦合倒立双摆系统振动响应表达为

$$\boldsymbol{\theta}(t)\approx\sum_{k=-20}^{20}\mathbf{C}_k\begin{bmatrix}(-5.063\,3\mathrm{e}13+\mathrm{j}4.025\,9\mathrm{e}13)\mathrm{e}^{[0.062\,3+\mathrm{j}(2.50+10k)]t}\\(0.180\,6-\mathrm{j}0.025\,9)\mathrm{e}^{[-0.1+\mathrm{j}(5.247+10k)]t}\end{bmatrix}+$$
$$\mathbf{C}_k^*\begin{bmatrix}(-5.063\,3\mathrm{e}13-\mathrm{j}4.025\,9\mathrm{e}13)\mathrm{e}^{[-0.261\,7-\mathrm{j}(2.50+10k)]t}\\(0.180\,6+\mathrm{j}0.025\,9)\mathrm{e}^{[-0.1-\mathrm{j}(5.247+10k)]t}\end{bmatrix}$$

设时间 t 的起点时刻为 0,步长为 0.001 s,时间历程为 40 s,根据欠阻尼耦合倒立双摆系统在扰动下振动响应的数学表达,计算振动响应 $\theta_1(t)$ 和 $\theta_2(t)$ 和相轨迹,计算结果如图 5-13 所示,耦合倒立双摆系统的自由振动响应幅度将随着时间持续增大。

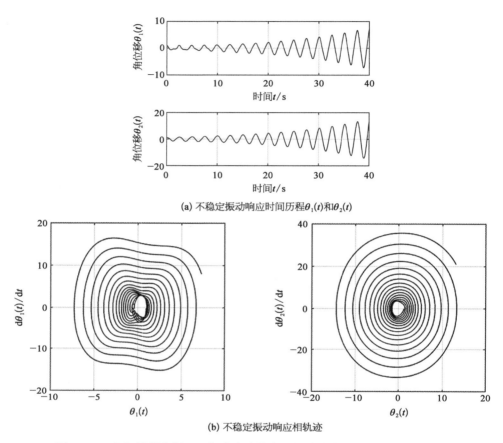

(a) 不稳定振动响应时间历程 $\theta_1(t)$ 和 $\theta_2(t)$

(b) 不稳定振动响应相轨迹

图 5-13   欠阻尼耦合倒立双摆在失稳状态下振动响应的时间历程和相轨迹

对于参数系统,给定参数频率 ω_c 和刚度周期系数矩阵 **B** 或刚度调制(波动)系数 β,基于 Floquet-Liapunov 理论,可以通过系统单值状态传递矩阵的特征值计算,确定振动稳定性区域。

基于组合频率的矩阵三角级数逼近方法,可以从参数系统特征根落在复平面上的位置,容易判断参数系统响应稳定性;根据初始条件,给出参数振动响应时间历程及振动相轨迹。因此,在研究多自由度参数振动稳定性方面,基于组合频率的矩阵三角级数逼近方法结合 Floquet-Liapunov 理论,可丰富分析手段,使得参数系统振动稳定分析结果更加形象和直观。

第 6 章
多自由度参数系统受迫振动

本章采用组合频率的谐波系数向量三角级数逼近,对多自由度参数系统受迫振动进行讨论,叙述谐波系数向量求解过程,给出多自由度参数系统受迫振动响应解。同时,分析多自由度参数系统振动的参频特性和频率特性。

6.1　受　迫　振　动

本节基于组合频率的谐波系数向量三角级数,在代入受迫振动微分方程以后,进行谐波平衡,得到不含时间变量的系数向量递推式,获得线性代数方程。利用逆矩阵运算解出谐波系数向量,得到受迫振动响应解。

6.1.1　向量三角级数解

同时受到周期性时变刚度激励和外部简谐力激励的多自由度参数系统,其动力学方程表达为

$$\mathbf{M}\ddot{\mathbf{X}} + \mathbf{C}\dot{\mathbf{X}} + (\mathbf{K} + \mathbf{B}\cos\omega_{\mathrm{o}}t)\mathbf{X} = \mathbf{P}\cos\omega_{\mathrm{p}}t \tag{6-1}$$

式中,$\mathbf{M}$ 为 $n \times n$ 惯量矩阵;$\mathbf{C}$ 为 $n \times n$ 阻尼矩阵;$\mathbf{K}$ 为 $n \times n$ 刚度矩阵;$\mathbf{B}$ 为 $n \times n$ 刚度周期系数矩阵;$\mathbf{P}$ 为 $n \times 1$ 外界激励力幅向量;$\mathbf{X}$ 为 $n \times 1$ 受迫振动响应向量;ω_{o} 为参数频率;ω_{p} 为外力激励频率。

改写方程(6-1)为

$$\mathbf{M}\ddot{\mathbf{X}} + \mathbf{C}\dot{\mathbf{X}} + \mathbf{K}\mathbf{X} = \mathbf{P}\cos\omega_{\mathrm{p}}t - \mathbf{B}\mathbf{X}\cos\omega_{\mathrm{o}}t \tag{6-2}$$

基于方程(6-2),多自由度参数系统的受迫振动响应可以等效为调制反馈控制系统(如图5-1所示)的输出问题,其中 $\mathbf{P}(t) \neq 0$。

在参数系统受迫振动响应中,存在许多力的激励频率 ω_{p} 和参数频率 ω_{o} 线性组合的谐波 $\omega_{\mathrm{p}} + k\omega_{\mathrm{o}}(k = -\infty, \cdots, -2, -1, 0, 1, 2, \cdots, \infty)$。因此,多自由度参数系统受迫振动响应可以描述为

$$\mathbf{X}(t) = \frac{1}{2}\sum_{k=-\infty}^{\infty} E_k \mathrm{e}^{\mathrm{j}(\omega_{\mathrm{p}}+k\omega_{\mathrm{o}})t} + \frac{1}{2}\sum_{k=-\infty}^{\infty} \mathbf{F}_k \mathrm{e}^{-\mathrm{j}(\omega_{\mathrm{p}}+k\omega_{\mathrm{o}})t} \tag{6-3}$$

式中,$\mathbf{E}_k$ 和 $\mathbf{F}_k$ 为 $n \times 1$ 谐波系数向量。

系统受迫振动响应能量是有限的,能量主要分布在强迫激励频率 ω_{p} 周围窄频带的范围内,当 $k \to \infty$ 时,谐波系数向量 $\mathbf{E}_k$ 和 $\mathbf{F}_k$ 都趋于 $\mathbf{0}$ 向量。所以,基于组合频率的向量三角级数,对参数系统受迫振动响应逼近中,可以采用有限项的级数进行计算,以近似逼近无限项的级数。

因此,对于多自由度参数系统受迫振动响应问题,可归结为式(6-3)中谐波系数向量 $\mathbf{E}_k$ 和 $\mathbf{F}_k$ 的求解。

6.1.2 响应求解过程

将欧拉公式代入方程(6-1),得

$$\mathbf{M}\ddot{\mathbf{X}} + \mathbf{C}\dot{\mathbf{X}} + \mathbf{K}\mathbf{X} + \frac{1}{2}\mathbf{B}\mathbf{X}(\mathrm{e}^{\mathrm{j}\omega_\mathrm{o}t} + \mathrm{e}^{-\mathrm{j}\omega_\mathrm{o}t}) = \frac{1}{2}\mathbf{P}(\mathrm{e}^{\mathrm{j}\omega_\mathrm{p}t} + \mathrm{e}^{-\mathrm{j}\omega_\mathrm{p}t}) \tag{6-4}$$

将受迫振动响应的表达式(6-3)代入方程(6-4),得到等式(6-5)和等式(6-6):

$$-\mathbf{M}\sum_{k=-\infty}^{\infty}\mathbf{E}_k(\omega_\mathrm{p}+k\omega_\mathrm{o})^2\mathrm{e}^{\mathrm{j}(\omega_\mathrm{p}+k\omega_\mathrm{o})t} + \mathrm{j}\mathbf{C}\sum_{k=-\infty}^{\infty}\mathbf{E}_k(\omega_\mathrm{p}+k\omega_\mathrm{o})\mathrm{e}^{\mathrm{j}(\omega_\mathrm{p}+k\omega_\mathrm{o})t} + \mathbf{K}\sum_{k=-\infty}^{\infty}\mathbf{E}_k\mathrm{e}^{\mathrm{j}(\omega_\mathrm{p}+k\omega_\mathrm{o})t} +$$

$$\frac{1}{2}\mathbf{B}\sum_{k=-\infty}^{\infty}\mathbf{E}_k\mathrm{e}^{\mathrm{j}[\omega_\mathrm{p}+(k+1)\omega_\mathrm{o}]t} + \frac{1}{2}\mathbf{B}\sum_{k=-\infty}^{\infty}\mathbf{E}_k\mathrm{e}^{\mathrm{j}[\omega_\mathrm{p}+(k-1)\omega_\mathrm{o}]t} = \mathbf{P}\mathrm{e}^{\mathrm{j}\omega_\mathrm{p}t} \tag{6-5}$$

和

$$-\mathbf{M}\sum_{k=-\infty}^{\infty}\mathbf{F}_k(\omega_\mathrm{p}+k\omega_\mathrm{o})^2\mathrm{e}^{-\mathrm{j}(\omega_\mathrm{p}+k\omega_\mathrm{o})t} - \mathrm{j}\mathbf{C}\sum_{k=-\infty}^{\infty}\mathbf{F}_k(\omega_\mathrm{p}+k\omega_\mathrm{o})\mathrm{e}^{-\mathrm{j}(\omega_\mathrm{p}+k\omega_\mathrm{o})t} + \mathbf{K}\sum_{k=-\infty}^{\infty}\mathbf{F}_k\mathrm{e}^{-\mathrm{j}(\omega_\mathrm{p}+k\omega_\mathrm{o})t} +$$

$$\frac{1}{2}\mathbf{B}\sum_{k=-\infty}^{\infty}\mathbf{F}_k\mathrm{e}^{-\mathrm{j}[\omega_\mathrm{p}+(k+1)\omega_\mathrm{o}]t} + \frac{1}{2}\mathbf{B}\sum_{k=-\infty}^{\infty}\mathbf{F}_k\mathrm{e}^{-\mathrm{j}[\omega_\mathrm{p}+(k-1)\omega_\mathrm{o}]t} = \mathbf{P}\mathrm{e}^{-\mathrm{j}\omega_\mathrm{p}t} \tag{6-6}$$

对于等式(6-5),两边进行谐波平衡法,求得谐波系数向量 $\mathbf{E}_k$ 的递推关系。

当 $k=0$ 时,向量 $\mathbf{E}_{-1}$、$\mathbf{E}_0$ 和 $\mathbf{E}_1$ 满足递推关系

$$\frac{1}{2}\mathbf{B}\mathbf{E}_{-1} + (\mathbf{K} - \omega_\mathrm{p}^2\mathbf{M} + \mathrm{j}\omega_\mathrm{p}\mathbf{C})\mathbf{E}_0 + \frac{1}{2}\mathbf{B}\mathbf{E}_1 = \mathbf{P} \tag{6-7}$$

当 $k \neq 0$ 时,向量 $\mathbf{E}_{k-1}$、$\mathbf{E}_k$ 和 $\mathbf{E}_{k+1}$ 满足递推关系式

$$\frac{1}{2}\mathbf{B}\mathbf{E}_{k-1} + [\mathbf{K} - (\omega_\mathrm{p}+k\omega_\mathrm{o})^2\mathbf{M} + \mathrm{j}(\omega_\mathrm{p}+k\omega_\mathrm{o})\mathbf{C}]\mathbf{E}_k + \frac{1}{2}\mathbf{B}\mathbf{E}_{k+1} = \mathbf{0} \tag{6-8}$$

记

$$\mathbf{\Gamma} = \frac{1}{2}\mathbf{B} \tag{6-9}$$

$$\mathbf{\Omega}_k = \mathbf{K} - (\omega_\mathrm{p}+k\omega_\mathrm{o})^2\mathbf{M} + \mathrm{j}(\omega_\mathrm{p}+k\omega_\mathrm{o})\mathbf{C} \tag{6-10}$$

将式(6-9)和式(6-10)分别代入方程(6-7)和方程(6-8),考虑 k 从 $-m$ 至 m,把 $2m+1$ 个向量 $\mathbf{E}_k$ 的递推式联立成线性方程(6-11):

$$\begin{bmatrix} \mathbf{\Omega}_{-m} & \mathbf{\Gamma} & & & & & & & & & \\ \mathbf{\Gamma} & \mathbf{\Omega}_{-m-1} & \mathbf{\Gamma} & & & & & & & & \\ & & \cdots & & & & & & & & \\ & & \mathbf{\Gamma} & \mathbf{\Omega}_{-3} & \mathbf{\Gamma} & & & & & & \\ & & & \mathbf{\Gamma} & \mathbf{\Omega}_{-2} & \mathbf{\Gamma} & & & & & \\ & & & & \mathbf{\Gamma} & \mathbf{\Omega}_{-1} & \mathbf{\Gamma} & & & & \\ & & & & & \mathbf{\Gamma} & \mathbf{\Omega}_0 & \mathbf{\Gamma} & & & \\ & & & & & & \mathbf{\Gamma} & \mathbf{\Omega}_1 & \mathbf{\Gamma} & & \\ & & & & & & & \mathbf{\Gamma} & \mathbf{\Omega}_2 & \mathbf{\Gamma} & \\ & & & & & & & & \mathbf{\Gamma} & \mathbf{\Omega}_3 & \mathbf{\Gamma} \\ & & & & & & & & & \cdots & \\ & & & & & & & & & \mathbf{\Gamma} & \mathbf{\Omega}_{m-1} & \mathbf{\Gamma} \\ & & & & & & & & & & \mathbf{\Gamma} & \mathbf{\Omega}_m \end{bmatrix} \begin{bmatrix} \mathbf{E}_{-m} \\ \mathbf{E}_{-m+1} \\ \vdots \\ \mathbf{E}_{-3} \\ \mathbf{E}_{-2} \\ \mathbf{E}_{-1} \\ \mathbf{E}_0 \\ \mathbf{E}_1 \\ \mathbf{E}_2 \\ \mathbf{E}_3 \\ \vdots \\ \mathbf{E}_{m-1} \\ \mathbf{E}_m \end{bmatrix} = \begin{bmatrix} -\mathbf{\Gamma}\mathbf{E}_{-m-1} \\ \mathbf{0} \\ \vdots \\ \mathbf{0} \\ \mathbf{0} \\ \mathbf{0} \\ \mathbf{P} \\ \mathbf{0} \\ \mathbf{0} \\ \mathbf{0} \\ \vdots \\ \mathbf{0} \\ -\mathbf{\Gamma}\mathbf{E}_{m+1} \end{bmatrix}$$

$$\tag{6-11}$$

方程(6-11)可以简写为

$$\mathbf{A}_1\mathbf{E} = \mathbf{Q}_1 \tag{6-12}$$

在方程(6-12)中,矩阵 $\mathbf{A}_1$ 是一个 $n(2m+1)$ 阶方阵, $\mathbf{E}$ 是 $n(2m+1)$ 阶谐波系数向量, $\mathbf{Q}_1$ 是 $n(2m+1)$ 阶力向量。

同理,对于等式(6-6)两边应用谐波平衡法,可得以下关系式:

当 $k=0$ 时,满足递推关系式

$$\frac{1}{2}\mathbf{B}\mathbf{F}_{-1} + (\mathbf{K} - \omega_\mathrm{p}^2\mathbf{M} - \mathrm{j}\omega_\mathrm{p}\mathbf{C})\mathbf{F}_0 + \frac{1}{2}\mathbf{B}\mathbf{F}_1 = \mathbf{P} \tag{6-13}$$

当 $k \neq 0$ 时,满足递推关系式

$$\frac{1}{2}\mathbf{B}\mathbf{F}_{k-1} + \left[\mathbf{K} - (\omega_\mathrm{p} + k\omega_\mathrm{o})^2\mathbf{M} - \mathrm{j}(\omega_\mathrm{p} + k\omega_\mathrm{o})\mathbf{C}\right]\mathbf{F}_k + \frac{1}{2}\mathbf{B}\mathbf{F}_{k+1} = \mathbf{0} \tag{6-14}$$

记

$$\boldsymbol{\Omega}_k^* = \mathbf{K} - (\omega_\mathrm{p} + k\omega_\mathrm{o})^2\mathbf{M} - \mathrm{j}(\omega_\mathrm{p} + k\omega_\mathrm{o})\mathbf{C} \tag{6-15}$$

将式(6-9)和式(6-15)分别代入方程(6-13)和方程(6-14),联立成 $2m+1$ 阶关于向量 $\mathbf{F}_k$ 的线性方程(6-16):

$$\begin{bmatrix} \boldsymbol{\Omega}_{-m}^* & \boldsymbol{\Gamma} & & & & & & & & & & \\ \boldsymbol{\Gamma} & \boldsymbol{\Omega}_{-m+1}^* & \boldsymbol{\Gamma} & & & & & & & & & \\ & & \cdots & & & & & & & & & \\ & & \boldsymbol{\Gamma} & \boldsymbol{\Omega}_{-3}^* & \boldsymbol{\Gamma} & & & & & & & \\ & & & \boldsymbol{\Gamma} & \boldsymbol{\Omega}_{-2}^* & \boldsymbol{\Gamma} & & & & & & \\ & & & & \boldsymbol{\Gamma} & \boldsymbol{\Omega}_{-1}^* & \boldsymbol{\Gamma} & & & & & \\ & & & & & \boldsymbol{\Gamma} & \boldsymbol{\Omega}_0^* & \boldsymbol{\Gamma} & & & & \\ & & & & & & \boldsymbol{\Gamma} & \boldsymbol{\Omega}_1^* & \boldsymbol{\Gamma} & & & \\ & & & & & & & \boldsymbol{\Gamma} & \boldsymbol{\Omega}_2^* & \boldsymbol{\Gamma} & & \\ & & & & & & & & \boldsymbol{\Gamma} & \boldsymbol{\Omega}_3^* & \boldsymbol{\Gamma} & \\ & & & & & & & & & \cdots & & \\ & & & & & & & & & \boldsymbol{\Gamma} & \boldsymbol{\Omega}_{m-1}^* & \boldsymbol{\Gamma} \\ & & & & & & & & & & \boldsymbol{\Gamma} & \boldsymbol{\Omega}_m^* \end{bmatrix} \begin{bmatrix} \mathbf{F}_{-m} \\ \mathbf{F}_{-m+1} \\ \vdots \\ \mathbf{F}_{-3} \\ \mathbf{F}_{-2} \\ \mathbf{F}_{-1} \\ \mathbf{F}_0 \\ \mathbf{F}_1 \\ \mathbf{F}_2 \\ \mathbf{F}_3 \\ \vdots \\ \mathbf{F}_{m-1} \\ \mathbf{F}_m \end{bmatrix} = \begin{bmatrix} -\boldsymbol{\Gamma}\mathbf{F}_{-m-1} \\ \mathbf{0} \\ \vdots \\ \mathbf{0} \\ \mathbf{0} \\ \mathbf{0} \\ \mathbf{P} \\ \mathbf{0} \\ \mathbf{0} \\ \mathbf{0} \\ \vdots \\ \mathbf{0} \\ -\boldsymbol{\Gamma}\mathbf{F}_{m+1} \end{bmatrix} \tag{6-16}$$

方程(6-16)可以简写为

$$\mathbf{A}_2\mathbf{F} = \mathbf{Q}_2 \tag{6-17}$$

式中,矩阵 $\mathbf{A}_2$ 为一个 $n(2m+1)$ 阶方阵; $\boldsymbol{\Gamma}$ 为实矩阵; $\mathbf{F}$ 为 $n(2m+1)$ 阶谐波系数向量; $\mathbf{Q}_2$ 为 $n(2m+1)$ 阶力向量。

当方程(6-11)和方程(6-16)中的阶数足够大时, $\mathbf{Q}_1$ 中的 $\mathbf{E}_{-m-1}$、 $\mathbf{E}_{m+1}$ 和 $\mathbf{Q}_2$ 中的 $\mathbf{F}_{-m-1}$、 $\mathbf{F}_{m+1}$ 都趋于 0 向量。因此, $\mathbf{Q}_1 = \mathbf{Q}_2 = \mathbf{Q}$, $\mathbf{Q}$ 是一个 $n(2m+1)$ 阶的实数向量:

$$\mathbf{Q} = \begin{bmatrix} \mathbf{0} & \cdots & \mathbf{0} & \mathbf{0} & \mathbf{P} & \mathbf{0} & \mathbf{0} & \cdots & \mathbf{0} \end{bmatrix}^T \tag{6-18}$$

所以,方程(6-12)和方程(6-17)可以写为

$$\left.\begin{array}{l} \mathbf{A}_1 \mathbf{E} = \mathbf{Q} \\ \mathbf{A}_2 \mathbf{F} = \mathbf{Q} \end{array}\right\} \tag{6-19}$$

由于矩阵 $\mathbf{A}_1$ 与 $\mathbf{A}_2$ 互为共轭,因此,向量 $\mathbf{E}$ 也与 $\mathbf{F}$ 互为共轭:

$$\mathbf{E} = \mathbf{F}^* = \mathbf{A}_1^{-1} \mathbf{Q} \tag{6-20}$$

因此,多自由度参数系统受迫振动响应的三角级数逼近表达为

$$\begin{aligned} \mathbf{X}(t) &= \frac{1}{2} \sum_{k=-m}^{m} \mathbf{E}_k \, \mathrm{e}^{\mathrm{j}(\omega_\mathrm{p}+k\omega_\mathrm{o})t} + \frac{1}{2} \sum_{k=-m}^{m} \mathbf{F}_k \, \mathrm{e}^{-\mathrm{j}(\omega_\mathrm{p}+k\omega_\mathrm{o})t} \\ &= \sum_{k=-m}^{m} \mathrm{Re}(\mathbf{E}_k) \cos(\omega_\mathrm{p}+k\omega_\mathrm{o})t - \mathrm{Im}(\mathbf{E}_k) \sin(\omega_\mathrm{p}+k\omega_\mathrm{o})t \end{aligned} \tag{6-21}$$

6.2 耦合倒立双摆系统受迫振动

当耦合倒立双摆受到外部周期激励力 $P_3 \cos \omega_\mathrm{p} t$ 和 $P_4 \cos \omega_\mathrm{p} t$ 时,其动力学模型如图 6-1 所示。

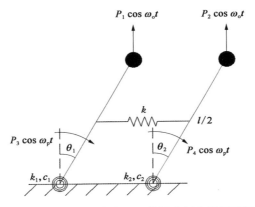

图 6-1 简谐力作用下的耦合倒立双摆系统

在转角 θ 很小的情况下,可对其正弦值做近似,即 $\sin \theta \approx \theta$。 基于近似,将动力学方程做归一化处理,得

$$\begin{bmatrix} \ddot{\theta}_1 \\ \ddot{\theta}_2 \end{bmatrix} + \begin{bmatrix} \dfrac{c_1}{m_1 l^2} & 0 \\ 0 & \dfrac{c_2}{m_2 l^2} \end{bmatrix} \begin{bmatrix} \dot{\theta}_1 \\ \dot{\theta}_2 \end{bmatrix} + \begin{bmatrix} \dfrac{4k_1 + kl^2}{4m_1 l^2} & \dfrac{-kl^2}{4m_1 l^2} \\ \dfrac{-kl^2}{4m_2 l^2} & \dfrac{4k_2 + kl^2}{4m_2 l^2} \end{bmatrix} \begin{bmatrix} \theta_1 \\ \theta_2 \end{bmatrix} + \begin{bmatrix} \dfrac{P_1}{m_1 l} & 0 \\ 0 & \dfrac{P_2}{m_2 l} \end{bmatrix} \begin{bmatrix} \theta_1 \\ \theta_2 \end{bmatrix} \cos \omega_\mathrm{o} t$$

$$= \begin{bmatrix} \dfrac{P_3}{m_1 l^2} \\ \dfrac{P_4}{m_2 l^2} \end{bmatrix} \cos \omega_\mathrm{p} t \tag{6-22}$$

记
$$\mathbf{P} = \begin{bmatrix} p_3 \\ p_4 \end{bmatrix}$$

其中
$$p_3 = \frac{P_3}{m_1 l^2}, \quad p_4 = \frac{P_4}{m_2 l^2}$$

于是,耦合倒立双摆受迫振动方程写为

$$\mathbf{M}\ddot{\boldsymbol{\theta}} + \mathbf{C}\dot{\boldsymbol{\theta}} + (\mathbf{K} + \mathbf{B}\cos\omega_o t)\boldsymbol{\theta} = \mathbf{P}\cos\omega_p t \qquad (6-23)$$

因此,耦合倒立双摆受迫振动是一个两自由度参数系统受迫振动问题。

【算例 6-1】 在耦合倒立双摆系统中,取方程(6-23)中矩阵为

$$\mathbf{M} = \begin{bmatrix} 1 & 0 \\ 0 & 1 \end{bmatrix}, \mathbf{C} = \begin{bmatrix} 0.3 & 0 \\ 0 & 0.3 \end{bmatrix}, \mathbf{K} = \begin{bmatrix} 25 & -7 \\ -7 & 9 \end{bmatrix}, \mathbf{B} = \begin{bmatrix} 2.5 & 0 \\ 0 & 0.9 \end{bmatrix}, \mathbf{P} = \begin{bmatrix} 1 \\ 1 \end{bmatrix}$$

按同频激励和异频激励两种情况分别计算参数系统的受迫振动响应。

利用三角级数逼近法,求解【算例 6-1】中参数系统受迫振动响应的谐波系数向量,级数项为对称展开,共取 21 项,即 $k = -10, \cdots, -2, -1, 0, 1, 2, \cdots, 10$。

1) 同频激励

当 $\omega_p = \omega_o = 2\pi$ 时,为参数振动同频激励问题。将已知各矩阵代入方程(6-19)中的系数矩阵 $\mathbf{A}_1$,求出其逆矩阵 $\mathbf{A}_1^{-1}$。 因此,从式(6-20)得谐波系数向量 $\mathbf{E}$,部分向量 $\mathbf{E}_k$ 计算值列于表 6-1 中。

表 6-1 谐波系数向量 $\mathbf{E}_k$

k	$\omega_p + k\omega_o$	$\mathbf{E}_k \times 10^{-5}$
...	...	...
-2	-2π	$\begin{bmatrix} 35.955\,2 - \mathrm{j}0.843\,82 \\ -2.116\,62 + \mathrm{j}0.843\,82 \end{bmatrix}$
-1	0	$\begin{bmatrix} 405.540 + \mathrm{j}49.188\,6 \\ 412.432 + \mathrm{j}35.155\,8 \end{bmatrix}$
0	2π	$\begin{bmatrix} -5\,837.14 - \mathrm{j}786.055 \\ -1\,938.134 + \mathrm{j}61.195\,6 \end{bmatrix}$
1	4π	$\begin{bmatrix} -54.469\,3 - \mathrm{j}8.965\,36 \\ -3.309\,61 + \mathrm{j}0.522\,580 \end{bmatrix}$
2	6π	$\begin{bmatrix} -0.205\,48 - \mathrm{j}0.037\,47 \\ -0.000\,17 + \mathrm{j}0.001\,43 \end{bmatrix}$
...	...	...

因此,在计算同频激励下,该耦合倒立双摆系统受迫振动响应解的三角级数逼近表达为

$$\boldsymbol{\theta}(t) = \sum_{k=-10}^{10} \{\mathrm{Re}(\mathbf{E}_k)\cos[2(k+1)\pi]t - \mathrm{Im}(\mathbf{E}_k)\sin[2(k+1)\pi]t\}$$

定义时间 t 的起点时刻为 0,步长为 0.001 s,总时间历程为 100 s,根据上述受迫振动响应的数学表达,计算该耦合倒立双摆系统的受迫响应时间历程 $\boldsymbol{\theta}(t)$、频谱 $\boldsymbol{\Theta}(\omega)$ 和相轨迹,结果如图 6-2a~c 所示。

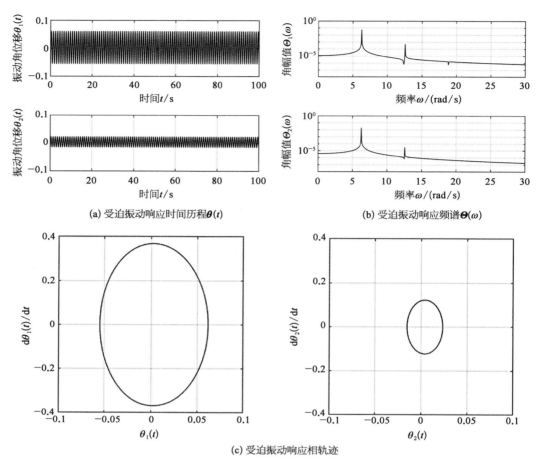

图 6 - 2   在同频激励下耦合倒立双摆系统的受迫振动响应 $\boldsymbol{\theta}(t)$ ($\omega_p = \omega_o = 2\pi$)

2) 异频激励

当 $\omega_p = 1$、$\omega_o = 2\pi$ 时，激励频率与参数频率互异。利用式(6 - 20)，求出谐波系数向量 $\mathbf{E}$，部分向量 $\mathbf{E}_k$ 的计算值列于表 6 - 2 中。

表 6 - 2   谐波系数向量 $\mathbf{E}_k$

k	$\omega_p + k\omega_o$	$\mathbf{E}_k \times 10^{-5}$
...	...	...
-2	$-11.566\ 4$	$\begin{bmatrix} 10.093\ 3 - \mathrm{j}58.808\ 1 \\ 0.704\ 97 + \mathrm{j}9.825\ 47 \end{bmatrix}$
-1	$-5.283\ 2$	$\begin{bmatrix} 1\ 045.53 - \mathrm{j}5\ 034.47 \\ 276.726 + \mathrm{j}1\ 815.14 \end{bmatrix}$
0	1	$\begin{bmatrix} 10\ 358.8 - \mathrm{j}179.214 \\ 21\ 499.8 - \mathrm{j}1\ 064.734 \end{bmatrix}$
1	$7.283\ 2$	$\begin{bmatrix} 421.572 + \mathrm{j}26.751\ 4 \\ 153.038 - \mathrm{j}7.538\ 25 \end{bmatrix}$

（续表）

k	$\omega_{\mathrm{p}} + k\omega_{\mathrm{o}}$	$\mathbf{E}_k \times 10^{-5}$
2	13.566 4	$\begin{bmatrix} 3.294\ 26 + \mathrm{j}0.295\ 661 \\ 0.262\ 269 - \mathrm{j}0.025\ 104 \end{bmatrix}$
…	…	…

因此，在异频激励条件下，该耦合倒立双摆系统受迫振动响应解的三角级数逼近表达为

$$\boldsymbol{\theta}(t) = \sum_{k=-10}^{10} \{ \mathrm{Re}(\mathbf{E}_k)\cos(1+2k\pi)t - \mathrm{Im}(\mathbf{E}_k)\sin(1+2k\pi)t \}$$

定义时间 t 的起点时刻为 0，步长为 0.001 s，总时间历程为 100 s，根据上述受迫振动响应的数学表达，计算该耦合倒立双摆系统受迫响应时间历程 $\boldsymbol{\theta}(t)$、频谱 $\boldsymbol{\Theta}(\omega)$ 和相轨迹，结果如图 6-3a～c 所示。

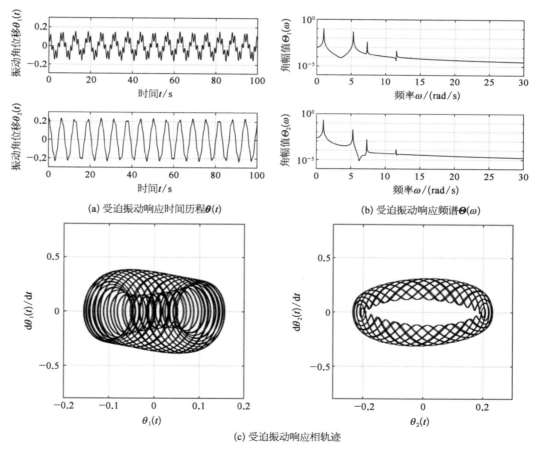

(a) 受迫振动响应时间历程 $\boldsymbol{\theta}(t)$　　(b) 受迫振动响应频谱 $\boldsymbol{\Theta}(\omega)$

(c) 受迫振动响应相轨迹

图 6-3　在异频激励下耦合倒立双摆系统的受迫振动响应 $\boldsymbol{\theta}(t)$（$\omega_{\mathrm{p}}=1$，$\omega_{\mathrm{o}}=2\pi$）

3）响应理论谱

基于组合频率的向量三角级数逼近，可以得到参数系统受迫振动响应在各频率成分下

的理论谱值 $\boldsymbol{\theta}(\omega)$。 图 6-4 为异频激励振动响应的振动响应理论谱 $\boldsymbol{\theta}(\omega)$，与图 6-3 中振动响应频谱估计 $\boldsymbol{\Theta}(\omega)$ 相比，振动响应理论谱 $\boldsymbol{\theta}(\omega)$ 不存在 FFT 估计的泄漏问题，振动响应幅值计算准确性高。

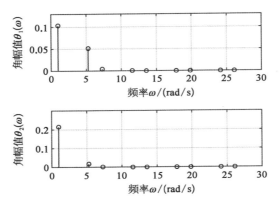

图 6-4　受迫振动响应理论谱 $\boldsymbol{\theta}(\omega)$（$\omega_p=1$，$\omega_o=2\pi$）

6.3　逼近计算误差

根据第 4 章 4.5 节中的逼近计算误差定义，在【算例 6-1】中，得到振动响应的逼近计算误差时间历程 $\boldsymbol{\varepsilon}(t)$ 如图 6-5 所示，其中误差估计值 ε_r 见表 6-3，逼近计算误差都非常小。

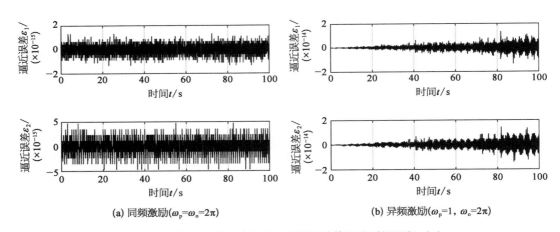

(a) 同频激励（$\omega_p=\omega_o=2\pi$）　　　　　　　(b) 异频激励（$\omega_p=1$，$\omega_o=2\pi$）

图 6-5　参数系统受迫振动响应逼近计算误差时间历程 $\boldsymbol{\varepsilon}(t)$

表 6-3　【算例 6-1】中逼近计算误差估计 ε_r

参数激励方式	同频激励 $\omega_p=\omega_o=2\pi$	异频激励 $\omega_p=1$，$\omega_o=2\pi$
逼近计算误差 ε_r	4.725 7e-15	1.436 9e-14

6.4　受迫振动主分量特性

与第 3 章 3.4 节所述类似,受迫振动主分量向量是参数频率 ω_o 和外力激励频率 ω_p 的函数,根据参与频率模式不同,它们分为振动主分量向量参频特性和振动主分量向量频率特性。

6.4.1　主分量参频特性

利用式(6-21)中的振动主分量向量和 $(E_0 + E_{-2})$,计算振动主分量向量同时随参数频率 ω_o 和外力激励频率 ω_p 的变化 $(\omega_o = \omega_p)$,获得主分量向量参频特性。

【算例 6-2】　耦合倒立双摆振动主分量向量参频特性。

设耦合倒立双摆方程(6-23)中各矩阵为

$$\mathbf{M} = \begin{bmatrix} 1 & 0 \\ 0 & 1 \end{bmatrix}, \mathbf{C} = \begin{bmatrix} 0.1 & 0 \\ 0 & 0.1 \end{bmatrix}, \mathbf{K} = \begin{bmatrix} 25 & -7 \\ -7 & 9 \end{bmatrix}, \mathbf{P} = \begin{bmatrix} 1 \\ 1 \end{bmatrix}, \mathbf{B} = \begin{bmatrix} 2.5 & 0 \\ 0 & 0.9 \end{bmatrix}$$

外力激励频率 ω_p 从 0 开始,以 1/10 000 rad/s 为步长扫频至 8 rad/s,根据式(6-11)逐点计算振动主分量向量和 $(E_0 + E_{-2})$,得到两个振动主分量参频特性如图 6-6 所示。

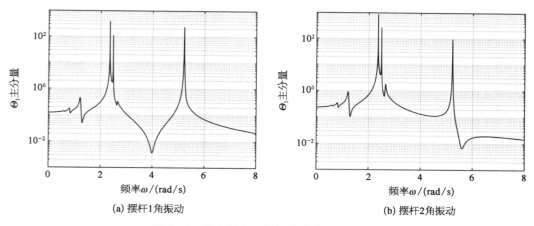

(a) 摆杆1角振动　　　　　　　　　　　　(b) 摆杆2角振动

图 6-6　耦合倒立双摆振动主分量参频特性

6.4.2　主分量频率特性

在多自由度参数系统中,对于某一个参数频率 ω_o,计算振动主分量向量随外力激励频率 ω_p 变化,获得振动主分量向量频率特性。不同类型的刚度周期系数 $\mathbf{B}$ 矩阵,将极大地影响系统受迫振动中主分量向量 E_0 的频率特性,本节将举例说明各阶共振频率随着调制矩阵变化呈现多样性趋向。

【算例 6-3】　耦合倒立双摆振动主分量频率特性。

设耦合倒立双摆的刚度周期系数矩阵为对角阵,各矩阵表达如下:

$$\mathbf{M}=\begin{bmatrix}1&0\\0&1\end{bmatrix},\ \mathbf{C}=\begin{bmatrix}0.3&0\\0&0.3\end{bmatrix},\ \mathbf{K}=\begin{bmatrix}25&-7\\-7&9\end{bmatrix},\ \mathbf{P}=\begin{bmatrix}1\\1\end{bmatrix},\ \mathbf{B}=\begin{bmatrix}25\beta&0\\0&9\beta\end{bmatrix}$$

分析不同刚度周期系数下耦合倒立双摆的振动主分量频率特性。

1) 参数频率 $\omega_o=2$

设耦合倒立双摆的刚度周期系数 β 分别为 0.1、0.3、0.5,取参数频率 $\omega_o=2$,小于第一阶振荡频率;外界力为扫频激励,幅值为 1;频率 ω_p 从 0 至 7 rad/s,步长 0.000 1 rad/s,对系统进行扫频激励。根据式(6-11)逐点计算谐波系数向量 $\mathbf{E}_0$,得到耦合倒立双摆受迫振动的主分量频率特性,如图 6-7 所示。

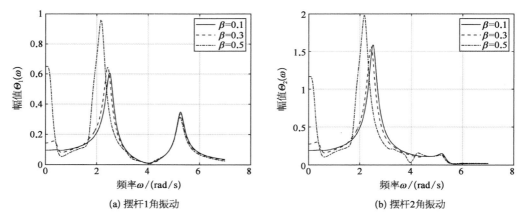

(a) 摆杆1角振动　　　　　　　　(b) 摆杆2角振动

图 6-7　耦合倒立双摆振动主分量频率特性($\omega_o=2$)

随着刚度周期系数 β 的提高,摆杆 1 和摆杆 2 中的第一阶共振点频率都发生左迁移,而且振动幅值升高。虽然摆杆 1 和摆杆 2 中的第二阶共振点频率也发生左迁移,可是相比之下,第二阶共振点的振动幅值变化不大。

2) 参数频率 $\omega_o=2\pi$

取 $\omega_o=2\pi$,当参数频率大于第二阶振荡频率时,通过计算得到耦合倒立双摆振动主分量频率特性如图 6-8 所示。

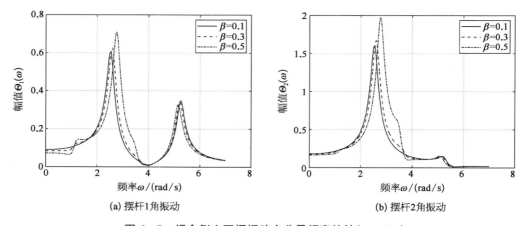

(a) 摆杆1角振动　　　　　　　　(b) 摆杆2角振动

图 6-8　耦合倒立双摆振动主分量频率特性($\omega_o=2\pi$)

须特别注意的是,随着刚度周期系数 β 的提高,摆杆 1 和摆杆 2 中的第一阶共振点频率发生右迁移,而且振动幅值也升高。ω_o 的取值对第一阶共振点频率的变化趋势非常敏感。但是,在摆杆 1 和摆杆 2 中的第二阶共振点频率仍保持左迁移,同时第二阶共振点的振动幅值变化不大。

图 6-8 中的主分量频率特性趋势,与第 5 章【算例 5-3】和【算例 5-4】中耦合倒立双摆系统主特征根的分析结论有相同之处,即系统的第一阶主振荡频率大于对应线性系统的第一阶自然频率,而系统第二阶主振荡频率则小于对应线性系统的自然频率。

【算例 6-4】　小阻尼条件下耦合倒立双摆的振动主分量频率特性。

在【算例 6-3】中,设耦合倒立双摆的刚度周期系数 β 为 0.3,阻尼系数取 $c_{11}=c_{22}=0.0001$,参数频率 $\omega_o=1$;外界力为扫频激励,幅值为 1;频率 ω_p 从 0 增至 9 rad/s,步长 1/10 000 rad/s,对系统进行扫频激励。根据式(6-11)逐点计算谐波系数向量 $\mathbf{E}_0$,得到耦合倒立双摆受迫振动的主分量频率特性,如图 6-9 所示。

振动主分量频率特性呈疏状,当外界力频率 $\omega_p=\omega_{s1}\pm k\omega_o$ 或 $\omega_p=\omega_{s2}\pm k\omega_o$ 时,摆杆 1 和摆杆 2 振动将出现组合共振。

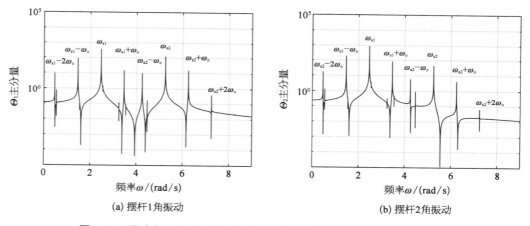

(a) 摆杆1角振动　　　　　　(b) 摆杆2角振动

图 6-9　耦合倒立双摆振动主分量频率特性($c_{11}=c_{22}=0.0001,\omega_o=1$)

【算例 6-5】　周期性耦合刚度系统振动主分量向量频率特性。

对于第 4 章中的质量、弹簧、阻尼系统(图 4-4),当耦合刚度系统为周期性时变性时,设系统物理参数如下:

$$\mathbf{M}=\begin{bmatrix} 1 & 0 \\ 0 & 1 \end{bmatrix},\ \mathbf{C}=\begin{bmatrix} 0.3 & 0 \\ 0 & 0.3 \end{bmatrix},\ \mathbf{K}=\begin{bmatrix} 25 & -7 \\ -7 & 9 \end{bmatrix},\ \mathbf{P}=\begin{bmatrix} 1 \\ 0 \end{bmatrix},\ \mathbf{B}=7\beta\begin{bmatrix} 1 & -1 \\ -1 & 1 \end{bmatrix}$$

分析不同刚度周期系数下参数系统的两个振动主分量频率特性。

当参数频率 $\omega_o=2$ 时,计算得到质量、弹簧、阻尼系统振动主分量频率特性,如图 6-10 所示。随着刚度周期系数 β 的提高,质点 1 和质点 2 中的第一阶共振点频率发生左迁移,振动幅值下降。质点 1 和质点 2 中的第二阶共振点频率发生右迁移,同时第二阶共振点的振动幅值下降,这是须特别注意之处(主振荡频率分析详见第 4 章【算例 4-3】)。

对一个多自由度参数系统而言,不同的参数频率 ω_0、不同类型的刚度周期系数 **B** 矩阵,受迫振动的主分量频率特性随着刚度周期系数 β 的提高,其迁移变化趋势往往不同。

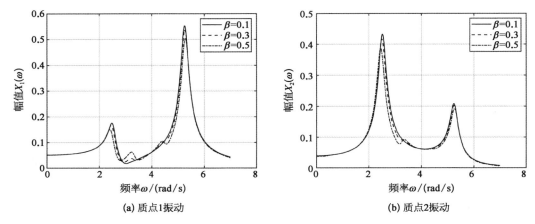

(a) 质点1振动   (b) 质点2振动

图 6－10　周期性耦合刚度系统振动主分量频率特性($\omega_0=2$)

第 7 章
斜拉索参数振动

斜拉桥在风、地震以及车辆等动力载荷作用下,桥面和桥塔易发生振动,而斜拉索是斜拉桥的主要受力构件,由于其质量小、阻尼小且柔度大的特点,承受静张力的斜拉索,当端部受到位移激励时,易产生参数振动。斜拉索振动和稳定性关系到大桥结构的安全与健康,因此研究斜拉索参数振动具有重要的工程意义。

本章考虑端部位移激励下斜拉索振动模型,基于组合频率的三角级数与振动模态之积的解,对振动方程进行分离变量,在不考虑高次变量和高次微分项的情况下,将二阶偏微分参数振动方程转化为常微分参数振动方程,采用解析方法,重点讨论斜拉索在端部位移激励下的瞬态振动、受迫振动和稳定性问题。

为了进一步认识端部位移激励下的斜拉索振动问题,利用模型拉索,进行端部位移激励下斜拉索振动试验研究,从时域、频域、时频域上分析参数振动响应以及稳定性,以验证斜拉索参数振动理论分析结果与动态测试振动特征的吻合性。

7.1　端部位移激励下的斜拉索振动

一个承受静张力的斜拉索,受拉索自重沿着弦向分力影响,在一端固支、另一端支撑垂直位移激励下,将产生动态张力,从而形成斜拉索的参数振动问题。为了分析斜拉索的动力学现象,首先建立斜拉索在端部垂直周期位移激励作用下的偏微分参数振动方程,然后提出基于组合频率的三角级数与振动模态之积的解,将二阶偏微分参数振动方程简化为常微分参数振动方程。

7.1.1　斜拉索在端部位移激励下的参数振动方程

如图 7-1 所示,将斜拉索振动系统进行简化,图中 A 和 B 点分别表示桥塔和桥面上的点,$u = u_0 \cos \omega_0 t$ 表示端部理想位移激励。

为了简化研究,同时突出参数振动问题的本质,对斜拉索模型做如下假定:

(1) 仅考虑斜拉索的面内横向振动。

(2) 斜拉索的垂度曲线近似用抛物线表示。

(3) 忽略斜拉索的抗弯及抗扭刚度。

(4) 斜拉索本构关系服从胡克定律,并且各点受力均匀。

根据图 7-1 所示坐标系,由牛顿第二定律,建立斜拉索振动微分方程

$$\frac{\partial}{\partial s}\left\{T\frac{\partial[w(x,t)+y(x)]}{\partial s}\right\}+\rho g\cos\alpha-c\frac{\partial w(x,t)}{\partial t}=\rho\frac{\partial^2 w(x,t)}{\partial t^2} \qquad (7-1)$$

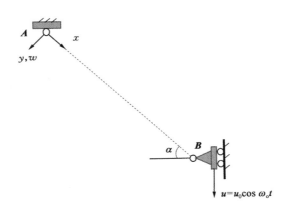

图 7 - 1　斜拉索在端部垂直位移激励下的参数振动模型

式中,T 为斜拉索切向拉力;$w(x,t)$ 为斜拉索的横向振动位移;$y(x)$ 为斜拉索在自重作用下的初始静力平衡位置,即垂度曲线;ρ 为斜拉索单位长度质量;c 为斜拉索单位长度的阻尼系数;α 为斜拉索面内与水平方向的倾角。

考虑斜拉索切向和轴向分力的微分关系和静力平衡,在小垂度条件下,得

$$\rho \frac{\partial^2 w(x,t)}{\partial t^2} + c\frac{\partial w(x,t)}{\partial t} - (H_0 + H_d)\frac{\partial^2 w(x,t)}{\partial x^2} - H_d\frac{\partial^2 y(x)}{\partial x^2} = 0 \quad (7-2)$$

式中,$H_0 = \dfrac{\rho g l^2}{8f}$ 为斜拉索切向静张力沿弦向的分力;f 为拉索的跨中最大垂度;l 为斜拉索的长度;H_d 为斜拉索振动过程中动态张力:

$$H_d = H_\omega \cos \omega_o t + H_p \quad (7-3)$$

其中

$$H_\omega = \frac{EAu_0 \sin \alpha}{l} \quad (7-4)$$

$$H_p = \frac{EA}{l}\left[\int_0^l \frac{\mathrm{d}y}{\mathrm{d}x}\frac{\partial w}{\partial x}\mathrm{d}x + \frac{1}{2}\int_0^l \left(\frac{\mathrm{d}w}{\mathrm{d}t}\right)^2 \mathrm{d}x\right] \quad (7-5)$$

式中,$H_\omega \cos \omega_o t$ 为端部位移激励下斜拉索附加动张力;u_0 为端部位移激励幅值;ω_o 为参数激励频率;H_p 为斜拉索横向变形及几何非线性引起的附加动张力;E 为斜拉索的弹性模量;A 为斜拉索的横截面积;斜拉索重力垂度曲线方程为

$$y(x) = \frac{4f}{l}\left(x - \frac{x^2}{l}\right) = \frac{\rho g l \cos \alpha}{2H_0}\left(x - \frac{x^2}{l}\right) \quad (7-6)$$

在端部位移激励下,斜拉索轴向振动位移为 $u_x(t) = u_0 \sin \alpha \cos \omega_o t$,端部面内横向振动位移为 $u_y(t) = u_0 \cos \alpha \cos \omega_o t$。

7.1.2　三角级数与模态之积的解形式

设斜拉索振动模态为两端简支弦振动的标准模态 $\phi_i(x)$,弦上某点三角级数形式的响

应为 $y_i(t)$。根据振动模态叠加原理,考虑斜拉索端部横向振动 $u_y(t)$,则斜拉索面内横向振动响应解为组合频率的三角级数与模态之积的和加上端部位移:

$$w(x, t) = \sum_{i=1}^{n} \phi_i(x) y_i(t) + \frac{x}{l} u_y(t) \quad (0 \leqslant x \leqslant l) \qquad (7-7)$$

忽视 $y_i(t)$ 和 u_y 的高次项,由式(7-5)得

$$H_p \approx \frac{8EAf}{\pi l^2} \left[\sum_{i=1}^{n} \frac{1}{i}(1 - \cos i\pi) y_i(t) \right] \qquad (7-8)$$

将式(7-4)和式(7-8)代入式(7-3),然后将式(7-3)和式(7-7)代入方程(7-2),同时考虑斜拉索前 2 阶模态($n=2$),忽略高阶微分项,得到

$$\sum_{i=1}^{2} \phi_i(x) y_i''(t) + \frac{c}{\rho} \sum_{i=1}^{2} \phi_i(x) y_i'(t) - \frac{1}{\rho}(H_0 + H_\omega \cos \omega_o t) \left[\sum_{i}^{2} \ddot{\phi}_i(x) y(t) \right]$$
$$= -\frac{x}{l} u_y''(t) - \frac{cx}{\rho l} u_y'(t) - \frac{g \cos \alpha}{H_0} \left[H_\omega \cos \omega_o t + \frac{8EAf}{\pi l^2} \sum_{i=1}^{2} \frac{1}{i}(1 - \cos i\pi) y_i(t) \right] \qquad (7-9)$$

对第 i 阶模态函数 $\phi_i(x) = \sin\left(\frac{i\pi x}{l}\right)$,进行定积分运算:

$$\int_0^l \phi_i(x) \mathrm{d}x = \frac{l}{i\pi}(1 - \cos i\pi) \qquad (7-10)$$

$$\int_0^l \phi_i(x) \phi_j(x) \mathrm{d}x = \begin{cases} \dfrac{l}{2}, & i = j \\ 0, & i \neq j \end{cases} \qquad (7-11)$$

$$\int_0^l \phi_i(x) \ddot{\phi}_i(x) \mathrm{d}x = -\frac{\pi^2 i^2}{2l} \qquad (7-12)$$

$$\int_0^l x \phi_i(x) \mathrm{d}x = \begin{cases} \dfrac{l^2}{i\pi}, & i = 1, 3, 5, \cdots \\ -\dfrac{l^2}{i\pi}, & i = 2, 4, 6, \cdots \end{cases} \qquad (7-13)$$

方程(7-9)左右两边同时乘以模态函数 $\phi_i(x)$,并沿 x 轴从 0 到 l 进行定积分计算,得到前二阶模态下关于横向振动响应 $y_i(t)$ 的参数振动方程,即两自由度参数振动方程

$$\left.\begin{aligned} & y_1''(t) + \frac{c}{\rho} y_1'(t) + \omega_{n1}^2 \left(1 + \frac{512EAf^2}{\pi^4 l^2 H_0}\right) y_1(t) + \omega_{n1}^2 \beta \cos \omega_o t y_1(t) \\ & = -\frac{2}{\pi}\left(u_y''(t) + \frac{c}{\rho} u_y'(t)\right) - \frac{4\beta g \cos \alpha}{\pi} \cos \omega_o t \\ & y_2''(t) + \frac{c}{\rho} y_2'(t) + 4\omega_{n1}^2 (1 + \beta \cos \omega_o t) y_2(t) \\ & = \frac{1}{\pi}\left(u_y''(t) + \frac{c}{\rho} u_y'(t)\right) \end{aligned}\right\} \qquad (7-14)$$

式中，$\omega_{n1}^2 = \dfrac{\pi^2 v^2}{l^2}$，其中 ω_{n1} 为张紧弦一阶固有频率；$v^2 = \dfrac{H_0}{\rho}$，其中 v 为振动波传播速度；

$\beta = \dfrac{H_\omega}{H_0}$，为调制指数。

斜拉索端部位移激励 u 分解成拉索的轴向位移激励 u_x 和面内横向位移激励 u_y。前者成为成斜拉索附加弹性动张力的一部分，确定了动张力的调制指数，形成斜拉索的参数振动问题；后者除了直接成为斜拉索横向振动位移以外，还构成对斜拉索横向振动的端部激励项 $\left(u''_y(t) + \dfrac{c}{\rho} u'_y(t) \right)$ 和 $\dfrac{4\beta g \cos\alpha}{\pi} \cos\omega_0 t$。

7.2 振 动 响 应

对于简化后的参数振动方程(7-14)，求解过程分为瞬态振动响应、受迫振动响应，以及瞬态振动响应与受迫振动响应的叠加即振动总响应。

7.2.1 瞬态振动响应

7.2.1.1 自由振动通解

取参数振动方程(7-14)的齐次式，得到端部位移激励下的斜拉索在第一、二阶模态下自由振动方程

$$\left. \begin{aligned} &y''_1(t) + \frac{c}{\rho} y'_1(t) + \frac{\pi^2 v^2}{l^2}\left(1 + \frac{512EAf^2}{\pi^4 l^2 H_0}\right) y_1(t) + \frac{\pi^2 v^2 \beta}{l^2}\cos\omega_0 t\, y_1(t) = 0 \\ &y''_2(t) + \frac{c}{\rho} y'_2(t) + \frac{4\pi^2 v^2}{l^2}(1 + \beta\cos\omega_0 t) y_2(t) = 0 \end{aligned} \right\} \quad (7-15)$$

根据第 4 章内容，从方程(7-15)可以得到第一、二阶模态下振动特征根

$$s_{i,0} = -\delta_i \pm \mathrm{j}(\omega_{si} + k\omega_0) \quad (i = 1, 2) \tag{7-16}$$

从而可得方程(7-15)的自由振动通解

$$y_i(t) = \mathrm{e}^{-\delta_i t} \sum_{k=-m}^{m} \left[p_i E_{i,k} \mathrm{e}^{\mathrm{j}(\omega_{si} + k\omega_0)t} + q_i E_{i,k}^* \mathrm{e}^{-\mathrm{j}(\omega_{si} + k\omega_0)t} \right] \quad (i = 1, 2) \tag{7-17}$$

因此，斜拉索自由振动响应通解为基于组合频率的三角级数与模态之积构成的级数：

$$\hat{w}(x, t) \approx \sum_{i=1}^{n} \mathrm{e}^{-\delta_i t} \sin\left(\frac{i\pi x}{l}\right) \left[p_i \sum_{k=-m}^{m} E_{i,k} \mathrm{e}^{\mathrm{j}(\omega_{si} + k\omega_0)t} + q_i \sum_{k=-m}^{m} E_{i,k}^* \mathrm{e}^{-\mathrm{j}(\omega_{si} + k\omega_0)t} \right]$$

$$\tag{7-18}$$

或者表达式为

$$\hat{w}(x, t) = \sum_{i=1}^{n} \mathrm{e}^{-\delta_i t} \sin\left(\frac{i\pi x}{l}\right) \left[c_i \sum_{k=-m}^{m} E_{i, k} \cos(\omega_{si} + k\omega_o)t + d_i \sum_{k=-m}^{m} E_{i, k}^* \sin(\omega_{si} + k\omega_o)t \right]$$

$$(7-19)$$

式中, $n=2$; p_i、q_i、c_i、d_i 为第 i 阶模态下振动响应的任意常数。

7.2.1.2　任意常数确定

1) 复指数表达

设斜拉索振动初始条件

$$w(x, 0) = f_1(x) \qquad (7-20)$$

$$\frac{\mathrm{d}w(x, 0)}{\mathrm{d}t} = f_2(x) \qquad (7-21)$$

同时,考虑在 $t=0$ 时斜拉索端部位移 $w(l, 0) = u_y(0) = u_0 \cos\alpha$ 和速度状态 $\frac{\mathrm{d}w(l, 0)}{\mathrm{d}t} = u_y'(0) = 0$。因此,从通解公式(7-18)得到以下关系:

$$\sum_{i=1}^{n} \sin\left(\frac{i\pi x}{l}\right) \left(p_i \sum_{k=-m}^{m} E_{i, k} + q_i \sum_{k=-m}^{m} E_{i, k}^* \right) = f_1(x) + \frac{xu_0 \cos\alpha}{l} \qquad (7-22)$$

$$\sum_{i=1}^{n} \sin\left(\frac{i\pi x}{l}\right) \left\{ p_i \sum_{k=-m}^{m} [-\delta_i + \mathrm{j}(\omega_{si} + k\omega_o)] E_{i, k} + q_i \sum_{k=-m}^{m} [-\delta_i - \mathrm{j}(\omega_{si} + k\omega_o)] E_{i, k}^* \right\}$$
$$= f_2(x) \qquad (7-23)$$

利用傅里叶级数分解 $(n \to \infty)$,从式(7-22)和式(7-23)得到下列数学表达:

$$p_i \sum_{k=-m}^{m} E_{i, k} + q_i \sum_{k=-m}^{m} E_{i, k}^* = \frac{2}{l} \int_0^l \left(f_1(x) + \frac{xu_0 \cos\alpha}{l} \right) \sin\left(\frac{i\pi x}{l}\right) \mathrm{d}x \qquad (7-24)$$

$$p_i \sum_{k=-m}^{m} [-\delta_i + \mathrm{j}(\omega_{si} + k\omega_o)] E_{i, k} + q_i \sum_{k=-m}^{m} [-\delta_i - \mathrm{j}(\omega_{si} + k\omega_o)] E_{i, k}^*$$
$$= \frac{2}{l} \int_0^l f_2(x) \sin\left(\frac{i\pi x}{l}\right) \mathrm{d}x \qquad (7-25)$$

整理式(7-24)和式(7-25)得到

$$\begin{bmatrix} \sum_{k=-m}^{m} E_{i, k} & \sum_{k=-m}^{m} E_{i, k}^* \\ \sum_{k=-m}^{m} [-\delta_i + \mathrm{j}(\omega_{si} + k\omega_o)] E_{i, k} & \sum_{k=-m}^{m} [-\delta_i - \mathrm{j}(\omega_{si} + k\omega_o)] E_{i, k}^* \end{bmatrix} \begin{bmatrix} p_i \\ q_i \end{bmatrix}$$
$$= \begin{bmatrix} \dfrac{2}{l} \int_0^l \left(f_1(x) + \dfrac{xu_0 \cos\alpha}{l} \right) \sin\left(\dfrac{i\pi x}{l}\right) \mathrm{d}x \\ \dfrac{2}{l} \int_0^l f_2(x) \sin\left(\dfrac{i\pi x}{l}\right) \mathrm{d}x \end{bmatrix} \qquad (7-26)$$

由式(7-26)可以解出第 i 阶模态下振动响应的任意常数 p_i 和 q_i。

2）三角函数表达

从通解公式(7-19)和斜拉索端部初始位移、速度状态得到以下关系：

$$\sum_{i=1}^{n} \sin\left(\frac{\pi i x}{l}\right) c_i \left(\sum_{k=-m}^{m} E_{i,k}\right) = f_1(x) + \frac{x u_0 \cos \alpha}{l} \tag{7-27}$$

$$\sum_{i=1}^{n} \sin\left(\frac{\pi i x}{l}\right) \left\{ d_i \left[\sum_{k=-m}^{m} (\omega_{i,s} + k\omega_0) E_{i,k}^*\right] - \delta_i c_i \left(\sum_{k=-m}^{m} E_{i,k}\right) \right\} = f_2(x) \tag{7-28}$$

利用傅里叶级数分解 $(n \to \infty)$，从式(7-27)和式(7-28)得到

$$c_i \left[\sum_{k=-m}^{m} E_{i,k}\right] = \frac{2}{l} \int_0^l \left(f_1(x) + \frac{x u_0 \cos \alpha}{l}\right) \sin\left(\frac{\pi i x}{l}\right) \mathrm{d}x \tag{7-29}$$

$$d_i \left[\sum_{k=-m}^{m} (\omega_{i,s} + k\omega_0) E_{i,k}^*\right] - \delta_i c_i \left(\sum_{k=-m}^{m} E_{i,k}\right) = \frac{2}{l} \int_0^l f_2(x) \sin\left(\frac{\pi i x}{l}\right) \mathrm{d}x \tag{7-30}$$

从而可得任意常数的解析表达

$$c_i = \frac{2}{l \sum\limits_{k=-m}^{m} E_{i,k}} \int_0^l \left(f_1(x) + \frac{x u_0 \cos \alpha}{l}\right) \sin\left(\frac{\pi i x}{l}\right) \mathrm{d}x \tag{7-31}$$

$$d_i = \frac{2}{l \left(\sum\limits_{k=-m}^{m} (\omega_{is} + k\omega_0) E_{i,k}^*\right)} \int_0^l \left(\delta_i f_1(x) + f_2(x) + \frac{x \delta_i u_0 \cos \alpha}{l}\right) \sin\left(\frac{\pi i x}{l}\right) \mathrm{d}x$$

$$\tag{7-32}$$

7.2.1.3　自由振动算例

【算例 7-1】　如图7-2所示，一端简支固定，另一端垂直方向位移激励的斜拉索，斜拉索中间的初始位移为 w_0，则初始条件为

$$f_1(x) = \begin{cases} 2w_0 x/l, & 0 < x \leqslant l/2 \\ 2w_0(l-x)/l, & l/2 < x < l \end{cases} \tag{7-33}$$

$$f_2(x) = 0 \tag{7-34}$$

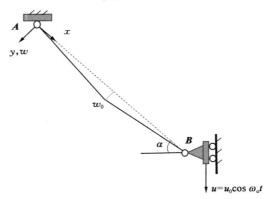

图 7-2　斜拉索初始位移

由复指数通解表达式(7-18),计算自由振动响应。

由初始条件,得到

$$\frac{2}{l}\int_0^l\left(f_1(x)+\frac{xu_0\cos\alpha}{l}\right)\sin\left(\frac{\pi ix}{l}\right)\mathrm{d}x=\frac{8w_0\sin(i\pi/2)}{\pi^2i^2}-\frac{2u_0\cos\alpha\cos(i\pi)}{i\pi} \quad (7-35)$$

$$\frac{2}{l}\int_0^l f_2(x)\sin\left(\frac{\pi ix}{l}\right)\mathrm{d}x=0 \quad (7-36)$$

则式(7-26)为

$$\begin{bmatrix}\sum_{k=-m}^m E_{i,k} & \sum_{k=-m}^m E_{i,k}^* \\ \sum_{k=-m}^m[-\delta_i+\mathrm{j}(\omega_{si}+k\omega_o)]E_{i,k} & \sum_{k=-m}^m[-\delta_i-\mathrm{j}(\omega_{si}+k\omega_o)]E_{i,k}^*\end{bmatrix}\begin{bmatrix}p_i\\q_i\end{bmatrix}$$
$$=\begin{bmatrix}\dfrac{8w_0\sin(i\pi/2)}{\pi^2i^2}-\dfrac{2u_0\cos\alpha\cos(i\pi)}{i\pi}\\0\end{bmatrix} \quad (7-37)$$

从方程(7-37)中解出振动任意常数 p_i 和 q_i。

表7-1为一根斜拉索的几何参数和材料特性。从中得到斜拉索横向振动波速度

$$v=\left(\frac{H_0}{\rho}\right)^{1/2}=79.6069\ \mathrm{m/s}$$

斜拉索一阶固有频率

$$\omega_1=\frac{\pi v}{l}\sqrt{1+\frac{512EAf^2}{\pi^4l^2H_0}}=25.0100\ \mathrm{rad/s}$$

在计算中,即使考虑了斜拉索横向变形及几何非线性因素,其固有频率 ω_1 基本等于静止斜拉索一阶固有频率 $\omega_{n1}=\pi v/l=25.0091\ \mathrm{rad/s}$。

调制指数

$$\beta=\frac{H_d}{H_0}=\frac{AEu_0\sin\alpha}{lH_0}=0.1213$$

归一化阻尼系数

$$\frac{c}{\rho}=0.05127$$

在模态 $i=1$、2 的情况下,考虑斜拉索自由振动响应的三角级数逼近,取逼近项 $k=-14,\cdots,-1,0,1,\cdots,14$,在参数激励频率 $\omega_o=5$ 的情况下,计算得到斜拉索振动主特征值 $s_{i,0}$,见表7-2;谐波系数 $E_{i,k}$ 为实数,其计算值列于表7-3中;自由振动响应中的任意常数 p_i 和 q_i 计算值列于表7-4中。

表 7-1 斜拉索的几何参数和材料特性

内　容	数　值	内　容	数　值
单位长度质量 ρ	0.243 8 kg/m	支座激励幅值 u_0	0.002 12 m
拉索长度 l	10 m	阻尼系数 c	0.012 5 N·m/s
拉索弹性模量 E	40 GPa	静止拉索力 T	1 545 N
截面面积 A	3.125 6E－5 m²	初始位移 w_0	0.075 m
参数激励频率 ω_0	5 rad/s	倾角 α	$\pi/4$

表 7-2 斜拉索在模态 $i=1$、2 下的振动主特征根计算值 $s_{i,0}$

第 i 阶	主特征根 $s_{i,0}$
1	$-0.025\ 635\ 767\ 022\ 149 \pm j24.986\ 731\ 089\ 476\ 689$
2	$-0.025\ 635\ 767\ 022\ 149 \pm j49.971\ 840\ 182\ 312\ 459$

表 7-3 斜拉索在模态 $i=1$、2 下的前 5 阶谐波系数 $E_{i,k}$ 计算值

k	$E_{1,k}$	$E_{2,k}$
-5	$-0.000\ 004\ 542\ 759\ 510$	$-0.000\ 053\ 279\ 339\ 951$
-4	$0.000\ 074\ 628\ 852\ 019$	$0.000\ 655\ 733\ 308\ 143$
-3	$-0.001\ 177\ 273\ 773\ 753$	$-0.006\ 877\ 292\ 873\ 378$
-2	$0.016\ 244\ 762\ 921\ 863$	$0.057\ 312\ 055\ 071\ 624$
-1	$-0.170\ 527\ 473\ 787\ 676$	$-0.334\ 643\ 776\ 194\ 931$
0	1	1
1	$0.139\ 806\ 913\ 562\ 529$	$0.304\ 154\ 552\ 837\ 885$
2	$0.008\ 880\ 874\ 859\ 783$	$0.042\ 673\ 180\ 160\ 403$
3	$0.000\ 346\ 397\ 246\ 040$	$0.003\ 786\ 297\ 354\ 292$
4	$0.000\ 009\ 401\ 094\ 273$	$0.000\ 240\ 666\ 561\ 294$
5	$0.000\ 000\ 190\ 417\ 544$	$0.000\ 011\ 728\ 890\ 234$

表 7-4 斜拉索在模态 $i=1$、2 下自由振动的任意常数 p_i 和 q_i 计算值

第 i 阶模态	p_i	q_i
1	$0.031\ 07-j3.006\ 2e-5$	$0.031\ 07+j3.006\ 2e-5$
2	$-2.235\ 5e-4+j1.081\ 9e-4$	$-2.235\ 5e-4-j1.081\ 9e-4$

因此,斜拉索在第一阶模态下自由振动响应表达为

$$\hat{w}_1(x,t)=\mathrm{e}^{-0.025\ 6t}\sin\left(\frac{\pi x}{l}\right)\sum_{k=-14}^{14}E_{1,k}\left[p_1\mathrm{e}^{\mathrm{j}(24.986\ 7+5k)t}+q_1\mathrm{e}^{-\mathrm{j}(24.986\ 7+5k)t}\right]$$

取振动响应观测点 $x=7l/10$,定义时间 t 的起点时刻为 0,步长为 0.001 s,时间历程为 200 s,根据上述数学表达,计算斜拉索在第一阶模态下自由振动响应,其中振动时间历程 $\hat{w}_1(7l/10,t)$ 及频谱 $\hat{w}_1(7l/10,\omega)$ 如图 7-3 所示。

斜拉索在第二阶模态下自由振动响应表达为

$$\hat{w}_2(x,t)=\mathrm{e}^{-0.025\,6t}\sin\!\left(\frac{2\pi x}{l}\right)\sum_{k=-14}^{14}E_{2,k}\big[p_2\mathrm{e}^{\mathrm{j}(49.971\,8+5k)t}+q_2\mathrm{e}^{-\mathrm{j}(49.971\,8+5k)t}\big]$$

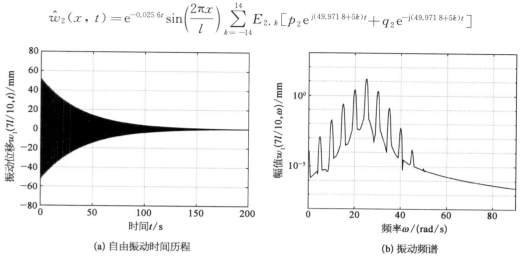

(a) 自由振动时间历程　　　　　(b) 振动频谱

图 7-3　第一阶模态下自由振动响应 $\hat{w}_1(7l/10,t)$

　　根据上述数学表达，计算斜拉索在第二阶模态下自由振动响应，其中振动时间历程 $\hat{w}_2(7l/10,t)$ 及频谱 $\hat{w}_2(7l/10,\omega)$ 如图 7-4 所示。由于斜拉索端部位移激励，即使在对称的初始条件作用下，在偶数模态中仍有较小的自由振动响应出现。第一、二阶模态下自由振动响应逼近计算的误差估计均小于 1e-14。

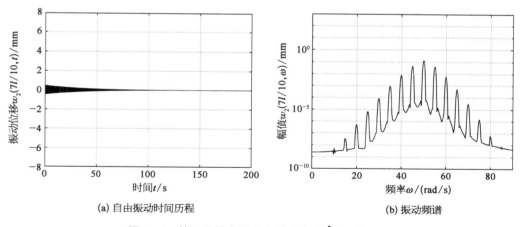

(a) 自由振动时间历程　　　　　(b) 振动频谱

图 7-4　第二阶模态下自由振动响应 $\hat{w}_2(7l/10,t)$

　　如果第一、第二阶模态下自由振动响应线性叠加，则振动响应频谱 $\sum\limits_{i=1,2}\hat{w}_i(7l/10,\omega)$ 如图 7-5 所示。

7.2.1.4　单位脉冲振动响应算例

【算例 7-2】　如图 7-6 所示，置斜拉索几何和物理参数同【算例 7-1】，单位脉冲作用在斜拉索 $x=x_\delta$ 处，则振动初始条件

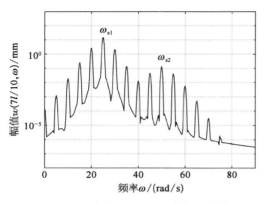

图 7-5　前二阶模态下自由振动响应
$$\sum_{i=1,\,2}\hat{w}_i\,(7l/10,\,\omega)$$

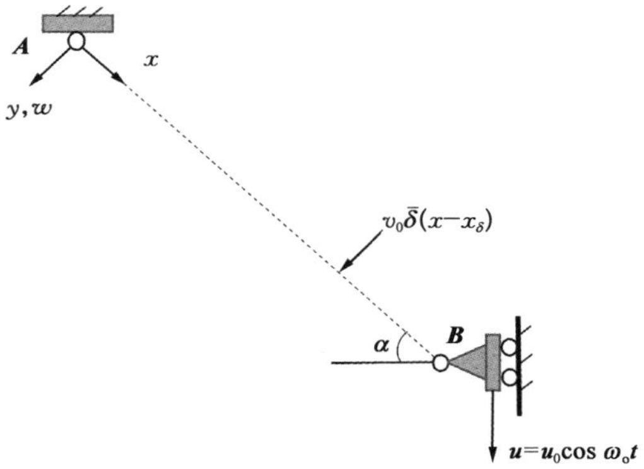

图 7-6　单位脉冲作用在
斜拉索 $x = x_\delta$ 处

$$f_1(x) = 0 \qquad\qquad (7-38)$$

$$f_2(x) = v_0\bar{\delta}(x - x_\delta) \qquad\qquad (7-39)$$

$\bar{\delta}(x)$ 是在斜拉索位置 x 的脉冲函数，其中 $v_0 = 1$。根据斜拉索参数振动三角级数逼近法，计算斜拉索的脉冲振动响应，其中主振荡频率 $s_{i,\,0}$ 和谐波系数 $E_{i,\,k}$ 同【算例 7-1】。

由式（7-31）和式（7-32），得到振动响应中任意常数的解析表达

$$c_i = \frac{2}{l\sum\limits_{k=-m}^{m}E_{i,\,k}}\int_0^l\left(\frac{xu_0\cos\alpha}{l}\right)\sin\left(\frac{\pi i x}{l}\right)\mathrm{d}x = -\frac{2u_0\cos\alpha\cos(i\pi)}{i\pi\sum\limits_{k=-m}^{m}E_{i,\,k}} \qquad (7-40)$$

$$d_i = \frac{2}{l\sum\limits_{k=-m}^{m}(\omega_{is}+k\omega_{\mathrm{o}})E_{i,\,k}^*}\int_0^l\left[\bar{\delta}(x-x_\delta)+\frac{x\delta_i u_0\cos\alpha}{l}\right]\sin\left(\frac{\pi i x}{l}\right)\mathrm{d}x$$

$$= \frac{2\sin\left(\dfrac{\pi i x_\delta}{l}\right)}{l\sum\limits_{k=-m}^{m}(\omega_{is}+k\omega_{\mathrm{o}})E_{i,\,k}^*} - \frac{2u_0\delta_i\cos\alpha\cos(i\pi)}{i\pi\sum\limits_{k=-m}^{m}(\omega_{is}+k\omega_{\mathrm{o}})E_{i,\,k}^*} \qquad (7-41)$$

于是，计算得到在模态 $i=1$、2 情况下，单位脉冲作用在斜拉索 $x_\delta = 2l/5$ 处单位脉冲振动的任意常数 c_i 和 d_i 计算值，见表 7-5。

表 7-5　斜拉索在模态 $i=1$、2 情况下单位脉冲振动的任意常数 c_i 和 d_i 计算值

第 i 阶模态	c_i	d_i
1	9.604 3e-4	7.188 4e-3
2	−4.470 9e-4	2.087 8e-3

斜拉索在第一阶模态下单位脉冲振动响应表达为

$$\hat{w}_1(x, t) = e^{-0.0256t} \sin\left(\frac{\pi x}{l}\right) \sum_{k=-14}^{14} E_{1,k} [c_1 \cos(24.9867 + 5k)t + d_1 \sin(24.9867 + 5k)t]$$

斜拉索在第二阶模态下单位脉冲振动响应表达为

$$\hat{w}_2(x, t) = e^{-0.0256t} \sin\left(\frac{2\pi x}{l}\right) \sum_{k=-14}^{14} E_{2,k} [c_2 \cos(49.9718 + 5k)t + d_2 \sin(49.9718 + 5k)t]$$

设时间 t 的起点时刻为 0，步长 0.01 s，时间历程为 200 s，根据上述数学表达，在观测点 $x = 7l/10$ 处，计算斜拉索在第一、二阶模态下单位脉冲振动响应之和 $\sum_{i=1,2} \hat{w}_i(7l/10, t)$，计算结果如图 7-7 所示。

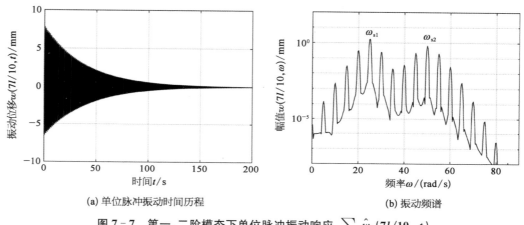

(a) 单位脉冲振动时间历程　　　(b) 振动频谱

图 7-7　第一、二阶模态下单位脉冲振动响应 $\sum_{i=1,2} \hat{w}_i(7l/10, t)$

上述两个瞬态振动算例表明：斜拉索在端部垂直位移激励下，不论是自由振动响应还是单位脉冲振动响应，振动响应频谱都是由主振荡频率 ω_{si} 和组合频率 $\omega_{si} + k\omega_o$ 谐波成分叠加而成；当参数频率 ω_o 小于主振荡频率 ω_{s1} 时，一些组合频率谱线围绕主振荡频率 ω_{si} 形成边频族，边频间隔为 ω_o，在对数坐标下，它们构成梳状结构的振动谱特征。

7.2.2　受迫振动响应

在端部垂直位移激励下，斜拉索将同时引发受迫振动。由于参数方程(7-14)之间没有耦合关系，振动响应 $y_i(t)$ $(i=1, 2)$ 可以单独求解。外部力可以视为三部分同时作用。由于激励频率等于参数频率即 $\omega_p = \omega_o$，它属于同频激励受迫参数振动问题，因此，在第 i 阶模态下受迫振动响应 $y_i(t)$ 中，存在着许多 ω_o 倍频的谐波成分，方程(7-14)受迫振动响应表达为

$$y_i(t) = \sum_{k=-m}^{m} C_{i,k} e^{jk\omega_o t} \tag{7-42}$$

将式(7-42)、端部位移激励 $u_y(t)$ 及欧拉公式代入式(7-14)，得到

$$-\sum_{k=-m}^{m}(k\omega_{o})^2 C_{i,k}\mathrm{e}^{jk\omega_{o}t}+j\frac{c}{\rho}\sum_{k=-m}^{m}k\omega_{o}C_{i,k}\mathrm{e}^{jk\omega_{o}t}+\frac{i^2\pi^2 v^2}{l^2}\left(1+\frac{512EAf^2}{\pi^4 l^2 H_0}\lambda\right)\sum_{k=-m}^{m}C_{i,k}\mathrm{e}^{jk\omega_{o}t}+$$

$$\left(\frac{i^2\pi^2 v^2\beta}{2l^2}\right)\sum_{k=-m}^{m}C_{i,k}\left[\mathrm{e}^{j(k-1)\omega_{o}t}+\mathrm{e}^{j(k+1)\omega_{o}t}\right]$$

$$=(-1)^{i+1}\frac{u_0\cos\alpha}{i\pi}\left[\omega_{o}^2(\mathrm{e}^{j\omega_{o}t}+\mathrm{e}^{-j\omega_{o}t})+\frac{c}{j\rho}\omega_{o}(\mathrm{e}^{j\omega_{o}t}-\mathrm{e}^{-j\omega_{o}t})\right]-\frac{2\beta g\cos\alpha}{i\pi}(\mathrm{e}^{j\omega_{o}t}+\mathrm{e}^{-j\omega_{o}t})\lambda$$

$$(7-43)$$

式中，$\lambda=\frac{1}{2}(1-\cos i\pi)$。

对式(7-43)两边进行谐波平衡，得到以下第 i 阶模态下的 $C_{i,k}$ 递推式：

当 $k=1$ 时，

$$\left(\frac{i^2\pi^2 v^2\beta}{2l^2}\right)C_{i,2}+\left[\frac{i^2\pi^2 v^2}{l^2}\left(1+\frac{512EAf^2}{\pi^4 l^2 H_0}\lambda\right)-\omega_{o}^2+j\frac{c}{\rho}\omega_{o}\right]C_{i,1}+\left(\frac{i^2\pi^2 v^2\beta}{2l^2}\right)C_{i,0}$$

$$=(-1)^{i+1}\frac{u_0\cos\alpha}{i\pi}\left[\omega_{o}^2-j\frac{c\omega_{o}}{\rho}\right]-\frac{2\beta g\cos\alpha}{i\pi}\lambda \qquad(7-44)$$

当 $k=0$ 时，

$$\left(\frac{i^2\pi^2 v^2\beta}{2l^2}\right)C_{i,1}+\frac{i^2\pi^2 v^2}{l^2}\left(1+\frac{512EAf^2}{\pi^4 l^2 H_0}\right)C_{i,0}+\left(\frac{i^2\pi^2 v^2\beta}{2l^2}\right)C_{i,-1}=0 \qquad(7-45)$$

$k=-1$ 时，

$$\left(\frac{i^2\pi^2 v^2\beta}{2l^2}\right)C_{i,0}+\left[\frac{i^2\pi^2 v^2}{l^2}\left(1+\frac{512EAf^2}{\pi^4 l^2 H_0}\lambda\right)-\omega_{o}^2-j\frac{c\omega_{o}}{\rho}\right]C_{i,-1}+\left(\frac{i^2\pi^2 v^2\beta}{2l^2}\right)C_{i,-2}$$

$$=(-1)^{i+1}\frac{u_0\cos\alpha}{i\pi}\left[\omega_{o}^2+j\frac{c\omega_{o}}{\rho}\right]-\frac{2\beta g\cos\alpha}{i\pi}\lambda \qquad(7-46)$$

对于一般情况，

$$\left(\frac{i^2\pi^2 v^2\beta}{2l^2}\right)C_{i,k+1}+\left[\frac{i^2\pi^2 v^2}{l^2}\left(1+\frac{512EAf^2}{\pi^4 l^2 H_0}\lambda\right)-k^2\omega_{o}^2+j\frac{kc\omega_{o}}{\rho}\right]C_{i,k}+\left(\frac{i^2\pi^2 v^2\beta}{2l^2}\right)C_{i,k-1}=0$$

$$(7-47)$$

记

$$\left.\begin{array}{l}\bar\omega_{i,k}=\dfrac{i^2\pi^2 v^2}{l^2}\left(1+\dfrac{512EAf^2}{\pi^4 l^2 H_0}\lambda\right)-k^2\omega_{o}^2+j\dfrac{kc\omega_{o}}{\rho}\\[3mm]\gamma_i=\dfrac{i^2\pi^2 v^2\beta}{2l^2}\\[3mm]p_{i1}=(-1)^{i+1}\dfrac{u_0\cos\alpha}{\pi i}\left(\omega_{o}^2-j\dfrac{c\omega_{o}}{\rho}\right)-\dfrac{2\beta g\cos\alpha}{i\pi}\lambda\\[3mm]p_{i(-1)}=(-1)^{i+1}\dfrac{u_0\cos\alpha}{\pi i}\left(\omega_{o}^2+j\dfrac{c\omega_{o}}{\rho}\right)-\dfrac{2\beta g\cos\alpha}{i\pi}\lambda=p_{i1}^*\end{array}\right\}\qquad(7-48)$$

集合式(7-45)至式(7-47)，得到 $2m+1$ 阶线性方程

$$
\begin{bmatrix}
\bar{\omega}_{i,-m} & \gamma_i & & & & & & & & \\
\gamma_i & \bar{\omega}_{i,-m+1} & \gamma_i & & & & & & & \\
 & & \cdots & & & & & & & \\
 & & \gamma_i & \bar{\omega}_{i,-2} & \gamma_i & & & & & \\
 & & & \gamma_i & \bar{\omega}_{i,-1} & \gamma_i & & & & \\
 & & & & \gamma_i & \bar{\omega}_{i,0} & \gamma_i & & & \\
 & & & & & \gamma_i & \bar{\omega}_{i,1} & \gamma_i & & \\
 & & & & & & \gamma_i & \bar{\omega}_{i,2} & \gamma_i & \\
 & & & & & & & \cdots & & \\
 & & & & & & & \gamma_i & \bar{\omega}_{i,m-1} & \gamma_i \\
 & & & & & & & & \gamma_i & \bar{\omega}_{i,m}
\end{bmatrix}
\begin{bmatrix}
C_{i,-m} \\
C_{i,-m+1} \\
\vdots \\
C_{i,-2} \\
C_{i,-1} \\
C_{i,0} \\
C_{i,1} \\
C_{i,2} \\
\vdots \\
C_{i,m-1} \\
C_{i,m}
\end{bmatrix}
=
\begin{bmatrix}
-\gamma C_{i,-m-1} \\
0 \\
\vdots \\
0 \\
p_{i,-1} \\
0 \\
p_{i,1} \\
0 \\
\vdots \\
0 \\
-\gamma C_{i,m+1}
\end{bmatrix}
$$

$$(7-49)$$

当方程(7-49)阶数 m 足够高时，$C_{i,m+1} \to 0$ 和 $C_{i,-m-1} \to 0$，利用逆矩阵运算，直接解得谐波系数 $C_{i,k}(i=1,2)$。

因此，根据式(7-7)表达，在端部位移激励下，斜拉索面内受迫横向振动响应为

$$
\begin{aligned}
\bar{w}(x,t) &\approx \sum_{i=1}^{2} \phi_i(x) y_i(t) + \frac{u_0 x}{l} \cos\alpha \cos\omega_0 t \\
&= \sum_{i=1}^{2} \sin\left(\frac{i\pi x}{l}\right)\left(\sum_{k=-m}^{m} C_{i,k}\,\mathrm{e}^{\mathrm{j}k\omega_0 t} + \sum_{k=-m}^{m} C_{i,k}^{*}\,\mathrm{e}^{-\mathrm{j}k\omega_0 t}\right) + \frac{u_0 x}{l}\cos\alpha\cos\omega_0 t
\end{aligned}
\tag{7-50}
$$

【算例 7-3】　如图 7-1 所示的斜拉索，一端简支固定，一端简支垂直位移激励 $u = u_0\cos\omega_0 t$，设斜拉索的几何、物理参数和支座激励幅度同【算例 7-1】，计算斜拉索在 $x = 7l/10$ 处的受迫振动响应。

当端部位移激励频率 $\omega_0 = 5$ rad/s 时，取逼近项 $k = -14, \cdots, -1, 0, 1, \cdots, 14$，对方程(7-49)求解，计算出受迫振动响应的谐波系数 $C_{i,k}(i=1,2)$。

设时间 t 的起点时刻为 0，步长 0.01 s，时间历程为 10 s，根据受迫响应数学表达式 (7-50)，计算斜拉索在 $x = 7l/10$ 处受迫振动响应，结果如图 7-8 所示。在端部垂直位移激励下，斜拉索受迫振动响应谱中包含许多 ω_0 倍频谐波。

在端部垂直位移激励频率 $\omega_0 \approx \dfrac{1}{n}\omega_{s1}$ 的作用下，斜拉索受迫振动进入谐振状态。

取参数激励频率 $\omega_0 = \dfrac{1}{3}\omega_{s1}$、$\dfrac{1}{2}\omega_{s1}$，即 $\omega_0 = 8.3289$、12.4934，斜拉索受迫振动响应频谱结果如图 7-9 所示，斜拉索处于谐振状态，在谱图上主振荡频率成分 ω_{s1} 明显突出，而且在振动响应中 ω_0 倍谐频丰富。

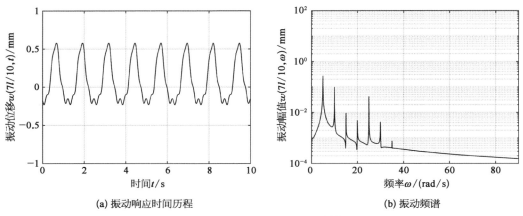

(a) 振动响应时间历程　　　　　　　　(b) 振动频谱

图 7 - 8　在端部位移激励下斜拉索受迫振动响应 $\displaystyle\sum_{i=1,\,2} \bar{w}_i\,(7l/10,\,t)\,(\omega_{\circ}=5)$

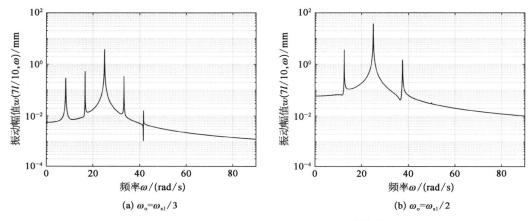

(a) $\omega_{\circ}=\omega_{s1}/3$　　　　　　　　(b) $\omega_{\circ}=\omega_{s1}/2$

图 7 - 9　在端部位移激励下斜拉索受迫振动响应 $\displaystyle\sum_{i=1,\,2} \bar{w}_i\,(7l/10,\,t)$

7.2.3　振动总响应

根据参数振动方程(7 - 14)，斜拉索在端部位移激励和初始条件作用下，振动响应 $w(x,\,t)$ 是瞬态振动响应 $\hat{w}(x,\,t)$ 与受迫振动响应 $\bar{w}(x,\,t)$ 的线性叠加。因此，斜拉索前二阶振动响应 $w(x,\,t)$ 的三角级数逼近表达为式(7 - 18)与式(7 - 50)之和：

$$w(x,\,t)=\hat{w}(x,\,t)+\bar{w}(x,\,t)$$

$$=\sum_{i=1}^{2} \mathrm{e}^{-\delta_i t}\sin\!\left(\frac{i\pi x}{l}\right)\left[p_i\sum_{k=-m}^{m}E_{i,\,k}\,\mathrm{e}^{\mathrm{j}(\omega_{si}+k\omega_0)t}+q_i\sum_{k=-m}^{m}E_{i,\,k}^{*}\,\mathrm{e}^{-\mathrm{j}(\omega_{si}+k\omega_0)t}\right]+$$

$$\sum_{i=1}^{2}\sin\!\left(\frac{i\pi x}{l}\right)\left(\sum_{k=-m}^{m}C_{i,\,k}\,\mathrm{e}^{\mathrm{j}k\omega_0 t}+\sum_{k=-m}^{m}C_{i,\,k}^{*}\,\mathrm{e}^{-\mathrm{j}k\omega_0 t}\right)+\frac{u_0 x}{l}\cos\alpha\cos\omega_{\circ}t \quad (7-51)$$

综合【算例 7 - 1】和【算例 7 - 3】中的初始条件和端部振动垂直位移激励($\omega_{\circ}=5$)，考虑前二阶模态下的自由振动响应和受迫振动响应，定义时间 t 的起点时刻为 0，步长为 0.001 s，总时间历程为 200 s，根据总振动响应数学表达式(7 - 51)，计算斜拉索在

$x = 7l/10$ 处总的振动响应,其中振动时间历程 $w(7l/10, t)$ 及频谱 $w(7l/10, \omega)$ 如图 7−10 所示。

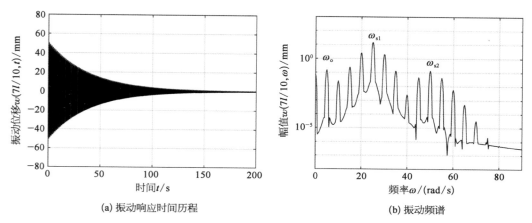

(a) 振动响应时间历程　　　　　　　(b) 振动频谱

图 7−10　在端部位移激励和初始条件下的斜拉索振动响应 $w(7l/10, t)$

在斜拉索总振动响应谱中,两个主振荡频率 ω_{s1}、ω_{s2} 以及围绕它们的边频族 $\omega_{si} \pm k\omega_0$ 是斜拉索初始位移和端部位移激励共同作用下的瞬态振动响应,而频率成分 ω_0 及谐波 $k\omega_0$ 主要来自斜拉索端部垂直位移激励的受迫振动响应。

7.3　振动稳定性

从理论上讲,在端部垂直位移激励下,斜拉索具有无穷多振动模态特征,每个模态下都存在着振动稳定性问题。但是,第一阶模态下的振动稳定性问题对斜拉索结构强度影响最大,以下仅讨论在第一阶模态下的振动稳定性问题。

在端部位移激励下,斜拉索振动响应的三角级数逼近,把偏微分参数振动方程转化为常微分参数振动方程,由齐次参数振动方程得到频率方程,计算特征根。可以从特征根在复平面上的分布,判断斜拉索振动状态的稳定性。当 $2(2m+1)$ 个振动特征根中的一部分落在复平面的右侧时,则斜拉索出现振动不稳定状态,不稳定状态的形式有主参振、一阶参振、1/2 频率高阶参振等。而主特征根实部值即指数因子 Δ,它的大小与振动幅度增长快慢有关,因此,用它评定斜拉索在第一阶模态下在失稳状态的强度。

根据调制指数计算公式 $\beta = \dfrac{H_\omega}{H_0} = \dfrac{AEu_0 \sin \alpha}{l H_0}$,调制指数 β 与斜拉索端部位移激励幅度 u_0 成正比,调制指数 β 直接影响参数振动稳定区域。

1) 小调制指数

在斜拉索振动【算例 7−1】中,阻尼率 $\zeta \approx 0.001$,端部位移激励幅值 $u_0 = 0.002\,12$ m,调制指数为 $\beta = 0.121\,3$。 如图 7−11 所示是在小调制指数情况下斜拉索的主参振和一阶参振特征根计算值分布,近 1/2 的特征根分布在复平面的右侧。

指数因子 Δ 计算值详见表 7−6,显然,主参振状态下的指数因子比一阶参振的大,所以参振强度高。

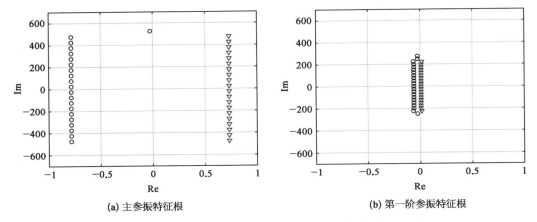

(a) 主参振特征根　　　　　　　　(b) 第一阶参振特征根

图 7 - 11　失稳状态下的特征根计算值分布

表 7 - 6　小调制指数下失稳状态时的指数因子 Δ

参数频率 ω_{o}	$\omega_{\mathrm{s1}} \approx 24.9483$	$2\omega_{\mathrm{s1}} = 50$
指数因子 Δ	0.009325	0.7328

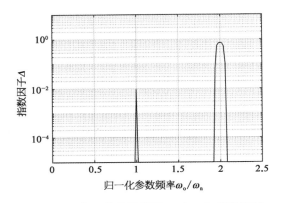

图 7 - 12　归一化参数频率 $\omega_{\mathrm{o}}/\omega_{\mathrm{n}}$ 与指数因子 Δ 关系曲线($\beta=0.1213$, $\zeta=0.001$)

在斜拉索中,采用归一化参数频率 $\omega_{\mathrm{o}}/\omega_{\mathrm{n}}$ 与指数因子 Δ 的关系曲线刻画振动的不稳定性,如图 7 - 12 所示为小调制指数情况,它既定量地给出斜拉索振动失稳区域,又确定了失稳状态的强度。

2)大调制指数

当斜拉索端部位移激励幅值 u_0 增至 0.01005 m 时,调制指数约为 $\beta \approx 0.6$,系统在归一化参数频率 $\omega_{\mathrm{o}}/\omega_{\mathrm{n}}$ 约为 $\frac{1}{3}$、$\frac{2}{5}$、$\frac{1}{2}$、$\frac{2}{3}$、1、2 时都处于失稳状态,指数因子 Δ 计算值见表 7 - 7,数值依次增大。

表 7 - 7　在大调制参数($\beta \approx 0.6$)下失稳状态的指数因子 Δ

参数频率 ω_{o}	$\frac{1}{3}\omega_{\mathrm{s1}} \approx$ 8.1192	$\frac{2}{5}\omega_{\mathrm{s1}} \approx$ 9.7372	$\frac{1}{2}\omega_{\mathrm{s1}} \approx$ 12.1715	$\frac{2}{3}\omega_{\mathrm{s1}} \approx$ 16.4717	$\omega_{\mathrm{s1}} = 25$	$2\omega_{\mathrm{s1}} = 50$
指数因子 Δ	0.0175	0.0647	0.1689	0.21354	1.0173	3.7037

大调制指数情况的归一化参数频率 $\omega_{\mathrm{o}}/\omega_{\mathrm{n}}$ 与指数因子 Δ 的关系曲线如图 7 - 13 所示,可以形象地看到,指数因子 Δ 范围增多并依次加宽,同时数值依次呈指数增大。

显然,端部位移激励下的斜拉索,在大调制指数情况下,不仅在振动失稳状态下的参数频率范围增宽和增多,而且主参振失稳状态强度增大。

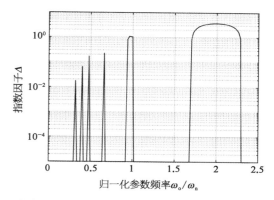

图 7 - 13　归一化参数频率 ω_o/ω_n 与指数因子 Δ 关系曲线（$\beta \approx 0.6$，$\zeta \approx 0.001$）

3）高阶模态参数共振

当 $\omega_{o1} \approx 2\omega_{si}$ 时，端部垂直位移激励下的斜拉索进入第 i 阶模态主参振状态，其主振荡频率表现为 ω_{si}。在主参振发生时，斜拉索内部产生相应的动张力和支承位移振动，形成新的参数激励 $\omega_{o2} \approx \omega_{si}$。由于斜拉索模态之间各主振荡频率几乎保持等间隔，如果主振荡频率 ω_{si} 是低阶主振荡频率的 2 倍，则将同时激发出斜拉索低阶模态的主参振。

7.4　斜拉索振动试验

如图 7 - 14 所示为钢质斜拉索试验装置，一端以简支形式固定在墙上的圆环上。一根负载横梁长 1.15 m，重约 24.4 kg，一端铰支固定在基座上，梁长的 2/3 处加载 105 kg 负载，另一端与钢索简支相连，构成一条具有静张力、与地面成倾角的斜拉索。试验斜拉索的几何参数和材料特性见表 7 - 8。在横梁端部处，同时连接推力为 50 kg 的激振器，当激振杆上下推动时，横梁绕支点上下摆动，对钢索端部产生一个垂直位移激励。

位移激励在拉索轴向投影，形成拉索的轴向位移激励；位移激励在垂直于拉索方向投影，则形成拉索端部面内的横向位移激励。

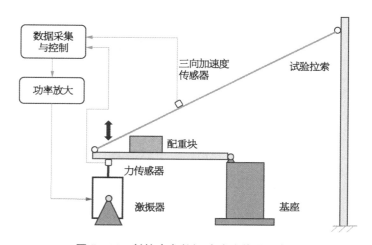

图 7 - 14　斜拉索参数振动试验装置示意图

表 7 - 8　试验斜拉索的几何参数和材料特性

内　容	数　值	内　容	数　值
单位长度质量 ρ	0.243 8 kg/m	截面面积 A	3.125 6e − 5 m²
拉索长度 l	6 m	静止拉索力 T	1 300 N
拉索弹性模量 E	40 GPa	倾角 α	39°

　　一个质量为 5 g 的三向振动传感器 PCB356A32 安置在离端点 2.5 m 处钢索上,采用杭州亿恒信号采集仪 ECON7008,拾取斜拉索的面内 y、面外 z 方向振动加速度,进行响应谱分析。

　　由于斜拉索端点固定方式在两个方向上有一定差别,因此面内与面外方向上的第一阶共振频率有差异。实测静止张力斜拉索面内 y 方向上的第一阶共振频率约 5.3 Hz,而面外 z 方向上的第一阶共振频率约 5.0 Hz。

　　利用端部垂直位移激励的斜拉索试验装置,可以进行自由振动、冲击响应、扫频激励试验,分析斜拉索瞬态振动和稳态振动响应的频谱特征。通过斜拉索振动试验的数据采集,对比振动响应谱特征,验证基于组合频率的三角级数与模态之积逼近斜拉索振动响应的有效性。

试验 1：自由振动响应

　　当激振器上下推动斜拉索端部,产生激励频率为 $f_0 = 0.7$ Hz、端部振幅约 $u_0 = 1.5$ mm,斜拉索产生一个动态张力。在斜拉索中间,置一个初始位移 60 mm,观测斜拉索在面内 y 方向自由振动响应。

　　置采样频率 400 Hz,记录时间 20 s,通过两次积分,得到面内 y 方向振动位移响应时间历程及振动频谱,测试结果如图 7 - 15 所示。

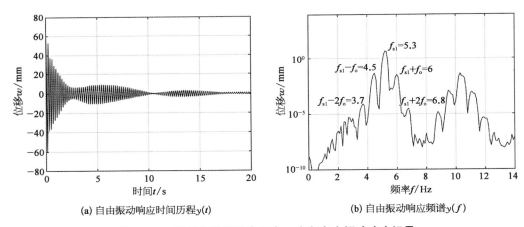

(a) 自由振动响应时间历程 $y(t)$　　　　　　(b) 自由振动响应频谱 $y(f)$

图 7 - 15　端部位移斜拉索面内 y 方向自由振动响应记录

　　自由振动响应随着时间衰减,由于斜拉索面内 y 和面外 z 两个方向的振荡频率存在差异,面内外振动之间又存在能量交换,导致振动波呈现出拍频现象,振动谱线存在分裂迹象。

　　在斜拉索自由振动响应频谱中,主振荡频率 f_{s1} 和参数激励频率 f_0 构成的组合频率 $f_{s1} + kf_0$,形成边频族,其间隔为激励频率 f_0。第一阶主振荡频率为 $f_{s1} = 5.3$ Hz,在它周围分布边频 $f_{s1} - f_0 = 4.5$ Hz、$f_{s1} - 2f_0 = 3.7$ Hz、$f_{s1} + f_0 = 6.0$ Hz 和 $f_{s1} + 2f_0 = 6.8$ Hz,边

频的间隔为激励频率 f_o=0.7 Hz。在第二阶主振荡频率周围，也存在类似的边频族分布。

在这个试验中，由激励频率 f_o=0.7 Hz 引起的受迫振动响应与自由振动响应相比，振幅非常小（信号同时受采集仪器的高通滤波衰减），因此，观测到的振动时间历程可以认为是自由振动响应。

试验 2：冲击振动响应

当斜拉索端部激励频率仍为 f_o=0.7 Hz、端部振幅约 u_0=1.5 mm，在离端点 1.5 m 处钢索上，给予一个冲击力，观测斜拉索在面内 y 方向的冲击振动响应。

置采样频率 400 Hz，采样时间 20 s，由信号两次积分，得到面内 y 方向振动位移响应时间历程、频谱及倒谱，测试结果如图 7 - 16 所示。

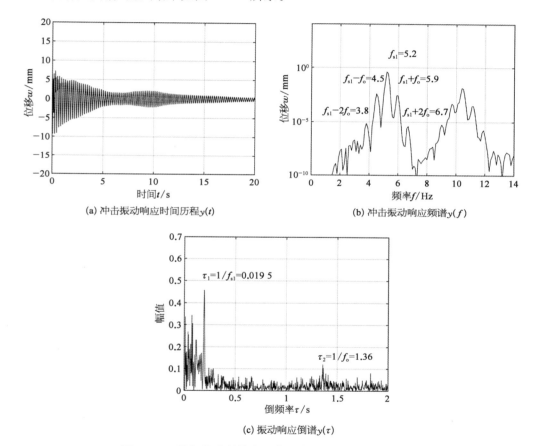

(a) 冲击振动响应时间历程 $y(t)$

(b) 冲击振动响应频谱 $y(f)$

(c) 振动响应倒谱 $y(\tau)$

图 7 - 16　端部位移斜拉索面内 y 方向冲击振动响应记录

冲击振动响应频谱特征与自由振动响应的类同，即在主振荡频率 f_{s1} 左右分布边频族，其间隔为激励频率 f_o。主振荡频率 f_{s1} 和激励频率 f_o 构成的组合频率 $f_{s1}+kf_o$ 即边频族，成为斜拉索冲击振动的频率特征。

冲击振动响应谱具有梳状结构。在振动倒谱上，倒频率 $\tau_1=1/f_{s1}=0.019\,5$ s 对应于拉索中各模态振荡频率 f_{s1}、f_{s2}、…、f_{sn} 构成的谱族，而倒频率 $\tau_2=1/f_o=1.36$ s 则对应于边频谱族分布。

不论是自由振动响应还是冲击振动响应，在瞬态振动试验中的振动响应谱特征即边频谱,在对数坐标下的梳状结构特征,与理论计算的振动谱特征(图7-5、图7-7)高度吻合,验证了基于组合频率三角级数与模态之积对斜拉索参数振动响应逼近的有效性。

试验3:稳态振动试验

取斜拉索端部激励频率为 $f_o=2.5$ Hz,约 1/2 斜拉索的固有频率,端部振幅约 $u_0=1.5$ mm,观测斜拉索的稳态振动响应。

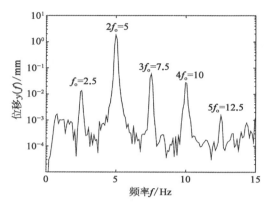

图7-17 端部位移斜拉索面内 y 方向稳态振动响应谱

在斜拉索振动达到稳态后,记录面内 y 方向振动位移时间历程 10 s 及频谱,响应谱如图7-17所示。在振动响应谱中,斜拉索的振动频率表现为 f_o、$2f_o$、$3f_o$、$\cdots$。

由于激励频率 $2f_o$ 落在斜拉索的第一阶共振频率,引发了第一阶模态下受迫谐振动以及高阶参振现象。在振动响应频谱中,主要谱线是参数频率 2.5 Hz 的倍频。

试验结果与理论计算的图7-9b振动谱特征相吻合,在 $f_o=\dfrac{1}{2}f_{s1}$ 情况下,参振与谐振共存,响应中 f_o 的倍谐频丰富。

试验4:扫频振动试验

利用悬臂梁末端进行离散正弦扫频激振,对斜拉索进行正弦扫频振动试验。

以 2 Hz 为起点,激励频率每次增加 0.5 Hz,至 25 Hz,对斜拉索进行恒加速度离散扫频试验,记录斜拉索在每个状态下面内外 y、z 方向的振动加速度稳态响应,然后进行加速度频谱分析。

按激励频率顺序,对多组振动加速度响应谱进行数据整合,得到激励频率、响应频率和振动幅值三维数据,结果如图7-18a所示。

在投影图7-18b中,可直观地观测到参振点位置,其中高阶参振、一阶参振和主参振响应对于激励频率位置非常明了,验证了斜拉索参数振动建模的合理性。

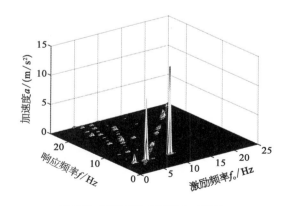

(a) 面外 z 方向振动加速度响应三维图

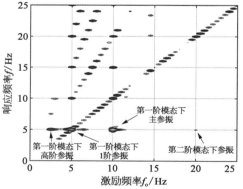

(b) 面外 z 方向振动响应投影图

图7-18 斜拉索在恒加速度离散扫频下面外 z 方向振动加速度响应试验结果

在斜拉索振动试验中,由于离散扫频间隔及其他非线性因素,高阶模态下的参振频率范围窄,其现象难以捕捉到,只能放大振动加速度投影图后才可观测到它们的踪影,如第二阶模态下参振的状态点。

试验 5：主参振演变过程

当激励频率为 $f_o = 10$ Hz,即参数频率是面外 z 方向第一阶共振频率 f_{n1} 的 2 倍时,斜拉索进入主参振状态,观测斜拉索主参振演变过程。当端部位移激励开始,立即进行 50 s 时间的采样,完整地记录斜拉索主参振的形成。

图 7-19a 为主参振响应演变过程记录,即面外 z 方向振动位移时间历程。斜拉索在端部位移激励下,开始时以 10 Hz 为主的振动响应状态,其振动幅度小,但在较短时间内迅速诱发为 5 Hz 的主参振初期,然后,主参振幅度随着时间增长,振动能量迅速积累,最后斜拉索完全进入主参振状态。

图 7-19b、c 为主参振响应过程的短时傅里叶变换(STFT)三维图及投影,从图中可以了解到,当斜拉索完全进入主参振状态后,激励频率 10 Hz 的振动响应以及倍频谐波几乎被抑制,只剩下频率 5 Hz 的主参振响应。

斜拉索主参振从零水平演变成大振幅,其整个过程只花去 15 s 时间,振动进入主参振状态的过程还存在幅度起伏现象。

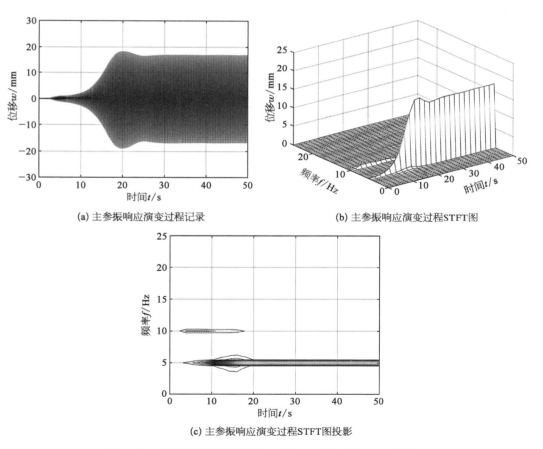

(a) 主参振响应演变过程记录　　　　(b) 主参振响应演变过程STFT图

(c) 主参振响应演变过程STFT图投影

图 7-19　端部位移斜拉索面外 z 方向主参振响应演变过程记录

第 8 章
双周期参数系统振动

谐波减速器广泛应用于各种机器人关节,由柔轮、刚轮、波发生器三大基本构件组成。波发生器镶套在柔轮内圈,柔轮齿与刚轮齿进行内啮合,柔轮齿数比刚轮齿数少,因此,谐波减速器是一个少齿差传动机构。其中,波发生器由椭圆凸轮外套柔性滚动轴承组成。单刚轮谐波减速器基本结构如图 8-1 所示。

在制造过程中,如果柔轮齿与刚轮齿引入了周节累积误差,则谐波减速器在动力传递中将出现双周期时变扭刚度波动,形成双周期参数振动问题。

针对电机、谐波减速器和惯量负载传动问题,本章将建立双周期参数振动方程,引入基于组合频率的二重三角级数进行响应逼近,同时讨论双周期参数振动系统的振动稳定性。

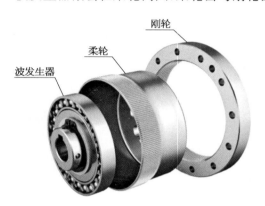

图 8-1 单刚轮谐波减速器基本结构

8.1 双周期参数方程与二重三角级数逼近

在电机、谐波减速器和惯量负载传动中,考虑双周期时变扭刚度波动,建立双周期参数振动方程;对于自由振动求解,由等效动力学模型,提出基于组合频率的二重三角级数逼近。

8.1.1 双周期参数振动方程

如图 8-2 所示为一个双周期时变刚度曲线 $K_0(t)$,它可以认为在基础刚度 K_m 上叠加了两个频率不同的刚度波动,其数学表达为

$$K_0(t) = K_m(1 + \beta_1 \cos \omega_1 t + \beta_2 \cos \omega_2 t)$$

$$(8-1)$$

式中,ω_1 和 ω_2 均为刚度波动频率,又称参数频率;β_1 和 β_2 为调制指数。

虽然两个扭刚度波动的周期不同,但它们相互接近,导致扭刚度波动曲线呈拍频状。

在谐波减速器传动中,电机、谐波减速器和

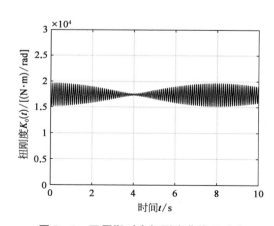

图 8-2 双周期时变扭刚度曲线 $K_0(t)$

惯量负载构成双惯量弹性负载系统,如图 8-3 所示。

双惯量弹性负载系统的扭振动方程为

$$J_1\ddot{\varphi}_1 + C_0(\dot{\varphi}_1 - \dot{\varphi}_2) + K_0(t)(\varphi_1 - \varphi_2) = T_1 \tag{8-2a}$$

$$J_2\ddot{\varphi}_2 - C_0(\dot{\varphi}_1 - \dot{\varphi}_2) - K_0(t)(\varphi_1 - \varphi_2) = -T_2 \tag{8-2b}$$

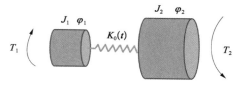

图 8-3　双惯量弹性负载系统

在方程(8-2a、b)中,刚度矩阵为半正定,因此,双惯量弹性负载系统存在一个零固有频率。将式(8-2a)乘以 J_2/J_1 减去式(8-2b),得到不含刚体位移的振动方程

$$J_2(\ddot{\varphi}_1 - \ddot{\varphi}_2) + C_0\left(1 + \frac{J_2}{J_1}\right)(\dot{\varphi}_1 - \dot{\varphi}_2) + K_0(t)\left(1 + \frac{J_2}{J_1}\right)(\varphi_1 - \varphi_2) = \frac{J_2}{J_1}T_1 + T_2 \tag{8-3}$$

考虑 $K_0(t)$ 是式(8-1)所描述的双周期变刚度扭弹簧,在方程(8-3)中,设 $\theta = \varphi_1 - \varphi_2$、$J = J_2$、$C = \left(1 + \frac{J_2}{J_1}\right)C_0$、$K = \left(1 + \frac{J_2}{J_1}\right)K_m$、$T(t) = \frac{J_2}{J_1}T_1$、$T_2 = 0$,即在没有外界负载干扰下,刻画一个具有双周期时变扭刚度的双惯量弹性负载系统,又称双周期参数系统,其振动方程简化为

$$J\ddot{\theta} + C\dot{\theta} + K(1 + \beta_1\cos\omega_1 t + \beta_2\cos\omega_2 t)\theta = T(t) \tag{8-4}$$

式中,θ 为两个惯量之间的扭转角。力矩 $T(t) = T_0 + T\cos\omega_p t$,来自电机驱动;其中,$T_0$ 为电机恒力矩,$T\cos\omega_p t$ 为电机力矩波动,ω_p 为力矩波动频率,一般与电机轴转频同步。

8.1.2　双周期参数振动响应解形式

改写参数振动方程(8-4)为以下形式:

$$J\ddot{\theta} + C\dot{\theta} + K\theta = T(t) - K(\beta_1\cos\omega_1 t + \beta_2\cos\omega_2 t)\theta \tag{8-5}$$

根据等式(8-5)表达,双周期参数系统的等效动力学模型是一个双调制反馈控制系统,如图 8-4 所示。

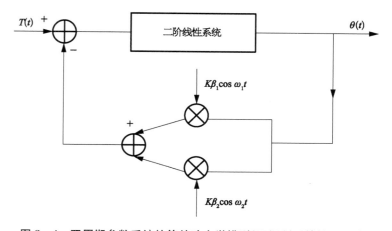

图 8-4　双周期参数系统的等效动力学模型(双调制反馈控制系统)

在双调制反馈控制系统中,振动响应 $\theta(t)$ 同时被频率 ω_1 和 ω_2 所调制,频率产生裂解,在叠加以后,反馈至系统的输入端。通过连续交错的频率裂解和组合过程,在振动响应 $\theta(t)$ 中,存在一系列组合频率 $\omega + m\omega_1 + n\omega_2$ 谐波分量($m = -\infty, \cdots, -1, 0, 1, \cdots, \infty$; $n = -\infty, \cdots, -1, 0, 1, \cdots, \infty$)。因此,双周期参数系统振动响应 $\theta(t)$ 可以用基于组合频率 $\omega + m\omega_1 + n\omega_2$ 的二重三角级数加以逼近:

$$\theta(t) = \sum_{m=-\infty}^{\infty} \sum_{n=-\infty}^{\infty} \left[E_{m,n} e^{j(\omega+m\omega_1+n\omega_2)t} + F_{m,n} e^{-j(\omega+m\omega_1+n\omega_2)t} \right] \tag{8-6}$$

由于振动响应能量的有限性,能量主要分布在频率 ω 附近,随着三角级数项 $m \to \infty$ 或 $n \to \infty$,则谐波系数 $E_{m,n} \to 0$ 和 $F_{m,n} \to 0$。因此,对于振动响应逼近,可以采用有限项二重三角级数计算替代无限项级数的逼近。

在图 8-4 中,当力矩 $T(t) = 0$ 时,$\theta(t)$ 对应着双周期参数系统的自由振动;当力矩 $T(t) \neq 0$ 时,$\theta(t)$ 对应着双周期参数系统的受迫振动。

8.2　自　由　振　动

在双周期参数系统自由振动的二重三角级数逼近中,应用谐波平衡,除去时间变量,得到谐波系数线性递推式,形成三维矩阵代数方程;采用矩阵降维法,将三维矩阵代数方程转化为二维矩阵代数方程,从而建立频率方程,实现对方程主复根 ω 和谐波系数 $A_{m,n}$ 的求解,从而获得自由振动通解,给出在初始条件下的自由振动响应。

8.2.1　谐波系数方程

考虑双周期参数系统自由振动方程

$$J\ddot{\theta} + C\dot{\theta} + K(1 + \beta_1 \cos \omega_1 t + \beta_2 \cos \omega_2 t)\theta = 0 \tag{8-7}$$

设自由振动通解

$$\theta(t) = \sum_{m=-k}^{k} \sum_{n=-k}^{k} A_{m,n} e^{j(\omega+m\omega_1+n\omega_2)t} \tag{8-8}$$

将振动通解(8-8)和欧拉公式代入自由振动方程(8-7),得

$$-J \sum_{m=-k}^{k} \sum_{n=-k}^{k} (\omega+m\omega_1+n\omega_2)^2 A_{m,n} e^{j(\omega+m\omega_1+n\omega_2)t} +$$

$$jC \sum_{m=-k}^{k} \sum_{n=-k}^{k} (\omega+m\omega_1+n\omega_2) A_{m,n} e^{j(\omega+m\omega_1+n\omega_2)t} +$$

$$K \sum_{m=-k}^{k} \sum_{n=-k}^{k} E_{m,n} e^{j(\omega+m\omega_1+n\omega_2)t} + \frac{K\beta_1}{2} (e^{j\omega_1 t} + e^{-j\omega_1 t}) \sum_{m=-k}^{k} \sum_{n=-k}^{k} A_{m,n} e^{j(\omega+m\omega_1+n\omega_2)t} +$$

$$\frac{K\beta_2}{2} (e^{j\omega_2 t} + e^{-j\omega_2 t}) \sum_{m=-k}^{k} \sum_{n=-k}^{k} A_{m,n} e^{j(\omega+m\omega_1+n\omega_2)t} = 0 \tag{8-9}$$

对等式(8-9)进行谐波平衡以后,得到谐波系数 $A_{m,n}$ 的递推公式(8-10):

$$\frac{K\beta_1}{2}A_{m-1,\,n}+\frac{K\beta_2}{2}A_{m,\,n-1}+[K-J\,(\omega+m\omega_1+n\omega_2)^2+jC(\omega+m\omega_1+n\omega_2)]A_{m,\,n}+$$

$$\frac{K\beta_1}{2}A_{m+1,\,n}+\frac{K\beta_2}{2}A_{m,\,n+1}=0 \tag{8-10}$$

式中，$m=-k,\cdots,-1,0,1,\cdots,k$；$n=-k,\cdots,-1,0,1,\cdots,k$。

这样，$(2k+1)\times(2k+1)$ 个谐波系数 $A_{m,\,n}$ 递推式构成代数方程(8-11)：

$$\mathbf{Z}_1\mathbf{A}=\mathbf{0} \tag{8-11}$$

式中，$\mathbf{Z}_1$ 为 $2k+1$ 阶三维系数矩阵；$\mathbf{A}$ 为 $2k+1$ 阶二维谐波系数矩阵。在方程(8-11)中，当三维系数矩阵 $\mathbf{Z}_1$ 的阶数 m 足够高，即 $m\rightarrow\infty$ 时，谐波系数 $A_{m+1,\,n}\rightarrow0$、$A_{m,\,n+1}\rightarrow0$、$A_{-(m+1),\,-n}\rightarrow0$、$A_{-m,\,-(n+1)}\rightarrow0$。

8.2.2　矩阵降维算法

采用矩阵降维的计算方法，将三维矩阵代数方程(8-11)转化为二维矩阵代数方程，然后形成振动频率方程，实现对方程(8-11)中的主复根 ω 和谐波系数 $A_{m,\,n}$ 的解算。

记

$$b_1=\frac{1}{2}\beta_1K,\ b_2=\frac{1}{2}\beta_2K \tag{8-12}$$

$$\bar{\omega}_{m,\,n}=K-J\,(\omega+m\omega_1+n\omega_2)^2+jC(\omega+m\omega_1+n\omega_2) \tag{8-13}$$

引入子矩阵

$$\boldsymbol{\Omega}_h=\begin{bmatrix}\bar{\omega}_{-k,\,h} & b_1 & & & & & \\ \ddots & \ddots & \ddots & & & & \\ & b_1 & \bar{\omega}_{-1,\,h} & b_1 & & & \\ & & b_1 & \bar{\omega}_{0,\,h} & b_1 & & \\ & & & b_1 & \bar{\omega}_{-1,\,h} & b_1 & \\ & & & & \ddots & \ddots & \ddots \\ & & & & & b_1 & \bar{\omega}_{k,\,h}\end{bmatrix} \tag{8-14}$$

$$\mathbf{R}=\begin{bmatrix}b_2 & & & & & \\ & \ddots & & & & \\ & & b_2 & & & \\ & & & b_2 & & \\ & & & & b_2 & \\ & & & & & \ddots \\ & & & & & & b_2\end{bmatrix} \tag{8-15}$$

和谐波系数子向量 $\mathbf{A}_h$

$$\mathbf{A}_h=\begin{bmatrix}A_{-k,\,h} & \cdots & A_{-1,\,h} & A_{0,\,h} & A_{1,\,h} & \cdots & A_{k,\,h}\end{bmatrix}^T \tag{8-16}$$

其中,中间变量 $h = -k, \cdots, -2, -1, 0, 1, 2, \cdots, k$。

将式(8-12)和式(8-13)代入递推式(8-10);取中间变量 $h = -k, \cdots, -2, -1,$ $0, 1, 2, \cdots, k$,将子矩阵和子向量式(8-14)～式(8-16)按下标从 $-k$ 至 k 依次在平面上排列;由此,把三维代数方程(8-11)展成为二维代数方程(8-17):

$$
\begin{bmatrix}
\boldsymbol{\Omega}_{-k} & \mathbf{R} \\
\mathbf{R} & \boldsymbol{\Omega}_{-k+1} & \mathbf{R} \\
 & & \cdots \\
 & & \mathbf{R} & \boldsymbol{\Omega}_{-2} & \mathbf{R} \\
 & & & \mathbf{R} & \boldsymbol{\Omega}_{-1} & \mathbf{R} \\
 & & & & \mathbf{R} & \boldsymbol{\Omega}_{0} & \mathbf{R} \\
 & & & & & \mathbf{R} & \boldsymbol{\Omega}_{1} & \mathbf{R} \\
 & & & & & & \mathbf{R} & \boldsymbol{\Omega}_{2} & \mathbf{R} \\
 & & & & & & & & \cdots \\
 & & & & & & & & \mathbf{R} & \boldsymbol{\Omega}_{k-1} & \mathbf{R} \\
 & & & & & & & & & \mathbf{R} & \boldsymbol{\Omega}_{k}
\end{bmatrix}
\begin{bmatrix}
\mathbf{A}_{-k} \\
\mathbf{A}_{-k+1} \\
\vdots \\
\mathbf{A}_{-2} \\
\mathbf{A}_{-1} \\
\mathbf{A}_{0} \\
\mathbf{A}_{1} \\
\mathbf{A}_{2} \\
\vdots \\
\mathbf{A}_{k-1} \\
\mathbf{A}_{k}
\end{bmatrix}
= \mathbf{0}
\tag{8-17}
$$

记为

$$
\overline{\mathbf{Z}} \cdot \overline{\mathbf{A}} = \mathbf{0}
\tag{8-18}
$$

式中,$\overline{\mathbf{Z}}$ 为 $(2k+1)^2$ 阶二维系数矩阵;$\overline{\mathbf{A}}$ 为 $(2k+1)^2$ 阶谐波系数向量。

令

$$
\det(\overline{\mathbf{Z}}) = \mathbf{0}
\tag{8-19}
$$

得到一个频率方程(8-19),可解得主复根 ω。将主复根 ω 代入式(8-17),同时,置谐波系数 $A_{0,0} = 1$,则方程(8-17)转化为方程(8-20):

$$
\begin{bmatrix}
\boldsymbol{\Omega}_{-k} & \mathbf{R} \\
\mathbf{R} & \boldsymbol{\Omega}_{-k+1} & \mathbf{R} \\
 & & \cdots \\
 & & \mathbf{R} & \boldsymbol{\Omega}_{-2} & \mathbf{R} \\
 & & & \mathbf{R} & \boldsymbol{\Omega}_{-1} & \mathbf{R}_y \\
 & & & & \mathbf{R}_x & \overline{\boldsymbol{\Omega}}_{0} & \mathbf{R}_x \\
 & & & & & \mathbf{R}_y & \boldsymbol{\Omega}_{1} & \mathbf{R} \\
 & & & & & & \mathbf{R} & \boldsymbol{\Omega}_{2} & \mathbf{R} \\
 & & & & & & & & \cdots \\
 & & & & & & & & \mathbf{R} & \boldsymbol{\Omega}_{k-1} & \mathbf{R} \\
 & & & & & & & & & \mathbf{R} & \boldsymbol{\Omega}_{k}
\end{bmatrix}
\begin{bmatrix}
\mathbf{A}_{-k} \\
\mathbf{A}_{-k+1} \\
\vdots \\
\mathbf{A}_{-2} \\
\mathbf{A}_{-1} \\
\overline{\mathbf{A}}_{0} \\
\mathbf{A}_{1} \\
\mathbf{A}_{2} \\
\vdots \\
\mathbf{A}_{k-1} \\
\mathbf{A}_{k}
\end{bmatrix}
=
\begin{bmatrix}
\mathbf{0} \\
\mathbf{0} \\
\vdots \\
\mathbf{0} \\
\mathbf{P}_1 \\
\mathbf{P}_0 \\
\mathbf{P}_1 \\
\mathbf{0} \\
\vdots \\
\mathbf{0} \\
\mathbf{0}
\end{bmatrix}
\tag{8-20}
$$

式中,$\overline{\boldsymbol{\Omega}}_0$ 为 $2k \times 2k$ 矩阵;$\mathbf{R}_x$ 为 $2k \times (2k+1)$ 矩阵;$\mathbf{R}_y$ 为 $(2k+1) \times 2k$ 矩阵;$\mathbf{P}_0$ 为 $2k$ 阶向

量；$\mathbf{P}_1$ 为 $2k+1$ 阶向量；$\overline{\mathbf{A}}_0$ 为 $2k$ 阶向量。且有

$$
\overline{\mathbf{\Omega}}_0 = \begin{bmatrix} \tilde{\omega}_{-k,0} & b_1 & & & & \\ \ddots & \ddots & \ddots & & & \\ & b_1 & \tilde{\omega}_{-1,0} & & & \\ & & & \tilde{\omega}_{1,0} & b_1 & \\ & & & \ddots & \ddots & \ddots \\ & & & & b_1 & \tilde{\omega}_{k,0} \end{bmatrix} \tag{8-21}
$$

$$
\mathbf{R}_x = \begin{bmatrix} b_2 & & & & & \\ & \ddots & & & & \\ & & b_2 & & & \\ & & & b_2 & & \\ & & & & \ddots & \\ & & & & & b_2 \end{bmatrix} \tag{8-22}
$$

$$
\mathbf{R}_y = \begin{bmatrix} b_2 & & & & & \\ & \ddots & & & & \\ & & b_2 & & & \\ & & & b_2 & & \\ & & & & \ddots & \\ & & & & & b_2 \end{bmatrix} \tag{8-23}
$$

$$
\mathbf{P}_0 = \begin{bmatrix} 0 & \cdots & -b_1 & -b_1 & \cdots & 0 \end{bmatrix}^T \tag{8-24}
$$

$$
\mathbf{P}_1 = \begin{bmatrix} 0 & \cdots & 0 & -b_2 & 0 & \cdots & 0 \end{bmatrix}^T \tag{8-25}
$$

$$
\overline{\mathbf{A}}_0 = \begin{bmatrix} A_{-k,0} & \cdots & A_{-1,0} & A_{1,0} & \cdots & A_{k,0} \end{bmatrix}^T \tag{8-26}
$$

求解方程(8-20)，得到所有归一化谐波系数 $A_{m,n}$，则双周期参数系统自由振动响应通解的二重三角级数逼近表达为

$$
\theta(t) = \mathrm{e}^{-\delta t} \sum_{m=-k}^{k} \sum_{n=-k}^{k} \left[p A_{m,n} \mathrm{e}^{\mathrm{j}(\omega_s + m\omega_1 + n\omega_2)t} + q A_{m,n}^* \mathrm{e}^{-\mathrm{j}(\omega_s + m\omega_1 + n\omega_2)t} \right] \tag{8-27}
$$

式中，p 和 q 为任意常数。

设初始条件

$$
\left. \begin{aligned} \theta(t)\big|_{t=0} &= \theta(0) \\ \frac{\mathrm{d}\theta(t)}{\mathrm{d}t}\bigg|_{t=0} &= \theta'(0) \end{aligned} \right\} \tag{8-28}
$$

代入通解(8-27)，得到一个方程组

$$\theta(0) = p \sum_{m=-k}^{k} \sum_{n=-k}^{k} A_{m,n} + q \sum_{m=-k}^{k} \sum_{n=-k}^{k} A_{m,n}^{*}$$

$$\theta'(0) = p \sum_{m=-k}^{k} \sum_{n=-k}^{k} [-\delta + \mathrm{j}(\omega_s + m\omega_1 + n\omega_2)] A_{m,n} +$$

$$q \sum_{m=-k}^{k} \sum_{n=-k}^{k} [-\delta - \mathrm{j}(\omega_s + m\omega_1 + n\omega_2)] A_{m,n}^{*} \tag{8-29}$$

整理后

$$\begin{bmatrix} \sum_{m=-k}^{k} \sum_{n=-k}^{k} A_{m,n} & \sum_{m=-k}^{k} \sum_{n=-k}^{k} A_{m,n}^{*} \\ \sum_{m=-k}^{k} \sum_{n=-k}^{k} [-\delta + \mathrm{j}(\omega_s + m\omega_1 + n\omega_2)] A_{m,n} & \sum_{m=-k}^{k} \sum_{n=-k}^{k} [-\delta - \mathrm{j}(\omega_s + m\omega_1 + n\omega_2)] A_{m,n}^{*} \end{bmatrix} \begin{bmatrix} p \\ q \end{bmatrix}$$

$$= \begin{bmatrix} \theta(0) \\ \theta'(0) \end{bmatrix} \tag{8-30}$$

从方程(8-30)中可解得任意常数 p 和 q。

【算例 8-1】 在双惯量弹性负载系统中,设惯量 $J=1$,阻尼系数 $c=0.3$,平均刚度 $K=22\,500$;参数频率一 $\omega_1=30$,调制指数一 $\beta_1=0.06$;参数频率二 $\omega_2=28$,调制指数二 $\beta_2=0.07$,基于组合频率的二重三角级数逼近,计算所给系统的单位脉冲振动响应。

取二重三角级数逼近项 $m=-4, \cdots, -1, 0, 1, \cdots, 4$; $n=-4, \cdots, -1, 0, 1, \cdots, 4$。根据频率方程(8-19),解得主复根 ω,获得参数振动的主特征根

$$r_0 = \mathrm{j}\omega = -0.15 \pm \mathrm{j}149.919\,244\,253\,746\,311$$

从方程(8-20)中解得谐波系数 $A_{m,n}$,其中部分谐波系数 $A_{m,n}$ 计算值见表 8-1;在单位脉冲振动的初始条件下,由式(8-29)得到任意常数 $p=-\mathrm{j}3.185\,8\mathrm{e}-3$、$q=\mathrm{j}3.185\,8\mathrm{e}-3$。因此,该双惯量弹性负载系统单位脉冲振动响应的二重三角级数逼近

$$\theta_1(t) = 0.006\,371\,7\mathrm{e}^{-0.15t} \sum_{m=-4}^{4} \sum_{n=-4}^{4} A_{m,n} \sin(149.919\,2 + 30m + 28n)t$$

设时间 t 的起点时刻为 0,步长为 0.001 s,时间历程为 100 s,根据上述单位脉冲振动响应的数学表达,计算 20 s 扭振动响应时间历程 $\theta_1(t)$、频谱 $\Theta_1(\omega)$ 及细化谱,结果如图 8-5 所示。

表 8-1 **【算例 8-1】中部分谐波系数 $A_{m,n}$**

m 取值	$n=-2$	$n=-1$	$n=0$	$n=1$	$n=2$
$m=-2$	0.000 039 74	−0.000 530 0	0.004 125 75	−0.001 412 354	0.000 076 604
$m=-1$	−0.000 633 892	0.009 774 425	−0.085 687 324	0.013 007 898	0.001 506 982
$m=0$	0.005 812 812	−0.102 226 909	1	0.087 677 167	0.003 530 536
$m=1$	0.002 389 968	−0.026 819 861	0.066 813 611	0.005 405 568	0.000 200 471
$m=2$	0.000 331 468	−0.001 535 138	0.002 041 985	0.000 154 310	0.000 005 330

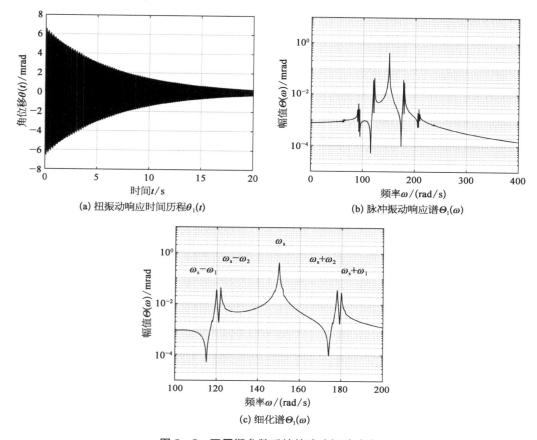

图 8 - 5　双周期参数系统的脉冲振动响应

在双周期参数系统的脉冲振动响应谱中,除了主振荡频率 ω_s 谱峰以外,周围分布着许多组合频率 $\omega_s + m\omega_1 + n\omega_2(m = -4, \cdots, -1, 0, 1, \cdots, 4; n = -4, \cdots, -1, 0, 1, \cdots, 4)$ 的谱峰。

8.3　受迫振动

在双周期参数系统受迫振动的二重三角级数逼近中,采用矩阵降维法,实现对受迫振动谐波系数 $E_{m,n}$ 的求解,得到受迫振动响应解。除此以外,讨论电机、谐波减速器和惯量负载构成系统受迫振动的边谱族特征和庞加莱映射。

8.3.1　谐波力矩作用下受迫振动

若双周期参数系统受迫振动方程为

$$J\ddot{\theta} + C\dot{\theta} + K(1 + \beta_1 \cos \omega_1 t + \beta_2 \cos \omega_2 t)\theta = T\cos \omega_p t \qquad (8 - 31)$$

设受迫振动响应解形式

$$\theta(t) = \frac{1}{2} \sum_{m=-k}^{k} \sum_{n=-k}^{k} \left[E_{m,n} e^{j(\omega_p + m\omega_1 + n\omega_2)t} + F_{m,n} e^{-j(\omega_p + m\omega_1 + n\omega_2)t} \right] \tag{8-32}$$

将响应解形式(8-32)和欧拉公式代入方程(8-31)，对方程两边做谐波平衡，从正复指数 $e^{j(m\omega_1 + n\omega_2)t}$ 部分得到关于谐波系数 $E_{m,n}$ 的递推式。

当 $m=0$ 和 $n=0$ 时，

$$\frac{1}{2}\beta_1 K E_{-1,0} + \frac{1}{2}\beta_2 K E_{0,-1} + \left[K - J\omega_p^2 + jC\omega_p \right] E_{0,0} + \frac{1}{2}\beta_1 K E_{1,0} + \frac{1}{2}\beta_2 K E_{0,1} = T \tag{8-33}$$

一般情况下，谐波系数 $E_{m,n}$ 的递推式为

$$\frac{1}{2}\beta_1 K E_{(m-1),n} + \frac{1}{2}\beta_2 K E_{m,(n-1)} + \left[K - J(\omega_p + m\omega_1 + n\omega_2)^2 + jC(\omega_p + m\omega_1 + n\omega_2) \right] E_{m,n} +$$

$$\frac{1}{2}\beta_1 K E_{(m+1),n} + \frac{1}{2}\beta_2 K E_{m,(n+1)} = 0 \tag{8-34}$$

式中，$m = -k, \cdots, -1, 0, 1, \cdots, k$；$n = -k, \cdots, -1, 0, 1, \cdots, k$。

这样，$(2k+1) \times (2k+1)$ 个 $E_{m,n}$ 的递推式构成了代数方程(8-35)：

$$\mathbf{Z}_2 \mathbf{E} = \mathbf{P} \tag{8-35}$$

式中，$\mathbf{Z}_2$ 为 $2k+1$ 阶三维系数矩阵；$\mathbf{E}$ 为待求的 $2k+1$ 阶二维谐波系数矩阵；$\mathbf{P}$ 为 $2k+1$ 阶二维力矩阵。在方程(8-35)中，当三维系数矩阵 $\mathbf{Z}_2$ 的阶数 m 足够大，即 $m \to \infty$ 时，谐波系数 $E_{m+1,n} \to 0$、$E_{m,n+1} \to 0$、$E_{(m+1),-n} \to 0$、$E_{-m,-(n+1)} \to 0$。

记

$$\left. \begin{aligned} t &= \frac{1}{2}\beta_1 K \\ r &= \frac{1}{2}\beta_2 K \\ \bar{\omega}_{m,n} &= K - J(\omega_p + m\omega_1 + n\omega_2)^2 + jC(\omega_p + m\omega_1 + n\omega_2) \end{aligned} \right\} \tag{8-36}$$

引入子矩阵

$$\boldsymbol{\Omega}_h = \begin{bmatrix} \bar{\omega}_{-kh} & t & & & & & \\ \ddots & \ddots & \ddots & & & & \\ & t & \bar{\omega}_{-1h} & t & & & \\ & & t & \bar{\omega}_{0h} & t & & \\ & & & t & \bar{\omega}_{1h} & t & \\ & & & & \ddots & \ddots & \ddots \\ & & & & & t & \bar{\omega}_{kh} \end{bmatrix} \tag{8-37}$$

$$\mathbf{R} = \begin{bmatrix} r & & & & & & \\ & \ddots & & & & & \\ & & r & & & & \\ & & & r & & & \\ & & & & r & & \\ & & & & & \ddots & \\ & & & & & & r \end{bmatrix} \quad (8-38)$$

谐波系数子向量 $\mathbf{E}_h$ 为

$$\mathbf{E}_k = \begin{bmatrix} E_{-kh} & \cdots & E_{-1h} & E_{0h} & E_{1h} & \cdots & E_{kh} \end{bmatrix}^T \quad (8-39)$$

力矩子向量 $\mathbf{P}_0$ 为

$$\mathbf{P}_0 = \begin{bmatrix} 0 & \cdots & 0 & T & 0 & \cdots & 0 \end{bmatrix}^T \quad (8-40)$$

将式(8-36)代入谐波系数 $E_{m,n}$ 递推式(8-33)和式(8-34);取 $h=-k,\cdots,-1$,$0,1,\cdots,k$,将子矩阵和子向量式(8-37)~式(8-40)按下标从 $-k$ 至 k 依次在平面上排列;把三维代数方程(8-35)展成为二维代数方程(8-41):

$$\begin{bmatrix} \boldsymbol{\Omega}_{-k} & \mathbf{R} & & & & & & & & & \\ \mathbf{R} & \boldsymbol{\Omega}_{-k+1} & \mathbf{R} & & & & & & & & \\ & \cdots & & & & & & & & & \\ & & \mathbf{R} & \boldsymbol{\Omega}_{-2} & \mathbf{R} & & & & & & \\ & & & \mathbf{R} & \boldsymbol{\Omega}_{-1} & \mathbf{R} & & & & & \\ & & & & \mathbf{R} & \boldsymbol{\Omega}_0 & \mathbf{R} & & & & \\ & & & & & \mathbf{R} & \boldsymbol{\Omega}_1 & \mathbf{R} & & & \\ & & & & & & \mathbf{R} & \boldsymbol{\Omega}_2 & \mathbf{R} & & \\ & & & & & & & \cdots & & & \\ & & & & & & & & \mathbf{R} & \boldsymbol{\Omega}_{k-1} & \mathbf{R} \\ & & & & & & & & & \mathbf{R} & \boldsymbol{\Omega}_k \end{bmatrix} \begin{bmatrix} \mathbf{E}_{-k} \\ \mathbf{E}_{-k+1} \\ \vdots \\ \mathbf{E}_{-2} \\ \mathbf{E}_{-1} \\ \mathbf{E}_0 \\ \mathbf{E}_1 \\ \mathbf{E}_2 \\ \vdots \\ \mathbf{E}_{k-1} \\ \mathbf{E}_k \end{bmatrix} = \begin{bmatrix} 0 \\ 0 \\ \vdots \\ 0 \\ 0 \\ \mathbf{P}_0 \\ 0 \\ 0 \\ \vdots \\ 0 \\ 0 \end{bmatrix}$$

$$(8-41)$$

记为

$$\bar{\mathbf{Z}}_2 \bar{\mathbf{E}} = \bar{\mathbf{P}} \quad (8-42)$$

式中,$\bar{\mathbf{Z}}_2$ 为 $(2k+1)^2$ 阶二维系数矩阵;$\bar{\mathbf{E}}$ 为 $(2k+1)^2$ 阶谐波系数向量;$\bar{\mathbf{P}}$ 为 $(2k+1)^2$ 阶力矩向量。

利用矩阵逆运算,从方程(8-42)直接可解得向量 $\bar{\mathbf{E}}$。

同理,从负复指数 $e^{-j(m\omega_1+n\omega_2)t}$ 部分,可以得到另一组谐波系数 $F_{m,n}$。其中,谐波系数 $E_{m,n}$ 与 $F_{m,n}$ 互为共轭。

8.3.2　振动响应计算

在双惯量弹性系统中,外界激励力矩分为两部分:一是恒定力矩 T_0,这时 $\omega_p=0$;另一个是力矩波动,力矩波动频率 $\omega_p=\omega_1$。在不考虑负载力矩情况下,对于双惯量弹性负载系统的受迫振动响应,将按谐波力矩和恒力矩两种情况进行讨论。

在双惯量弹性负载系统(8-31)中,设惯量 $J=1$,阻尼系数 $c=2.64$,平均刚度 $K=17\,410$,总扭刚度 $K(t)$ 曲线如图 8-2 所示;参数频率一 $\omega_1=2\pi f_1$,$f_1=10.125$ Hz,调制指数一 $\beta_1=0.06$;参数频率二 $\omega_2=2\pi f_2$,$f_2=10$ Hz,调制指数二 $\beta_2=0.07$。

【算例 8-2】　若驱动谐波力矩(电机驱动力矩波动)波幅 $T=0.5$,激励频率 $\omega_p=\omega_1$,计算双惯量弹性负载系统的受迫扭振动响应。

取级数项 $m=-11,\cdots,-1,0,1,\cdots,11$;$n=-11,\cdots,-1,0,1,\cdots,11$。根据所给的动力学参数,由式(8-41)计算谐波系数矩阵中元素 $E_{m,n}$,在频率 ω_p 附近的部分谐波系数数据列出如下:

$$
\begin{aligned}
&E_{-1,0}=-1.19\mathrm{e}-3+\mathrm{j}3.10\mathrm{e}-5 && E_{-1,1}=6.54\mathrm{e}-4-\mathrm{j}1.63\mathrm{e}-4 && E_{0,0}=3.88\mathrm{e}-2-\mathrm{j}8.43\mathrm{e}-4 \\
&E_{0,-1}=-1.39\mathrm{e}-3+\mathrm{j}3.62\mathrm{e}-5 && E_{-2,2}=3.75\mathrm{e}-6-\mathrm{j}1.77\mathrm{e}-6 && E_{1,-1}=7.51\mathrm{e}-4-\mathrm{j}2.19\mathrm{e}-4 \\
&E_{1,-2}=-2.86\mathrm{e}-5+\mathrm{j}7.84\mathrm{e}-6 && E_{-3,3}=2.46\mathrm{e}-8-\mathrm{j}1.44\mathrm{e}-8 && E_{2,-2}=6.11\mathrm{e}-6-\mathrm{j}4.22\mathrm{e}-6 \\
&E_{2,-3}=-2.80\mathrm{e}-7+\mathrm{j}1.56\mathrm{e}-7 && E_{-4,4}=1.95\mathrm{e}-10-\mathrm{j}9.32\mathrm{e}-11 && E_{3,-3}=5.54\mathrm{e}-8-\mathrm{j}7.75\mathrm{e}-8 \\
&E_{3,-4}=-2.86\mathrm{e}-9+\mathrm{j}2.98\mathrm{e}-9 && E_{-5,5}=1.97\mathrm{e}-12-\mathrm{j}3.03\mathrm{e}-13 && E_{4,-4}=2.56\mathrm{e}-10-\mathrm{j}1.49\mathrm{e}-9 \\
&\qquad\qquad\cdots && \qquad\qquad\cdots && \qquad\qquad\cdots
\end{aligned}
$$

于是,该双惯量弹性负载系统受迫扭振动响应 $\theta_2(t)$ 表达为

$$
\begin{aligned}
\theta_2(t) &= \frac{1}{2}\sum_{m=-11}^{11}\sum_{n=-11}^{11}\left[E_{m,n}\mathrm{e}^{\mathrm{j}(20.25+20.25m+20n)\pi t}+E_{m,n}^{*}\mathrm{e}^{-\mathrm{j}(20.25+20.25m+20n)\pi t}\right] \\
&= \sum_{m=-11}^{11}\sum_{n=-11}^{11}\left[\mathrm{Re}(E_{m,n})\cos(20.25+20.25m+20n)\pi t-\right. \\
&\qquad\qquad\left. \mathrm{Im}(E_{m,n})\sin(20.25+20.25m+20n)\pi t\right]
\end{aligned}
$$

设置时间起点为 0,步长 0.001 s,时间历程为 100 s,根据上述双惯量弹性负载系统受迫扭振动的响应表达,计算该系统受迫振动响应时间历程 $\theta_2(t)$ 和频谱 $\Theta_2(\omega)$,结果如图 8-6 所示,其中,振动响应有效值 0.031 8 mrad。

在外界激励力矩作用下,采用组合频率 $\omega_s+m\omega_1+n\omega_2$ 的二重三角级数逼近,计算得到双周期参数系统受迫扭振动响应 $\theta_2(t)$。从振动频谱 $\Theta_2(\omega)$ 可以看到,在各主谐峰的左右侧和直流分量的右侧,存在着密集型的边频族分布,边频的间隔 Δ 为 $\omega_1-\omega_2$。

【算例 8-3】　若在【算例 8-2】中的双惯量弹性负载系统,设调制指数 $\beta_1=0$,双周期参数振动问题退化为单周期参数振动问题。

计算得到这种特殊情况下的受迫扭振动响应谐波系数 $E_{0,n}$,其中部分谐波系数计算值列出如下:

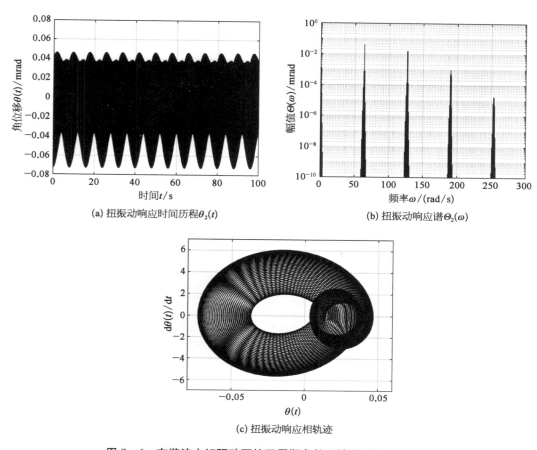

(a) 扭振动响应时间历程 $\theta_2(t)$

(b) 扭振动响应谱 $\Theta_2(\omega)$

(c) 扭振动响应相轨迹

图 8 - 6　在谐波力矩驱动下的双周期参数系统受迫扭振动响应

$$E_{0,0}=3.82\mathrm{e}-2-\mathrm{j}6.55\mathrm{e}-4 \qquad E_{0,-1}=-1.34\mathrm{e}-3+\mathrm{j}2.31\mathrm{e}-5$$

$$E_{0,1}=-1.53\mathrm{e}-2-\mathrm{j}3.82\mathrm{e}-3 \qquad E_{0,-2}=6.10\mathrm{e}-5-\mathrm{j}1.44\mathrm{e}-7$$

$$E_{0,2}=-5.08\mathrm{e}-4-\mathrm{j}1.13\mathrm{e}-8 \qquad E_{0,-3}=-1.96\mathrm{e}-5-\mathrm{j}3.48\mathrm{e}-6$$

$$E_{0,3}=-6.72\mathrm{e}-6-\mathrm{j}1.39\mathrm{e}-6 \qquad E_{0,-4}=-6.74\mathrm{e}-7-\mathrm{j}1.00\mathrm{e}-7$$

$$\cdots \qquad\qquad\qquad\qquad \cdots$$

于是，受迫扭振动响应 $\theta_3(t)$ 表达为

$$\theta_3(t)=\frac{1}{2}\sum_{n=-11}^{11}\left[E_{0,n}\mathrm{e}^{\mathrm{j}(20.25+20n)\pi t}+E_{0,n}^*\mathrm{e}^{-\mathrm{j}(20.25+20n)\pi t}\right]$$

$$=\sum_{n=-11}^{11}\left[\mathrm{Re}(E_{0,n})\cos(20.25+20n)\pi t-\mathrm{Im}(E_{0,n})\sin(20.25+20n)\pi t\right]$$

设置时间起点为 0，步长 0.001 s，时间历程为 100 s，根据上述响应表达，计算该双惯量弹性负载系统受迫扭振动响应，其中响应时间历程 $\theta_3(t)$ 和频谱 $\Theta_3(\omega)$ 如图 8 - 7 所示。其中，振动响应有效值 0.029 2 mrad。

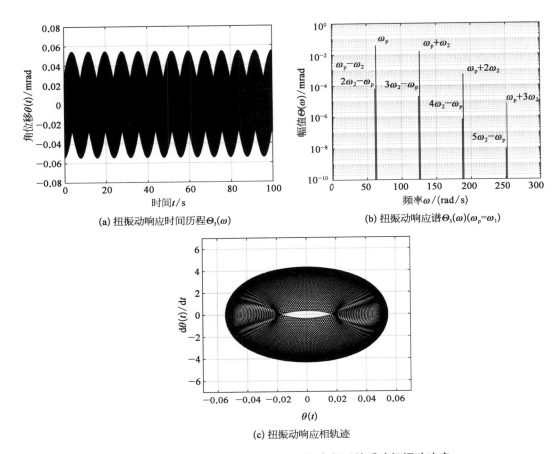

(a) 扭振动响应时间历程 $\Theta_3(\omega)$

(b) 扭振动响应谱 $\Theta_3(\omega)(\omega_p=\omega_1)$

(c) 扭振动响应相轨迹

图 8-7　在谐波力矩驱动下的单周期参数系统受迫扭振动响应

在单周期参数振动响应频谱中,仅存在 ω_p 及 $|\omega_p\pm i\omega_2|$($i=1,2,3,\cdots$)谱线,其中 $\omega_p=\omega_1$,响应频谱图呈双谱特征,密集型边频族分布现象消失。

【算例 8-4】　在恒力矩驱动下,计算双惯量弹性负载系统的受迫扭振动响应。

设恒力矩力幅 $T_0=10$,这时 $\omega_p=0$,根据所给动力学参数,由式(8-41)计算谐波系数矩阵中元素 $E_{m,n}$,部分计算值列出如下:

$E_{0,0}=5.78\mathrm{e}{-}1$　　　　　　　$E_{0,1}=-2.73\mathrm{e}{-}2+\mathrm{j}6.15\mathrm{e}{-}4$　　$E_{1,0}=-2.39\mathrm{e}{-}2+\mathrm{j}6.20\mathrm{e}{-}4$

$E_{1,-1}=1.69\mathrm{e}{-}3-\mathrm{j}4.36\mathrm{e}{-}6$　$E_{-1,2}=-4.48\mathrm{e}{-}4+\mathrm{j}8.85\mathrm{e}{-}5$　$E_{2,-1}=-4.91\mathrm{e}{-}4+\mathrm{j}1.34\mathrm{e}{-}4$

$E_{2,-2}=3.09\mathrm{e}{-}5-\mathrm{j}2.10\mathrm{e}{-}6$　$E_{-2,3}=-3.43\mathrm{e}{-}6+\mathrm{j}7.52\mathrm{e}{-}7$　$E_{3,-2}=-5.02\mathrm{e}{-}6+\mathrm{j}2.72\mathrm{e}{-}6$

$E_{3,-3}=2.81\mathrm{e}{-}7-\mathrm{j}7.45\mathrm{e}{-}8$　$E_{-3,4}=-3.20\mathrm{e}{-}8+\mathrm{j}1.96\mathrm{e}{-}9$　$E_{4,-3}=-5.83\mathrm{e}{-}8+\mathrm{j}5.54\mathrm{e}{-}8$

$E_{4,-4}=3.03\mathrm{e}{-}9-\mathrm{j}1.92\mathrm{e}{-}9$　$E_{-4,5}=-3.04\mathrm{e}{-}10+\mathrm{j}7.73\mathrm{e}{-}11$　$E_{5,-4}=-4.92\mathrm{e}{-}10-\mathrm{j}1.20\mathrm{e}{-}9$

　　　　……　　　　　　　　　　　……　　　　　　　　　　　……

于是,受迫扭振动响应 $\theta_4(t)$ 表达为

$$\theta_4(t) = \frac{1}{2} \sum_{m=-11}^{11} \sum_{n=-11}^{11} \left[E_{m,n} \mathrm{e}^{\mathrm{j}(20.25m+20n)\pi t} + E_{m,n}^* \mathrm{e}^{-\mathrm{j}(20.25m+20n)\pi t} \right]$$

$$= \sum_{m=-11}^{11} \sum_{n=-11}^{11} \left[\mathrm{Re}(E_{m,n})\cos(20.25m+20n)\pi t - \mathrm{Im}(E_{m,n})\sin(20.25m+20n)\pi t \right]$$

设置时间起点为 0，步长 0.001 s，时间历程为 100 s，根据上述响应表达，计算该双惯量弹性负载系统受迫扭振动响应，其中振动响应时间历程 $\theta_4(t)$、响应频谱 $\Theta_4(\omega)$ 结果如图 8-8 所示。其中，振动响应有效值 0.061 3 mrad。

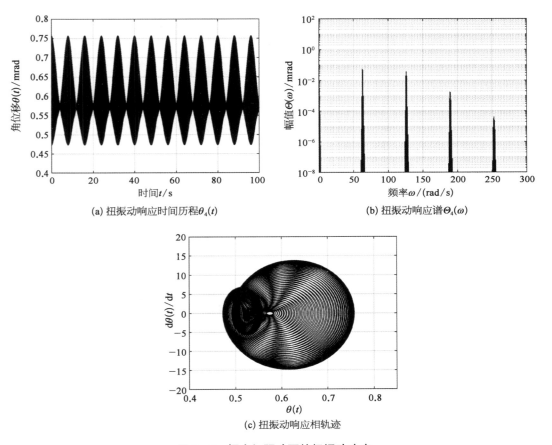

(a) 扭振动响应时间历程 $\theta_4(t)$　　　　(b) 扭振动响应谱 $\Theta_4(\omega)$

(c) 扭振动响应相轨迹

图 8-8　恒力矩驱动下的扭振动响应

与线性系统不同，双周期参数系统在恒力矩驱动下，仍然产生稳态的扭振动响应，而且，恒力矩越大，扭振动响应越大。振动响应频谱特征与【算例 8-2】中的相同，在各主谐峰的左右侧及直流分量右侧，存在密集型的边频族分布。

8.3.3　振动谱的边频族特征

无论是【算例 8-2】还是【算例 8-4】，在受迫振动响应谱中，都存在着密集型的边频分布，形成双周期参数振动响应特有的边频族特征。以【算例 8-4】为例，对受迫振动响应谱图做局部放大处理，如图 8-9 所示。

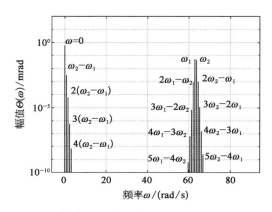

图 8-9　恒力矩驱动下的扭振动频谱局部放大图

在直流分量附近,存在 5 个数量级较大的边频分量,它们分别是 0、$\omega_1-\omega_2$、$2(\omega_1-\omega_2)$、$3(\omega_1-\omega_2)$、$4(\omega_1-\omega_2)$;在第一个谱族附近,存在 10 个数量级较大的边频分量,它们分别是 $5\omega_1-4\omega_2$、$4\omega_1-3\omega_2$、$3\omega_1-2\omega_2$、$2\omega_1-\omega_2$、ω_1、ω_2、$2\omega_2-\omega_1$、$3\omega_2-2\omega_1$、$4\omega_2-3\omega_1$、$5\omega_2-4\omega_1$;在第二、三、四个谱族附近,同样存在这种密集型边频族现象。双周期参数系统的受迫振动响应频谱具有丰富的边频,形成边频族,谐波分量具体数值详见【算例 8-4】中所列,其中边频间隔 $\Delta=\omega_1-\omega_2$。

8.3.4　庞加莱映射

电机、谐波减速器和惯量负载构成双惯量弹性负载系统受迫振动响应,由于受双周期时变刚度影响,它是一个双周期参数振动问题,其受迫振动响应成分由组合频率谐波组成。在恒力矩驱动情况下,组合频率为 $m\omega_1+n\omega_2$;在谐波力矩驱动情况下,组合频率为 $(m+1)\omega_1+n\omega_2$。 所以,振动响应周期 T 写成以下形式:

$$T=\frac{2\pi}{m\omega_1+n\omega_2} \tag{8-43}$$

对于谐波传动结构,参数频率之间有约束关系 $\omega_2=\omega_1 z_1/z_2$,因此,周期 T 为

$$T=\frac{2\pi z_2}{(mz_2+nz_1)\omega_1} \tag{8-44}$$

在大多数情况下,齿数 z_1 和 z_2 是偶数,因此,公共周期 T_c 为

$$T_c=T(mz_2+nz_1)/2=\frac{\pi z_2}{\omega_1} \tag{8-45}$$

在【算例 8-2】中,设置时间起点为 0,步长 0.001 s,时间历程为 1 600 s,在计算振动响应后,利用刚轮齿与柔轮齿啮合的公共周期 $T_c=8$ s,对扭振动响应做庞加莱映射,如图 8-10 所示。扭振动响应在庞加莱映射轨迹云图上分布几乎为一个点,说明双周期参数系统受迫扭振动响应具有周期性。

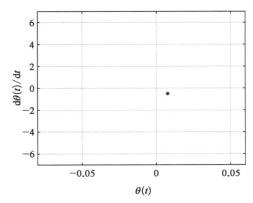

图 8-10　双周期参数扭振动响应庞加莱映射图($T_c=8$)

8.4　逼近计算误差

对于双周期参数振动响应解 $\hat{\theta}(t)$，定义逼近误差为

$$e(t)=[J\,\ddot{\hat{\theta}}+C\,\dot{\hat{\theta}}+K(1+\beta_1\cos\omega_1t+\beta_2\cos\omega_2t)\hat{\theta}-T\cos\omega_pt]/K \qquad (8-46)$$

采用逼近计算误差 $\varepsilon(t)$ 考核计算精度：

$$\varepsilon(t)=\frac{e(t)}{|\,x\,|_{\max}} \qquad (8-47)$$

【算例 8-1】和【算例 8-2】的逼近计算误差时间历程 $\varepsilon(t)$，分别列于图 8-11 和图 8-12 中。对各种情况下的扭振动响应，逼近计算误差估计值为 $\varepsilon_r=\max[\,|\varepsilon(t)|\,]$，具体算例数据见表 8-2。

双周期参数振动响应的逼近计算误差也与二重三角级数逼近项数有关，逼近项数越多，逼近计算误差越小，但计算耗时，特别在【算例 8-1】中，如果提高逼近项数 k，计算速度会特别慢。

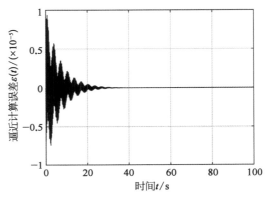

图 8-11　【算例 8-1】中逼近计算误差
时间历程 $\varepsilon(t)$($k=4$)

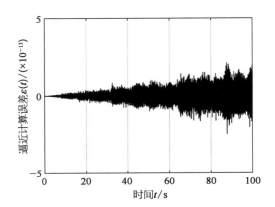

图 8-12　【算例 8-2】中逼近计算误差
时间历程 $\varepsilon(t)$($k=11$)

表 8-2 逼近计算误差 ε_r 估计值

算　例	【算例 8-1】	【算例 8-2】	【算例 8-3】	【算例 8-4】
估计值	9.397e-06	2.124e-13	1.068e-13	4.403e-14

基于组合频率的二重三角级数逼近,双周期参数系统振动响应构成三维矩阵的谐波系数方程,通过引入中间变量,矩阵重新排列,对矩阵进行降维计算,实现对双周期参数系统主特征值、自由和受迫振动响应的计算,算法行之有效,并且准确性好。

8.5　双周期参数系统振动稳定性

在工程中,双周期参数系统容易进入振动不稳定状态,为此,了解其振动稳定性条件显得非常重要。本节以特征根分布为验证方法,在双周期参数系统中,根据两参数频率是否存在约束,叙述其振动稳定性。特别对于两参数频率无约束情况,给出组合频率不稳定、高阶组合频率不稳定条件。

8.5.1　主不稳定

在双周期参数系统中,存在两个参数频率 $\omega_i(i=1,2)$,其中任意一个接近 2 倍的固有频率 ω_n 时,系统则进入振动主不稳定状态。同理,参数频率 ω_i 中任意一个接近 $m\omega_n$ $\left(m=1,\dfrac{1}{2},\cdots\right)$ 时,都有可能诱发参数系统振动的高阶不稳定。

对于【算例 8-1】中的双惯量弹性负载系统,其固有频率为 $\omega_n=150$,而参数频率 ω_1 和 ω_2 之间存在约束关系 $\omega_2=z_1\omega_1/z_2$。 因此,该双惯量弹性负载系统在 $\omega_1-\omega_2$ 构成的平面上,主不稳定状态有两点,它们分别为(300,280)和(321,300)。在两种情况下,基于组合频率的二重三角级数逼近,振动特征根计算值分布如图 8-13 所示,有部分特征根落在复平面的右侧。

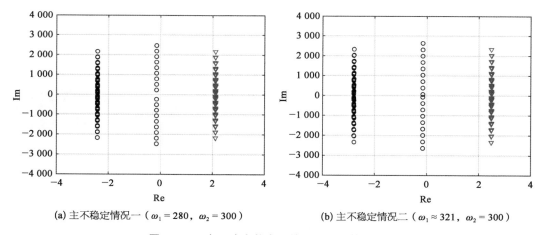

(a) 主不稳定情况一（$\omega_1=280$，$\omega_2=300$）　　(b) 主不稳定情况二（$\omega_1\approx321$，$\omega_2=300$）

图 8-13　主不稳定状态下的特征根计算值分布

系统主特征根计算值见表 8-3。反映参数系统振动不稳定强度的指数因子,其绝对值正比于参数频率 $\omega_i = 300$ 对应的调制指数 β_i。在主不稳定情况二中,参数频率 $\omega_2 = 300$ 对应于调制指数 $\beta_2 = 0.07$、指数因子 $\Delta \approx 2.49$,则系统振动不稳定响应相对于情况一的强一些。

表 8-3　双惯量弹性负载系统在主不稳定状态下的主特征根值 s_0 及指数因子 Δ

参数频率 及调制指数	$\omega_1 = 300, \omega_2 = 280$ $\beta_1 = 0.06, \beta_2 = 0.07$	$\omega_1 \approx 321, \omega_2 = 300$ $\beta_1 = 0.06, \beta_2 = 0.07$
主特征根值 s_0	$s_0^{(1)} = 2.110\ 318\ 220\ 520\ 312 + j150$ $s_0^{(2)} = -2.410\ 318\ 220\ 520\ 312 - j150$	$s_0^{(1)} = 2.491\ 980\ 253\ 454\ 825 + j150$ $s_0^{(2)} = -2.791\ 980\ 253\ 454\ 825 - j150$
指数因子 Δ	2.15	2.49

8.5.2　组合频率不稳定

一般情况下,在双周期参数系统中,参数频率之间没有约束,由于参数频率组合的原因,系统可能出现特别的振动不稳定现象。

1)组合频率不稳定

若两个参数频率组合满足条件

$$|\omega_1 \pm \omega_2| \approx 2\omega_n \tag{8-48}$$

则双周期参数系统振动可能进入组合频率不稳定状态。

对于一般双周期参数系统,满足条件(8-48),在 $\omega_1 - \omega_2$ 平面上的组合频率不稳定轨迹如图 8-14 所示。

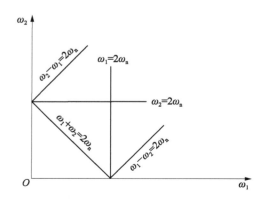

图 8-14　双周期参数系统 $|\omega_1 \pm \omega_2| \approx 2\omega_n$ 不稳定轨迹示意图

双周期参数系统的组合频率不稳定振动响应,可以用图 8-4 中双调制反馈控制系统的频率裂解和组合过程做一解释。设双周期参数系统阻尼系数为 0,频率组合不稳定发生过程如图 8-15 所示。

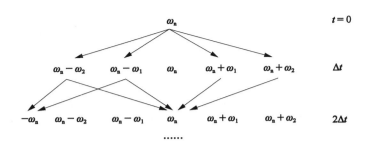

$$\text{图 8-15}\quad\text{组合频率不稳定形成的频率裂解和组合过程示意图}$$

在任意初始扰动下,在起始点 0 至 $\Delta t(\Delta t \to 0)$ 时刻,存在响应频率成分 ω_n,经过调制环节作用,频率进行裂解,经反馈后进入输入端,系统响应中额外组合了 $\omega_n - \omega_2$、$\omega_n - \omega_1$、$\omega_n + \omega_1$ 以及 $\omega_n + \omega_2$ 频率成分。

为了说明组合频率不稳定形成过程,在 Δt 至 $2\Delta t$ 时刻,在图 8-15 中仅刻画频率成分 ω_n 和 $-\omega_n$ 有关的组合部分。在系统中存在 6 种途径,通过调制环节作用,组合成频率成分 ω_n 和 $-\omega_n$,例如 $(\omega_n - \omega_2) - \omega_1 = -\omega_n$。它们反馈至系统输入端后,在二阶线性系统单元得以放大。频率裂解和组合过程持续、交错地在系统中进行,结果使参数系统的频率成分 ω_n 和 $-\omega_n$ 不断增强,最终形成组合频率不稳定振动响应。

在上述过程中,调制环节实现交错频率裂解,分两步组合成频率成分 ω_n 和 $-\omega_n$,结合二阶线性系统单元的放大功能,导致了双周期参数系统的振动响应幅度无限制的增长。

2) 高阶组合频率不稳定

在双周期参数系统中,当调制指数 β_1 和 β_2 比较大时,若参数频率组合满足条件

$$| m\omega_1 \pm n\omega_2 | \approx 2\omega_n \tag{8-49}$$

则双周期参数系统振动可能进入高阶组合频率不稳定状态。

【算例 8-5】 在双周期参数振动方程(8-7)中,不考虑两参数频率 ω_1 和 ω_2 之间的约束,设惯量 $J = 1$、阻尼系数 $c = 0$、平均刚度 $K = 22\,500(\omega_n = 150)$。

若取参数频率一 $\omega_1 = 155$、调制指数一 $\beta_1 = 0.06$,参数频率二 $\omega_2 = 145$、调制指数二 $\beta_2 = 0.07$,则参数频率组合满足条件 $\omega_1 + \omega_2 = 2\omega_n$。基于组合频率的二重三角级数逼近,系统特征根计算值分布如图 8-16 所示,部分特征根落在复平面的右侧。因此,该双周期参数系统振动进入组合频率不稳定状态,其中,指数因子 $\Delta \approx 1$。

若取参数频率一 $\omega_1 = 400$、调制指数一 $\beta_1 = 0.2$,参数频率二 $\omega_2 = 50$、调制指数二 $\beta_2 = 0.2$,则满足高阶组合频率不稳定条件 $\omega_1 - 2\omega_2 = 2\omega_n$,部分特征根同样落在复平面的右侧(图 8-17)。因此,该双周期参数系统将发生高阶组合频率的不稳定振动,其中,指数因子 $\Delta \approx 0.2$,显然,高阶组合频率不稳定强度相对弱一些。

一般双周期参数系统,不仅包含两个单周期参数系统独立的不稳定区域,而且存在组合频率的不稳定区域。由此可见,一般双周期参数系统的振动不稳定区域比单周期参数系统的多得多。

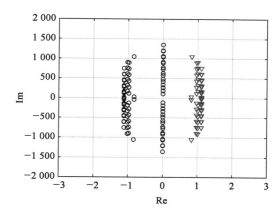

图 8-16　组合频率不稳定状态$(\omega_1+\omega_2=2\omega_n)$下的
特征根计算值分布

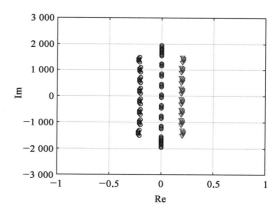

图 8-17　高阶组合频率不稳定状态$(\omega_1-2\omega_2=2\omega_n)$下的
特征根计算值分布

参考文献

[1] Grabowski B. The vibrational behavior of a turbine rotor containing a transverse crack[J]. Journal of Mechanical Design，1980，102(1)：140-146.

[2] 李润方，王建军.齿轮系统动力学：振动、冲击、噪声[M].北京：科学出版社，1997.

[3] 沈钢.轨道车辆系统动力学[M].北京：中国铁道出版社，2014.

[4] Mokni L，Belhaq M，Lakrad F. Effect of fast parametric viscous damping excitation on vibration isolation in sdof systems[J]. Communications in Nonlinear Science and Numerical Simulation，2011，16(4)：1720-1724.

[5] Kecik K，Kapitaniak M. Parametric analysis of magnetorheologically damped pendulum vibration absorber[J]. International Journal of Structural Stability and Dynamics，2014，14(8)：1440015.

[6] Lin J. Control of active power decoupling circuit based on parametric oscillator[J]. IEEE Journal of Emerging and Selected Topics in Power Electronics，2021，9(6)：6837-6845.

[7] Falk J，Yarborough J，Ammann E. Internal optical parametric oscillation[J]. IEEE Journal of Quantum Electronics，1971(7)：359-369.

[8] 张清华.平面3-RRR柔性并联机器人机构弹性动力学建模与振动主动控制研究[D].广州：华南理工大学，2013.

[9] 陈水生，孙炳楠.斜拉桥索-桥耦合非线性参数振动数值研究[J].土木工程学报，2003，36(4)：70-75.

[10] 李凤臣.大跨度桥梁斜拉索的参数振动及索力识别研究[D].哈尔滨：哈尔滨工业大学，2010.

[11] 赵宁，王锐锋，贾清健.面齿轮分扭传动系统均载研究[J].机械传动，2013，37(12)：5-8.

[12] 谷丹丹.减-变速集成齿轮的多参变振动特性[D].秦皇岛：燕山大学，2018.

[13] Nayfeh A H，Mook D T. Nonlinear oscillations[M]. [S.l.]：John Wiley and Sons，1979.

[14] 王哲人，王世宇，张东升.环状周期结构三维参激振动不稳定分析[J].固体力学学报，2019，40(2)：147-156.

[15] Wang Zheren，Wang Shiyu，Liu Jinlong. Mechanical-magnetic coupling vibration instability of an annular rotor subjected to synchronous load in axial-flux permanent magnet motors[J]. Journal of Sound and Vibration，2020(486)：115535.

[16] Gao Nan，Meesap Chanannipat，Wang Shiyu，et al. Parametric vibrations and instabilities of an elliptical gear pair[J]. Journal of Vibration and Control，2020，26(19-20)：1721-1734.

[17] 程耀东.机械振动学(非线性系统-弹性体)[M].杭州：浙江大学出版社，1990.

[18] Sinha S C，Wu D H，Juneja V，et al. Analysis of dynamic systems with periodically varying parameters via Chebyshev polynomials[J]. Journal of Vibration and Acoustics，1993，115(1)：96-102.

[19] 金一庆，等.数值分析[M].北京：机械工业出版社，2014.

[20] Huang D，Shao H. Computation method for forced vibration response of a multiple DOF parametric system[J]. International Journal of Structural Stability and Dynamics，2020，20(11)：2050126.

[21] Huang D，Zhang Y，Shao H. Free response approach in a parametric system[J]. Mechanical Systems and Signal Processing，2017(91)：313-325.

[22] Berlioz A，Dufour R，Sinha S C. Bifurcation in a nonlinear autoparametric system using experimental

and numerical investigation[J]. Nonlinear Dynamics，2000，23(2)：175 - 187.

[23] 黄迪山,刘献之,邵何锡.多自由度参数振动混沌控制方法研究[J].动力学与控制学报,2018,16(3)：233 - 238.

[24] Ott E, Grebogi C, Yorke J A. Controlling chaos[J]. Physical Review Letters，1990, 64(11)：1196 - 1199.

[25] 孙晓娟,徐伟,马少娟.含有界随机参数的双势阱 Duffing-van der Pol 系统的倍周期分岔[J].物理学报,2006,55(2)：610 - 616.

[26] 马少娟,赵婷婷.随机参数振荡电路系统的混沌控制[J].武汉理工大学学报,2011,33(5)：152 - 155.

[27] 王建军,韩勤锴,李其汉.参数振动系统响应的频谱成分及其分布规律[J].力学学报,2010,42(3)：535 - 540.

[28] Huang D. Forced response approach of a parametric vibration with a trigonometric series[J]. Mechanical Systems and Signal Processing, 2015(52)：495 - 505.

[29] Huang D, Hong L, Liu C. Computational technique to free vibration response in a multi-degree of freedom parametric system[J]. Mechanical Systems and Signal Processing, 2020(142)：1 - 17.

[30] Huang D, Liang J, Xiao L. Free response approach for the second order partial differential system with time periodic coefficient[J]. Journal of Physics：Conference Series, 2021, 1739(1)：012004 (9pp).

[31] 程耀东,李培玉.机械振动学(线性系统)修订版[M].杭州：浙江大学出版社,2005.

[32] 刘延柱,陈立群,陈文良.振动力学[M].北京：高等教育出版社,2011.

[33] Sinha S C, Redkar S, Deshmukh V, et al. Order reduction of parametrically excited nonlinear systems：techniques and applications[J]. Nonlinear Dynamics, 2005, 41(1)：237 - 273.

[34] 吴麒,王诗宓.自动控制原理[M].北京：清华大学出版社,2006.

[35] 杨宏康,高博青.基于 Floquet 理论的储液罐动力稳定性分析[J].浙江大学学报,2013,47(2)：378 - 384.

[36] 骆天舒,王双连,郭乙木.高维动力系统在转子稳定性分析中的应用[J].浙江大学学报,2007,41(6)：959 - 962.

[37] 刘卫丰,刘维宁.弹性地基梁动力响应的 Floquet 变换解法[J].北京交通大学学报,2008,32(4)：108 - 110.

[38] 李松涛,许庆余,万方义,等.迷宫密封不平衡转子动力系统的稳定性与分岔[J].应用数学和力学,2003,24(1)：1141 - 1150.

[39] Sinha S C, Pandiyan R, Bibb J S. Liapunov-Floquet transformation：computation and applications to periodic systems[J]. Journal of Vibration and Acoustics，1996(118)：209 - 219.

[40] Oleg A Bobrenkov, Eric A Butcher, Brian P Mann. Application of the Liapunov-Floquet transformation to differential equations with time delay and periodic coefficients[J]. Journal of Vibration and Control, 2012, 19(4)：521 - 537.

[41] 张丽娜,李凤臣.大跨度桥梁斜拉索的参数振动研究[M].北京：科学出版社,2017.

[42] 元培.斜拉桥[M].2 版.北京：人民交通出版社,2004.

[43] Bosdogianni A, Olivari D. Wind- and rain-induced oscillations of cables of stayed bridges[J]. Journal of Wind Engineering and Industrial Aerodynamics，1996, 64(2)：171 - 185.

[44] 威廉·韦弗,斯蒂芬·普罗科菲耶维奇·铁摩辛柯,多诺万·哈罗德·杨.铁摩辛柯工程振动学[M].熊炘,译.上海：上海科学技术出版社,2021.

[45] 顾京君.双减速刚轮谐波器传动中扭转刚度及动力学问题研究[D].上海：上海大学,2021.

[46] 杨明,郝亮,徐殿国.双惯量弹性负载系统机械谐振机理分析及谐振特征快速辨识[J].电机与控制学报,2016,20(4)：112 - 120.

[47] 刘延柱,陈立群.非线性振动[M].北京：高等教育出版社,2001.

［48］ 杨玉虎,杜爱伦,王世宇.环状周期结构面外参激振动稳定性分析［J］.天津大学学报,2018,51(9)：887 - 894.

［49］ Xie B，Wang S Y，Wang Y Y，et al. Magnetically induced rotor vibration in dual-stator permanent magnet motors［J］. Journal of Sound and Vibration，2015(347)：184 - 199.

［50］ Redkar S，Sinha S C. Reduced order modeling of nonlinear time periodic systems subjected to external periodic excitations ［J］. Communications in Nonlinear Science and Numerical Simulation，2011，16 (10)：4120 - 4133.

［51］ Sinha S C，Wu D H. An efficient computational scheme for the analysis of periodic systems［J］. Journal of Sound and Vibration，1991,151(1)：91 - 117.

［52］ 周薇,韩景龙,陈全龙.基于切比雪夫多项式的旋翼响应及稳定性［J］.南京航空航天大学学报,2013,45 (5)：628 - 632.

［53］ 王建军,韩勤锴,李其汉.参数振动系统频响特性研究［J］.冲击与振动,2000,29(3)：103 - 108.